SHIPIN ZHONG CHANGJIAN YOUHAI WEISHENGWU DE
KUAISU JIANCE FANGFA YANJIU

食品中常见有害微生物的快速检测方法研究

胡连霞　著

中国纺织出版社有限公司

内 容 提 要

全书共八章，前三章深入浅出地介绍了各类食品中常见的有害微生物的危害和快速检测技术的重要性。后五章详细地叙述了按原料性质分类中粮食类、乳制品类、肉类、水产类、果蔬类五类食品中常见的有害微生物来源及其污染途径、快速检测方法和实际应用案例。

本书比较全面地综述了食品中有害微生物的快速检测方法的原理、优缺点以及适用范围，并通过实例分析，总结了这些方法在实际应用中的意义、局限性和潜在的研究方向。本书适合作为从事微生物检测、开发快速检测方法的科研人员和食品、药品专业师生的参考用书。

图书在版编目（CIP）数据

食品中常见有害微生物的快速检测方法研究 / 胡连霞著. -- 北京：中国纺织出版社有限公司，2025. 6.
ISBN 978-7-5229-2806-7
Ⅰ. TS207.4
中国国家版本馆 CIP 数据核字第 20252RC194 号

责任编辑：罗晓莉　国　帅　　责任校对：王花妮
责任印制：王艳丽

中国纺织出版社有限公司出版发行
地址：北京市朝阳区百子湾东里 A407 号楼　邮政编码：100124
销售电话：010—67004422　传真：010—87155801
http://www.c-textilep.com
中国纺织出版社天猫旗舰店
官方微博 http://weibo.com/2119887771
三河市宏盛印务有限公司印刷　各地新华书店经销
2025 年 6 月第 1 版第 1 次印刷
开本：710×1000　1/16　印张：15
字数：235 千字　定价：98.00 元

凡购本书，如有缺页、倒页、脱页，由本社图书营销中心调换

前 言

民以食为天，食品是人类生存最基本的条件之一。随着生活质量的改善和消费结构的不断变化，人们对食品质量的要求也越来越高。食品微生物检测作为一种用于评估食品安全的科学方法，对于预防食源性疾病、保障公共健康以及遵守食品安全法规具有至关重要的作用。然而，传统的微生物检测方法如平板计数法，不仅耗时、烦琐，而且检测结果可能受到多种因素的干扰，导致不准确。因此，开发和应用快速、准确、低劳动强度的微生物检测方法，成为食品工业发展的迫切需求。

食品中的有害生物包括细菌、真菌、病毒和寄生虫等，它们可通过水源、原料、加工过程等多种途径污染食品。常见的致病细菌如沙门氏菌、大肠埃希氏菌、单核细胞增生李斯特氏菌等，可引起严重的胃肠炎、腹泻等症状，严重时甚至可导致死亡。此外，某些霉菌如黄曲霉还能产生致癌的霉菌毒素，不仅会导致食品腐败变质，更严重的是，它们能引发食源性疾病，严重威胁公众健康。因此，开发和应用快速、准确、灵敏的微生物检测技术，对于预防和控制食品中的微生物污染，确保食品质量和安全具有重要意义。

食品安全是全球公共卫生领域的重要议题，直接关系到人类健康和社会稳定。本书旨在详细介绍食品中常见有害微生物的快速检测技术，包括其理论基础、技术原理、应用实例以及未来发展趋势。通过本书，读者可以全面了解当前食品微生物检测领域的最新研究成果和技术进展，掌握快速检测技术的核心要点，为食品安全控制提供有力的技术支持。

当前，食品中有害微生物的快速检测技术主要包括免疫学检测法（如酶联免疫吸附测定、免疫磁珠分离）、分子生物学检测法（如聚合酶链式反应和环介导等温扩增方法）、传感技术（如电化学生物传感器、光学传感器）以及色谱法等。除了上述主要检测技术外，还有一些辅助技术手段能够进一步提高检测的准确性和效率。随着生物技术的不断发展和应用，食品中有害微生物的快速检测技术将呈现以下发展趋势：一是检测方法将更加多元化和集成化，通过整合不同技术的优势，实现更高灵敏度和更准确性的检测；二是检测设备将更加便携化和智能化，以适应现场快速检测的需求；三是检测标准将更加统一化和国际化，以推动食品安全检测技术的全球化和标准化。

综上所述，食品中常见有害微生物的快速检测技术对于保障食品安全、预防食源性疾病具有重要意义。本书将详细介绍这些技术的理论基础、应用实例以及未来发展趋势，为食品安全控制提供有力的技术支持和指导。

胡连霞

2025 年 2 月 13 日

目　录

第一章　绪论 ··· 001
第一节　食品的分类 ··· 001
一、食品的基本定义与分类标准 ··· 001

二、按原料性质分类的食品及其特点 ··· 001

三、按加工深度分类的食品及其特点 ··· 003

四、按食用方式分类的食品及其特点 ··· 003

五、按营养学分类的食品及其特点 ··· 004

六、绿色食品与有机食品的概念及其特点 ··· 005

第二节　食品微生物污染概述 ··· 007
一、定义与分类 ··· 007

二、污染源与传播途径 ··· 008

三、危害与影响 ··· 008

四、防控措施 ··· 009

第三节　有害微生物的分类与危害 ··· 010
一、有害微生物的分类 ··· 010

二、有害微生物引起的食品腐败和食物中毒 ··· 013

第四节　食品中微生物检测的重要性 ··· 017
一、食品微生物检测的意义 ··· 017

二、食品中控制微生物的必要性 ··· 018

三、微生物检测技术的发展趋势 ··· 018

第五节　微生物快速检测技术的意义与作用 ··· 019

参考文献 ··· 021

第二章　食品中有害微生物的生物学特性 …… 023

第一节　真菌及其毒素 …… 023
　　一、黄曲霉菌及其毒素 …… 023
　　二、酵母菌 …… 030

第二节　细菌及其毒素 …… 035
　　一、阪崎克罗诺杆菌 …… 035
　　二、沙门氏菌 …… 040
　　三、大肠埃希氏菌 …… 043
　　四、金黄色葡萄球菌 …… 048
　　五、单核细胞增生李斯特氏菌 …… 055
　　六、副溶血性弧菌 …… 061

参考文献 …… 068

第三章　快速检测技术的基本原理 …… 072

第一节　免疫学快速检测技术 …… 072
　　一、酶联免疫吸附法 …… 072
　　二、免疫磁珠分离技术 …… 077
　　三、免疫层析试纸技术 …… 082

第二节　分子生物学快速检测技术 …… 087
　　一、核酸非等温扩增技术 …… 087
　　二、核酸等温扩增技术 …… 101

第三节　生物传感器快速检测技术 …… 121
　　一、电化学生物传感器 …… 121
　　二、光学生物传感器 …… 125
　　三、纳米材料在生物传感器中的应用 …… 128

第四节　新型快速检测技术 …… 129
　　一、表面等离子体共振 …… 129
　　二、微型化检测技术 …… 132

参考文献 …… 135

第四章　粮食类中有害微生物的快速检测 ·········· 141
第一节　粮食类中常见有害微生物的来源及预防措施 ·········· 141
一、土壤中的微生物 ·········· 141

二、空气中的微生物 ·········· 143

三、水源中的微生物 ·········· 145

四、设施上的微生物 ·········· 147

五、人为因素 ·········· 149

六、害虫和螨类传播 ·········· 150

七、交叉污染：粮食制品安全与卫生的重大挑战 ·········· 153

第二节　粮食类中有害微生物的快速检测方法 ·········· 154
一、常见有害微生物的种类 ·········· 154

二、粮食类中有害微生物的快速检测方法 ·········· 156

第三节　案例分析 ·········· 158
一、核酸探针级联荧光信号免疫检测技术快速测定黄曲霉毒素 B_1 ·········· 159

二、荧光免疫分析技术快速检测 AFB_1 ·········· 160

参考文献 ·········· 161

第五章　乳制品类中有害微生物的快速检测 ·········· 163
第一节　乳制品类中常见有害微生物来源及其污染途径 ·········· 163
一、乳制品类中常见有害微生物的来源 ·········· 163

二、乳制品类中常见有害微生物的污染途径 ·········· 164

三、乳制品类中有害微生物的防控措施 ·········· 167

第二节　乳制品类中有害微生物的快速检测方法 ·········· 170
一、分子生物学方法 ·········· 170

二、免疫学方法 ·········· 171

三、生物化学方法 ·········· 171

四、其他方法 ·········· 172

第三节　案例分析 ·········· 173

  一、RTFQ-PCR 技术快速检测阪崎克罗诺杆菌 …………………… 173

  二、改良 LAMP 技术快速检测阪崎克罗诺杆菌 …………………… 174

  三、PMA-RTFQ-LAMP 技术快速检测活的非可培养状态阪崎克罗诺
    杆菌 ……………………………………………………………… 175

  四、RTF-SPIA 技术快速检测阪崎克罗诺杆菌 …………………… 176

  五、RT-LAMP 技术快速检测荧光假单胞菌 ……………………… 177

  六、RTF-LAMP 技术快速检测生鲜牛奶中的浅黄色假单胞菌 …… 178

  七、FCM 快速检测牛奶和乳制品中的微生物 …………………… 178

参考文献 ……………………………………………………………… 179

第六章　肉类中有害微生物的快速检测 ………………………… 182

第一节　肉类中常见有害微生物来源及其污染途径 ………………… 182

  一、原料污染 ………………………………………………………… 182

  二、加工设备污染 …………………………………………………… 182

  三、包装材料污染 …………………………………………………… 183

  四、储存和运输污染 ………………………………………………… 183

  五、人为因素污染 …………………………………………………… 184

  六、环境因素污染 …………………………………………………… 184

  七、食物链传播 ……………………………………………………… 184

  八、昆虫媒介传播 …………………………………………………… 185

  九、动物媒介传播 …………………………………………………… 185

  十、其他来源 ………………………………………………………… 185

第二节　肉类中常见有害微生物的快速检测方法 …………………… 186

  一、肉类中常见的有害微生物及其危害 …………………………… 186

  二、快速检测方法在肉类中有害微生物检测中的应用 …………… 188

第三节　案例分析 ………………………………………………………… 191

  一、改良 LAMP 技术快速检测大肠埃希氏菌 O157：H7 ………… 191

  二、RTF-SPIA 技术快速检测大肠埃希氏菌 O157 ………………… 192

  三、FQ-SPIA 快速检测沙门氏菌属 ………………………………… 193

四、FQ-SPIA 快速检测志贺氏菌属 ………………………………… 194
五、基质辅助激光解吸电离—飞行时间质谱技术快速检测
　　金黄色葡萄球菌 …………………………………………………… 195
参考文献 ……………………………………………………………………… 196

第七章　水产类中有害微生物的快速检测 …………………………… 198
第一节　水产类中常见有害微生物的来源及预防措施 …………… 198
一、水体环境 …………………………………………………………… 198
二、养殖环境 …………………………………………………………… 199
三、加工处理过程 ……………………………………………………… 199
四、消费者行为 ………………………………………………………… 200
第二节　水产类中常见有害微生物的快速检测方法 ……………… 201
一、水产类中常见的有害微生物 ……………………………………… 201
二、水产类中常见有害微生物的快速检测方法 ……………………… 210
第三节　案例分析 …………………………………………………… 213
一、RTF-SPIA 技术快速检测单核细胞增生李斯特氏菌 …………… 213
二、RTF-SPIA 技术快速检测副溶血性弧菌 ………………………… 214
三、基质辅助激光解析电离飞行时间质谱技术快速检测绿脓杆菌 … 215
参考文献 ……………………………………………………………………… 216

第八章　果蔬类中有害微生物的快速检测 …………………………… 218
第一节　果蔬类中常见有害微生物的来源及预防措施 …………… 218
一、土壤 ………………………………………………………………… 218
二、水源 ………………………………………………………………… 219
三、空气 ………………………………………………………………… 219
四、人类和动物 ………………………………………………………… 220
五、设备和用具 ………………………………………………………… 220
六、包装材料和容器 …………………………………………………… 220
第二节　果蔬类中常见有害微生物的快速检测方法 ……………… 221

一、果蔬类中常见有害微生物的种类 ……………………………………… 221

二、果蔬类中有害微生物的快速检测方法 ………………………………… 222

第三节　案例分析 …………………………………………………………… 225

一、RTFQ-LAMP 快速检测马铃薯黑胫果胶杆菌 ………………………… 225

二、FCM 快速检测果汁中的霉菌、酵母菌 ………………………………… 228

三、FCM 快速检测液态商品中的细菌总数 ………………………………… 229

参考文献 ……………………………………………………………………… 230

第一章 绪论

第一节 食品的分类

食品是人类赖以生存的基本物质之一,其种类繁多,分类方式也多种多样。

一、食品的基本定义与分类标准

《中华人民共和国食品安全法》中规定,食品指各种供人食用或者饮用的成品和原料以及按照传统既是食品又是药品的物品,但是不包括以治疗为目的的物品。从食品工业上讲,可供人类食用或饮用的物质包括加工食品、半成品和未加工食品,不包括烟草或只作药品用的物质。

根据食品安全检测制度把食品分为:粮食加工品,食用油、油脂及其制品,调味品,肉制品,乳制品,饮料,方便食品,饼干,罐头,冷冻饮品,速冻食品,薯类和膨化食品,糖果制品(含巧克力及制品),茶叶及相关制品,酒类,蔬菜制品,水果制品,炒货食品及坚果制品,蛋制品,可可及焙烤咖啡产品,食糖,水产制品,淀粉及淀粉制品,糕点,豆制品,蜂产品,特殊膳食食品,其他食品。

按原料性质分为:粮食类、果蔬类、水产类、乳制品类、肉类、禽蛋类等;按加工深度分为:即食类、粗加工类、精加工类、深加工类等;按食用方式分为:快餐类、蒸煮类、速冻类、烘焙类、休闲类、油炸类等;按营养学分为:谷类及薯类、动物性食品、豆类及其制品、蔬菜水果类、纯热能食物等。

二、按原料性质分类的食品及其特点

(一)粮食类食品

粮食类食品主要包括米、面、杂粮等。大米是中国人的主食之一,富含

碳水化合物和少量的蛋白质、脂肪及矿物质；面粉制品如面条、馒头等，同样富含碳水化合物，是人们日常饮食中的重要组成部分。杂粮有玉米、小米、高粱等，富含膳食纤维和多种矿物质，有助于促进身体健康。

这类食品主要提供碳水化合物、蛋白质、膳食纤维及 B 族维生素。碳水化合物是人体获取能量的主要来源，而膳食纤维有助于促进肠道蠕动，预防便秘。

（二）果蔬类食品

果蔬类食品包括水果和蔬菜两部分。水果有苹果、香蕉、橙子等，富含维生素 C 和多种矿物质，有助于增强免疫力，促进身体健康；蔬菜有菠菜、胡萝卜、白菜等，富含膳食纤维和多种维生素，有助于促进肠道蠕动，预防便秘，同时还能提供人体所需的多种矿物质。

这类食品主要提供膳食纤维、矿物质、维生素 C 和胡萝卜素等营养素。

（三）水产类食品

水产类食品主要包括鱼、虾、贝、蟹等海产品和淡水产品。鱼类有鲤鱼、鲫鱼、鳗鱼等，虾类有基围虾、对虾等，富含优质蛋白质和多种矿物质，有助于促进大脑发育和身体健康，增强免疫力。

这类食品主要提供蛋白质、脂肪、矿物质和维生素 A 等营养素。

（四）乳制品类食品

乳制品类食品主要包括牛奶、酸奶、奶酪等。牛奶中富含优质蛋白质和多种矿物质，如钙、磷等，有助于促进骨骼发育和身体健康。酸奶经过发酵处理，含有益生菌和多种营养物质，有助于促进肠道健康。

这类食品主要提供蛋白质、脂肪、矿物质和维生素 D 等营养素。

（五）肉类与禽蛋类食品

肉类和禽蛋类食品主要包括猪肉、牛肉、羊肉、鸡肉、鸭肉以及鸡蛋等。猪肉中富含蛋白质和多种矿物质，如铁、锌等，有助于增强免疫力和促进身体健康。牛肉中富含高质量的蛋白质和多种矿物质，如铁、锌等，有助于促进肌肉生长和身体健康。鸡蛋中富含优质蛋白质和多种矿物质及维生素，如钙、铁、维生素 D 等，是营养丰富的食品之一。

这类食品主要提供蛋白质、脂肪、矿物质和维生素 B 族等营养素。

三、按加工深度分类的食品及其特点

（一）即食类食品

即食类食品是指经过加工处理，可以直接食用的食品。方便面经过油炸和调味处理，方便快捷，但营养价值相对较低；罐头食品经过高温处理和密封包装，可以长期保存，但营养和口感可能有所损失。

这类食品方便快捷，但营养可能有所损失。

（二）粗加工类食品

粗加工类食品是指经过初步加工处理（如洗净、切割等）的食品。新鲜蔬菜经过洗净和切割处理，可以直接烹饪或生吃，保留了大部分的营养成分；新鲜水果经过洗净和去皮处理，可以直接食用，保留了大部分的营养成分和口感。

这类食品保留了大部分的营养成分和口感。

（三）精加工类食品

精加工类食品是指经过多次加工处理，口感和外观更佳的食品。面包经过多次发酵和烘烤处理，口感松软，但营养价值相对较低；火腿肠经过调味和加工处理，美味但营养价值相对较低，且可能含有添加剂。

这类食品可能添加了人工成分，营养价值相对较低。

（四）深加工类食品

深加工类食品是指经过多次深度加工处理，具有特殊口感和功能的食品。薯片经过切片、油炸和调味处理，口感酥脆，但营养价值相对较低；果冻经过调味和凝胶化处理，口感 Q 弹，但营养价值相对较低。

这类食品可能添加了多种添加剂和调味料，营养价值相对较低。

四、按食用方式分类的食品及其特点

（一）快餐类食品

快餐类食品是指方便快捷、易于携带和食用的食品。汉堡包含面包、肉类和蔬菜等多种食材，方便快捷，炸鸡经过油炸处理，口感酥脆，但营养价值相对较低。

这类食品通常营养价值相对较低，但很美味。

(二) 蒸煮类食品

蒸煮类食品是指通过蒸煮方式烹饪的食品。鱼肉通过蒸煮方式烹饪，保留了鱼肉的鲜美和营养成分。包子通过蒸煮方式烹饪，保留了面粉和馅料的营养成分和口感。

这类食品保留了大部分的营养成分和口感。

(三) 速冻类食品

速冻类食品是指经过速冻处理，可以长期保存的食品。速冻水饺经过速冻处理，方便快捷，但营养价值相对较低；速冻蔬菜经过速冻处理，可以长期保存，但营养价值可能相对较低。

这类食品方便快捷，但营养价值可能相对较低。

(四) 烘焙类食品

烘焙类食品是指通过烘焙方式烹饪的食品。面包、饼干通过烘焙方式烹饪，口感酥脆，含有大量碳水化合物和少量蛋白质、脂肪。

这类食品口感酥脆，营养价值相对较高。

(五) 休闲类食品

休闲类食品是指适合在休闲时间食用的食品。薯片口感酥脆，果冻口感Q弹，适合在休闲时间食用，但营养价值相对较低。

这类食品通常口感独特，但营养价值相对较低。

(六) 油炸类食品

油炸类食品是指通过油炸方式烹饪的食品。炸鸡、炸薯条通过油炸方式烹饪，口感酥脆，但营养价值相对较低。

这类食品口感酥脆，但营养价值相对较低，且可能含有较多的油脂和热量。

五、按营养学分类的食品及其特点

(一) 谷类及薯类食品

谷类及薯类食品主要提供碳水化合物、蛋白质、膳食纤维及B族维生素等营养素。

米中含有大量碳水化合物和少量的蛋白质、脂肪及矿物质；面中含有大量碳水化合物和少量的蛋白质、脂肪及B族维生素。马铃薯中富含碳水化合物和膳食纤维，有助于促进肠道蠕动。

（二）动物性食品

动物性食品主要提供蛋白质、脂肪、矿物质、维生素 A 和 B 族维生素等营养素。

畜类有猪肉、牛肉、羊肉等，禽类有鸡肉、鸭肉等，富含优质蛋白质和多种矿物质。鱼类有鲤鱼、鲫鱼等，富含优质蛋白质和多种矿物质，如钙、磷等。

（三）豆类及其制品

豆类及其制品主要提供蛋白质、脂肪、膳食纤维、矿物质和 B 族维生素等营养素。大豆富含蛋白质和多种矿物质，如钙、铁等；豆腐由大豆加工而成，富含蛋白质和多种矿物质。

（四）蔬菜水果类食品

蔬菜水果类食品主要提供膳食纤维、矿物质、维生素 C 和胡萝卜素等营养素。

水果有苹果、香蕉等，富含维生素 C 和多种矿物质；蔬菜有菠菜、胡萝卜等，富含膳食纤维和多种维生素。

（五）纯热能食物

纯热能食物主要提供能量，包括动植物油、淀粉、食用糖和酒类等。

植物油富含不饱和脂肪酸和维生素 E 等营养素，有助于维持身体健康；食用糖主要提供能量，但过量摄入可能导致肥胖和糖尿病等。

六、绿色食品与有机食品的概念及其特点

（一）绿色食品

绿色食品是指在我国推行的，遵循可持续发展原则生产的无污染、安全、优质、营养类食品。绿色食品需要得到认证后才能使用绿色食品标识。绿色食品分为 A 级和 AA 级两类，其中 AA 级接近于有机食品。

绿色食品的特点包括：无污染、安全性、优质性、营养价值高。

1. 无污染

绿色食品在生产、加工过程中，通过严密监测、控制，防范农药残留、放射性物质、重金属、有害细菌等对食品生产各个环节的污染，以确保绿色

食品产品的洁净。

2. 安全性

绿色食品强调产品出自良好的生态环境，按照绿色食品标准生产，并实行全程质量控制，以确保产品的安全性。

3. 优质性

绿色食品的优质特性不仅包括产品的外表包装水平高，还包括内在质量水准高。产品的内在质量包括两方面：一是内在品质优良，二是营养价值和卫生安全指标高。

4. 营养价值高

绿色食品通常富含各种营养素，如维生素、矿物质和抗氧化剂等，这些都是人体所需要的营养成分。

绿色食品以其无污染、安全、优质、营养的特点，成为现代人追求健康饮食的重要选择。在日常饮食中多摄入绿色食品，有助于降低慢性疾病风险、增强免疫力、促进消化和控制体重等。

（二）有机食品

有机食品也叫生态或生物食品等。有机食品是国标上对无污染天然食品比较统一的提法。有机食品通常来自有机农业生产体系，根据国际有机农业生产要求和相应的标准生产加工。产品符合国际或国家有机食品要求和标准，并通过国家有机食品认证机构认证的一切农副产品及其加工品，包括粮食、食用油、菌类、蔬菜、水果、瓜果、干果、奶制品、禽畜产品、蜂蜜、水产品、调料等。

有机食品的主要特点是来自生态良好的有机农业生产体系。有机食品的生产和加工不使用化学农药、化肥、化学防腐剂等合成物质，也不用基因工程生物及其产物。因此，有机食品是一类真正来自自然、富营养、高品质和安全环保的生态食品。

有机食品与其他食品的区别体现在如下几方面：

一是有机食品在其生产加工过程中绝对禁止使用农药、化肥、激素等人工合成物质，并且不允许使用基因工程技术；而其他食品则允许有限使用这些技术，且不禁止基因工程技术的使用，如绿色食品对基因工程和辐射技术的使用就未作规定。

二是生产转型方面，从生产其他食品到有机食品需要 2~3 年的转换期，而生产其他食品（包括绿色食品和无公害食品）没有转换期的要求。

三是数量控制方面，有机食品的认证要求定地块、定产量，而其他食品没有如此严格的要求。

因此，生产有机食品要比生产其他食品难得多，需要建立全新的生产体系和监控体系，采用相应的病虫害防治、地力保护、种子培育、产品加工和储存等替代技术。

第二节 食品微生物污染概述

食品微生物污染是指食品在生产、加工、运输、储存和销售过程中被微生物及其代谢产物污染的现象。这些微生物可能来自原料、水源、空气、生产设备、操作人员等多个环节。微生物污染不仅会降低食品的品质和营养价值，还可能引起食品腐败和食物中毒，对人类健康构成严重威胁。

食品微生物污染是一个复杂且广泛存在的问题，它涉及食品生产、加工、运输、储存和消费等多个环节。以下是对食品微生物污染的详细概述。

一、定义与分类

食品微生物污染是指微生物（包括细菌、病毒、真菌等）通过各种途径侵入食品，并在其中生长繁殖，导致食品变质、腐败，甚至产生有毒有害物质的过程。根据微生物的种类和致病性，食品微生物污染可以分为细菌性污染、病毒性污染和真菌性污染等。

细菌性污染是最常见的食品微生物污染类型。细菌种类繁多，且广泛存在于自然界中。一些细菌如大肠杆菌、沙门氏菌等，具有致病性，能够引起人类和动物的疾病。病毒性污染虽然不如细菌性污染常见，但某些病毒如诺如病毒、轮状病毒等，也能通过食品传播，引起人类疾病。这些病毒通常对抗生素不敏感，因此治疗起来相对困难。真菌性污染主要由霉菌和酵母菌引起。霉菌能够产生有毒的代谢产物，即真菌毒素，如黄曲霉毒素等，对人类健康构成严重威胁。

二、污染源与传播途径

食品微生物污染的污染源主要包括含有微生物的土壤、水体、空气、尘埃以及人和动物的排泄物等。这些微生物可以通过直接污染食品（如食品原料被污染），或通过间接途径（如通过加工设备、容器、运输工具等）污染食品。

直接污染指微生物直接附着在食品表面或内部，如食品原料在种植、养殖过程中被污染。间接污染指微生物通过食品生产、加工、运输、储存等环节中的某个或多个环节，间接地污染食品。例如，加工设备、容器、运输工具等未经彻底消毒，就可能成为微生物的传播媒介。

三、危害与影响

食品微生物污染对人类健康构成了严重威胁。食品微生物污染的危害与影响主要可以归纳为以下 5 个方面。

（一）导致食品腐败变质

微生物在食品中生长繁殖会破坏食品的组织结构，分解食品中的营养物质，导致食品腐败变质。这不仅降低了食品的食用价值，还可能产生不良的气味和口感，使食品无法食用。

（二）引起食物中毒

食物中毒是食品微生物污染最常见的危害之一。摄入被致病性微生物污染的食品后，人们可能会出现恶心、呕吐、腹泻等症状，严重时甚至危及生命。某些微生物如沙门氏菌、大肠埃希氏菌、金黄色葡萄球菌等可以产生毒素，人摄入被这些微生物污染的食品后，会出现食物中毒的症状，如上吐下泻、腹痛、头痛、发热等，严重时甚至可能危及生命。例如，沙门氏菌食物中毒全年都可发生，吃了未煮透的病、死牲畜肉或在屠宰后其他环节污染的牲畜肉是引起沙门氏菌食物中毒的最主要原因。一些真菌毒素如黄曲霉毒素等，具有致癌、致畸、致突变等长期危害。长期摄入含有这些毒素的食品，可能增加患癌症等疾病的风险。

（三）传播传染病

某些致病性微生物能够通过食品传播，引起传染病。例如，沙门氏菌、霍乱弧菌等细菌能够引起人类传染病。一些微生物如霍乱弧菌、副溶血性弧菌等，可通过食物传播传染病。这些传染病具有流行广泛、发病急骤、症状严重等特点，对人类健康构成严重威胁。

（四）影响特定人群健康

婴幼儿、老年人、孕妇、免疫系统较弱的人群更容易受到食品微生物污染的影响。他们的身体抵抗力较低，一旦食用被污染的食物，会导致严重的健康问题，甚至可能引发长期或慢性的疾病。

（五）造成经济损失和社会影响

食品微生物污染不仅会导致食品浪费和经济损失，还可能引发社会恐慌和信任危机。例如，当发生大规模的食品中毒事件时，消费者会对相关食品产生疑虑，甚至对整个食品行业失去信心，这将对食品产业的健康发展产生负面影响。

四、防控措施

为了有效防控食品微生物污染，加强源头管理，确保食品原料的安全性和卫生质量。加强对种植、养殖环节的监管，防止农药、兽药等化学物质的滥用。完善加工流程，对食品加工过程进行严格控制，确保加工设备、容器、运输工具等的清洁和消毒。加强储存管理，确保食品在储存过程中的安全性和卫生质量。防止食品受潮、受热、受污染等。提高消费者意识，加强食品安全知识的宣传和教育，提高消费者对食品安全的认知和意识。

（一）原料控制

严选原料，确保原料新鲜、无污染，优先选择有良好农业规范认证的供应商。对于熟肉制品等加工食品，还需对原辅材料进行评审、验证，确保其不携带致病微生物。

彻底清洗时使用清洁水源和适宜的洗涤剂，彻底清洗原料表面，去除附着的微生物。

（二）加工过程控制

不同种类的原料应分开存放，避免交叉污染。加工区域应保持清洁，定期进行彻底消毒，使用食品级消毒剂，确保无死角。加工设备和工具也要定期清洗和消毒。工作人员需遵守严格的个人卫生标准，如穿戴清洁的工作服、佩戴口罩和手套，定期洗手消毒。保持加工环境的适宜温湿度，减少微生物繁殖的条件。遵循"时间—温度控制"原则，确保食品在加工、储存和运输过程中处于安全温度范围内。在不影响食品品质的前提下，合理使用天然或合成防腐剂、抗菌剂。

（三）包装与储存控制

采用无菌包装技术，减少包装过程中的微生物污染。根据食品特性，选择合适的储存温度和湿度，避免二次污染。科学设定食品的保质期，并在包装上明确标注，确保消费者在有效期内食用。

（四）运输与销售控制

对于易腐食品，采用冷链运输，确保全程温度控制。优化物流流程，减少食品在分销环节的滞留时间。

（五）质量管理与监控

实施危害分析与关键控制点体系，对加工过程中的关键环节进行监控。定期对食品及设备进行微生物检测，并及时处理任何发现的问题。建立完善的质量追溯体系，一旦发现问题，能迅速定位并处理。

第三节 有害微生物的分类与危害

一、有害微生物的分类

食品中的有害微生物是一个复杂而多样的群体，它们对食品安全构成了严重威胁。这些微生物可以通过多种途径进入食品，包括原材料携带、加工过程中的污染、保存不当以及销售环节的疏忽等。了解食品中有害微生物的分类，有助于我们更好地预防和控制食品安全风险。有害微生物种类繁多，按照其致病性和传播途径，可以分为以下几类：

（一）细菌

细菌性危害是食品中最常见的微生物危害之一。这些细菌可以在食品的生产、加工、运输和储存过程中繁殖，产生毒素，导致食用者中毒。沙门氏菌、大肠埃希氏菌、金黄色葡萄球菌等，是引起食物中毒的主要病原体。常见的引起细菌性危害的细菌包括：

1. 大肠菌群

大肠菌群包括一系列与粪便污染有关的细菌，如大肠埃希氏菌。它们通常来源于人和温血动物的粪便，食品中大肠菌群超标表示食品受到了粪便污染。

2. 金黄色葡萄球菌

这是一种广泛存在于空气、水、灰尘及人和动物排泄物中的细菌。它能引起多种严重感染，包括肺炎、伪膜性肠炎、心包炎等，甚至败血症、脓毒症等全身感染。

3. 沙门氏菌

这是一种常见的食源性致病菌，主要污染鱼、禽、奶、蛋类食品。它可引起食物中毒，症状包括恶心、呕吐、腹痛、头痛、畏寒和腹泻等。

4. 志贺氏菌

即痢疾杆菌，是导致细菌性痢疾的病原菌。它主要污染熟肉制品等食品，可引起剧烈腹痛、腹泻、发热等症状。

5. 单核细胞增生李斯特氏菌

这是一种兼性厌氧细菌，广泛存在于蛋类、禽类、海产品、乳制品等食品中。它能引起李斯特菌病，是一种严重的食源性感染。

6. 大肠埃希氏菌

根据致病性的不同，这种菌可分为多种类型，如产肠毒素性大肠埃希氏菌、肠道侵袭性大肠埃希氏菌等。它们可引起水样腹泻、腹痛、恶心、低热等症状。

（二）真菌

真菌性危害主要由一些看似可食用但实际上含有毒素的食物引起。真菌在食品上生长繁殖会导致食品腐败变质，降低食品的食用价值和营养价值。腐败的食品可能产生不良气味和味道，影响消费者的食欲和健康。这些真菌在适宜的条件下大量繁殖，产生毒素，危害人体健康。常见的真菌性危害包括：霉菌在潮湿温暖的环境中容易繁殖，形成肉眼可见的绒毛状、絮状或蛛网状的菌落。霉菌毒素对人主要毒性表现在神经和内分泌紊乱、免疫抑制、致癌致畸、肝肾损伤等方面。

另外，酵母菌是一种单细胞真菌，能在发酵糖类时产生乙醇和二氧化碳。

酵母污染的食品在特定情况下有可能导致食物中毒，但这种情况相对少见，且通常与酵母的过期使用、不当储存或食品制作过程中的卫生问题有关。

（三）病毒

食品中常见的病毒及其危害如下：

1. 诺如病毒

诺如病毒变异快、环境抵抗力强、感染剂量低，感染后潜伏期短、排毒时间长、免疫保护时间短，且传播途径多样、全人群普遍易感，该病毒可通过污染的食物和水传播。因此，诺如病毒具有高度传染性和快速传播能力，这种病毒通常会引起胃肠炎症。

2. 甲型肝炎病毒

甲型肝炎病毒（hepatitis a virus，HAV）主要通过消化道传播，污染的食物和水是重要的传播途径。感染后，患者会出现发热、乏力、食欲不振、黄疸等症状。甲型肝炎一般不会发展成慢性疾病，但重症病例可能导致肝衰竭甚至死亡。

3. 轮状病毒

轮状病毒是婴幼儿急性胃肠炎的主要病原体之一。它主要通过粪—口途径传播，也可以通过污染的食物和水传播。轮状病毒感染后，患者会出现呕吐、腹泻、发热等症状。婴幼儿感染轮状病毒的风险较高，严重时可导致脱水和电解质紊乱。

4. 星状病毒

星状病毒主要感染婴幼儿，引起轻度至中度的胃肠炎。该病毒可通过污染的食物和水传播。感染后，患者会出现呕吐、腹泻、腹痛等症状。星状病毒胃肠炎通常在数天内自愈，但免疫力较低的婴幼儿可能面临更严重的风险。

综上所述，食品中的病毒种类繁多，它们通过不同的途径污染食品，并引起各种临床表现。预防食品病毒感染的关键在于加强食品安全管理，提高个人卫生意识，及时采取有效的防控措施。

（四）其他有害微生物

总的来说，食品中的有害微生物种类繁多，除了上述常见的有害微生物外，还有一些其他类型的微生物也可能对食品安全、人体健康构成了严重威胁。为了保障食品安全，我们需要加强食品生产、加工、运输和储存过程中的卫生管理，严格控制微生物污染的风险。同时，消费者在购买和食用食品时也应保持警惕，选择新鲜、无污染的食品，并遵循正确的烹饪和储存方法。

立克次氏体主要通过受感染的节肢动物叮咬传播给人类，而不是直接通过食品传播。然而，如果受感染的动物（如鼠类）被用作食品来源，且加工不当，立克次氏体可能通过血液或其他体液污染食品。感染后可能出现一系列症状，如发热、头痛、肌肉疼痛、皮疹等，严重时可能导致器官损伤或死亡。鸡常见的支原体病原体有鸡毒支原体和鸡滑膜炎支原体。鸡毒支原体可引起鸡的慢性呼吸道疾病，表现为鼻炎、气囊炎、肺炎等，还可导致产蛋量下降。鸡滑膜炎支原体可导致鸡的关节炎、滑囊炎等疾病。支原体主要通过呼吸道传播，也可经蛋垂直传播，可通过食物链传播给人类，危及食品安全和公共卫生。鸡滑膜炎支原体和鸡毒支原体也有人畜共患病的潜在风险。

二、有害微生物引起的食品腐败和食物中毒

食品腐败与食物中毒是食品安全领域的两大重要问题，它们往往由有害微生物的污染和繁殖所引起。这些微生物不仅破坏了食品的营养价值和感官品质，还可能产生有毒代谢产物，对人体健康构成严重威胁。

（一）食品腐败微生物的作用机制

食品腐败微生物是指那些能够引起食品发生化学或物理性质变化，使食品失去原有的营养价值、组织性状及色、香、味的微生物。这些微生物主要包括细菌、霉菌和酵母。

细菌是引起食品腐败的主要微生物之一。它们通过分解食品中的蛋白质、脂肪和碳水化合物等营养成分来获取能量和营养物质。在适宜的温度和湿度条件下，细菌能够迅速繁殖并产生大量的代谢产物，如酸类、醇类、酯类、酮类等，这些产物往往具有不良的气味和味道，导致食品腐败变质。

常见的引起食品腐败的细菌有需氧性芽孢杆菌、厌氧性梭状芽孢杆菌、大肠杆菌、变形杆菌等。这些细菌在食品中的繁殖速度和产生的代谢产物种类取决于食品的性质、来源和加工处理方式。

霉菌也是引起食品腐败的重要微生物之一。与细菌不同，霉菌在较低的水分活度值和较高的渗透压条件下仍能生长繁殖。它们通过分泌各种酶来分解食品中的营养成分，产生各种代谢产物，如有机酸、醇类、酯类、醛类等。

这些代谢产物往往具有特殊的颜色和气味，使食品呈现出发霉、变色、变味等现象。

常见的引起食品腐败的霉菌有青霉属、芽枝霉属、念珠霉属、毛霉属、葡萄孢霉属等。这些霉菌在食品中的生长繁殖速度和产生的代谢产物种类取决于食品的水分活度值、pH、营养成分以及环境条件等。

酵母虽然不像细菌和霉菌那样普遍存在于食品中，但在某些特定条件下也能引起食品腐败。酵母通过发酵作用分解食品中的糖类物质产生二氧化碳和乙醇等代谢产物。这些代谢产物往往使食品呈现出膨胀、变酸等现象。

常见的引起食品腐败的酵母有鲁氏酵母、罗氏酵母、蜂蜜酵母等。这些酵母在食品中的生长繁殖速度和产生的代谢产物种类取决于食品的糖分含量、pH 以及环境条件等。

（二）微生物食物中毒及其危害

有害微生物在食品中繁殖时，会分解食品中的营养物质，产生异味、变色、变质等现象，导致食品腐败。同时，某些有害微生物还会产生毒素，引起食物中毒。食物中毒的症状包括恶心、呕吐、腹泻、腹痛等，严重时可能危及生命。

食物中毒是指人食用了被有毒有害物质污染的食品后所引起的急性或亚急性疾病。这些有毒有害物质往往由有害微生物产生。引起食物中毒的微生物主要有细菌、真菌和病毒等，其中以细菌性食物中毒最为常见。

1. 细菌性食物中毒

细菌性食物中毒是指人食用了被细菌或细菌毒素污染的食品后所引起的疾病。这些细菌在食品中大量繁殖并产生毒素，当人体摄入这些含有毒素的食品后，就会出现中毒症状。

（1）沙门氏菌属食物中毒：沙门氏菌是一种常见的引起细菌性食物中毒的病原菌。它广泛存在于自然界中，如土壤、空气、水以及人和动物的排泄物中。沙门氏菌可通过多种途径污染食品，如原料污染、加工过程中的交叉污染等。中毒发生的原因主要是食品被沙门氏菌污染、繁殖，再加上处理不当，未能杀死沙门氏菌，大量活的沙门氏菌随食物进入消化道，并在肠道繁殖，以后经肠系膜淋巴组织进入血液循环，出现菌血症，引起全身感染。当细菌被肠系膜、淋巴结和网状内皮细胞破坏时，沙门氏菌体就释放出内毒素，导致人体中毒，并随之出现临床症状。在加工被污染的猪肉及内脏时，常因加热不够或切块太大，食品中心部分仍有存活的细菌，食后可致中毒。另外，在患病的牛乳中，如加热不彻底也可中毒。生、熟肉食在加工及储存过程中，如刀具、菜板、储存容器再次被感染。虽然这种食物中毒全年均可发生，但大多数发生在 5~10 月，其中 7~8 月最多，通过苍蝇、鼠类等污染食品、水源等，也可造成中毒。

(2) 葡萄球菌食物中毒：金黄色葡萄球菌是一种常见的食源性致病菌。葡萄球菌属细球菌科，为球形或椭圆形，革兰氏阳性细菌。该毒素的血清型有 AB、C_1、C_2、C_3D、E 和 F。同一菌株能产生两型或以上的肠毒素，但常以一种类型毒素为主。A 型与 E 型、B 型与 C 型之间，分别有交叉免疫存在。各型肠毒素都可引起食物中毒，但以 A 型、D 型肠毒素引起食物中毒最多见，B 型、C 型次之。肠毒素对人的中毒剂量一般为 20~25 μg。当葡萄球菌污染食物后，在氧气不充足的条件下，温度 20~30 ℃、经 4~5 h 繁殖，即产生大量的肠毒素。人若进食含有葡萄球菌肠毒素的食物，即可发生食物中毒。

(3) 肉毒梭状芽孢杆菌食物中毒：肉毒梭状芽孢杆菌，简称肉毒梭菌，是一种耐热性极强的病原菌。它可在土壤、江河湖海的泥沙中广泛存在，并可污染食品。肉毒梭菌会产生一种名叫"肉毒素"的毒素。肉毒梭菌毒素食物中毒就是由肉毒素引起的，人吃了含有肉毒梭菌和肉毒素的食物后会引起肉毒中毒，是一种神经型细菌性食物中毒。含有肉毒梭菌和肉毒素的食物主要是腐败变质的罐头、火腿、腊肉等腌制食品，还有家庭自制发酵食品如豆酱、面酱、臭豆腐、酱菜，还有臭鸡蛋、蜂蜜等。当人食用了被肉毒梭状芽孢杆菌污染的食品后，可能会出现乏力、头痛、腹泻等症状，接着出现各种神经麻痹症状，如视力减退、眼睑下垂、瞳孔放大等，严重时甚至导致死亡。

(4) 副溶血性弧菌食物中毒：副溶血性弧菌又称致病性嗜盐菌，是一种常见的引起海鲜类食物中毒的病原菌。广泛生存于近岸海水和鱼贝类食物中，温热地带较多。引起中毒的食品主要为海产品，以墨鱼、虾、贝类最多见，其次为盐渍类和禽类食品。

副溶血性弧菌食物中毒多发于夏秋季的 7~9 月，沿海地区多发。人群普遍易感，但以青壮年为主。它主要存在于鱼贝类及其他水产品中，并可通过虾蟹等传播。当人食用了被副溶血性弧菌污染的海鲜后，就会出现呕吐、腹痛、腹泻甚至脱水、发烧等症状。

（5）蜡状芽孢杆菌食物中毒：蜡状芽孢杆菌是一种常见的引起谷物类食品中毒的病原菌。潜伏期长短不一，如以摄入活菌为主，为食后 6~14 h，骤起腹痛、腹泻、水样便、恶心、呕吐较少，少数患者有发热。如以摄入细菌毒素为主者，潜伏期较短，为 1~5 h，甚至可短到数十分钟，以呕吐为主，伴有腹痛，少数继以腹泻，无明显发热，多为自限性，持续 4~24 h 恢复。应疑及蜡样芽孢杆菌食物中毒，确诊有赖从可疑食物及患者粪便中培养出蜡样芽孢杆菌。菌量应达到每克粪便含 10^5 CFU/mL（g）或以上，始有诊断意义。其细菌应作血清型及生物型鉴定，并应进行肠毒素试验，确定有无致病力。它可在谷物食品中发现，并在食品加热或室温保藏时萌发成杆菌并产生毒素。当人食用了被蜡状芽孢杆菌污染的食品后，就会出现突然呕吐和腹泻等症状。

2. 真菌性食物中毒

真菌性食物中毒是指人食用了被真菌或真菌毒素污染的食品后所引起的疾病。这些真菌在食品中生长繁殖并产生毒素，当人体摄入这些含有毒素的食品后，就会出现中毒症状。

（1）黄曲霉毒素中毒：黄曲霉毒素是一种由黄曲霉和寄生曲霉等真菌产生的有毒代谢产物。病原为黄曲霉毒素，虽然文献上的资料表明，可产生黄曲霉毒素的菌种，包括黄曲霉、寄生曲霉、溜曲霉、黑曲霉等 20 多个菌种。但近年来很多研究者的研究工作证实，只有黄曲霉和寄生曲霉产生黄曲霉毒素。而且，并不是所有黄曲霉的菌株都产生黄曲霉毒素。早期资料记载，从自然界分离出的黄曲霉中，只有 10% 的菌株产黄曲霉毒素。但是，近年来的研究工作表明，产毒素菌株所占的比例有明显的上升趋势。

目前已经确定出结构的黄曲霉毒素有 B_1、B_2、B_2a、B_3、D_1、G_1、G_2、G_2a、M_1、M_2、P_1、Q_1、R_0 等 20 余种，并且已经用化学方法合成出来。其中 B_1、B_2、G_1 和 G_2 是 4 种最基本的黄曲霉毒素，其他种类都是由这 4 种衍生而来。它们的化学结构十分相似，都含有一个双呋喃环和一个氧杂萘邻酮（又称香豆素）。结晶的黄曲霉毒素 B_1 非常稳定，高温（200 ℃）、紫外线照射都不能使之破坏。加热到 268~269 ℃，才开始分解。5% 的次氯酸钠可以使黄曲霉毒素完全破坏。在 Cl_2、NH_3、H_2O_2 和 SO_2 中，黄曲霉毒素 B_1 也可被破坏。

黄曲霉毒素的分布范围很广，凡是污染了能产生黄曲霉毒素的真菌的粮食、饲草饲料等，都有可能存在黄曲霉毒素。甚至在没有发现真菌、真菌菌丝体和孢子的食品和农副产品上，也检测到了黄曲霉毒素。畜禽中毒就是由于大量采食了这些含有黄曲霉毒素的饲草饲料和农副产品而发病的。

根据国内外普查，以花生、玉米、黄豆、棉籽等作物以及它们的副产品，最易感染黄曲霉，含黄曲霉毒素量较多。世界各国和联合国有关组织都制定了食品、饲料中黄曲霉毒素最高允许量标准。

（2）白假丝酵母菌毒素中毒：白假丝酵母菌毒素是一种不耐热的外毒素，能使小白鼠疲倦、厌食、竖毛、发绀、颤抖、呼吸加快、腹泻、脱水甚至死亡；能使家兔心跳、呼吸加快、呕吐、腹泻。

3. 病毒性食物中毒

病毒性食物中毒是指人食用了被病毒污染的食品后所引起的疾病。这些病毒主要通过粪—口途径传播给人类。常见的引起病毒性食物中毒的病毒有诺如病毒、轮状病毒等。当人食用了被这些病毒污染的食品后，就会出现腹泻、呕吐等症状。

有害微生物引起的食品腐败和食物中毒是食品安全领域的重要问题。为了保障人们的身体健康和生命安全，需要采取一系列有效的预防措施来防止这些问题的发生。这些措施包括加强食品原料的卫生管理、控制食品加工过程中的卫生条件、加强食品的储存和运输管理等。同时，还需要提高消费者的食品安全意识和加强食品安全监管和检测工作。只有这样，才能确保人们食用的食品是安全、健康、营养的。

第四节　食品中微生物检测的重要性

一、食品微生物检测的意义

食品微生物检测是食品安全保障体系中不可或缺的一环。通过对食品中微生物的种类、数量及其活性进行检测，可以评估食品的卫生质量和安全性。微生物在食品中的存在，不仅可能导致食品的腐败变质，更有可能引起食源性疾病，对人体健康造成威胁。应及时发现食品中的污染问题，防止不合格食品流入市场。微生物检测可以为食品生产和加工过程提供科学依据，指导企业改进生产工艺和卫生条件，提高食品质量和安全性。因此，食品微生物检测的目的在于及时发现和控制食品中的微生物污染，确保食品的安全性和卫生质量。

二、食品中控制微生物的必要性

控制食品中的微生物对于保障食品安全和卫生质量至关重要。微生物的存在可能导致食品的腐败变质，降低食品的营养价值和口感，使其失去食用价值。某些微生物产生的毒素对人体健康具有极大的危害，可能导致食物中毒等症状。此外，微生物的存在还可能影响食品的保存期限，给食品生产和销售带来经济损失。因此，通过控制食品中的微生物，可以保证食品的安全和卫生，保障消费者的健康权益，同时促进食品产业的可持续发展。

三、微生物检测技术的发展趋势

食品微生物检测技术的发展趋势呈现出技术多元化、智能化发展、高效化发展和向应用领域拓展的特点。

（一）技术多元化

随着科学技术的进步，传统的培养法、显微镜观察法等检测方法仍然被广泛应用，但新兴的检测技术如分子生物学技术、免疫学技术、生物传感器技术等也在快速发展。例如，高通量测序技术能够实现对食品中微生物的快速、准确鉴定，为食品安全风险评估和追溯提供了有力支持。纳米技术和生物芯片技术也在食品微生物检测领域展现出巨大的应用潜力。

（二）智能化发展

随着自动化技术的不断发展，越来越多的食品微生物检测设备实现了自动化操作，降低了人为因素对检测结果的影响，提高了检测的准确性和效率。通过人工智能和大数据技术，可以对食品微生物检测数据进行深度挖掘和分析，建立预测模型，实现对食品安全风险的早期预警和精准控制。

（三）高效化发展

随着检测技术的不断进步，食品微生物检测的速度也在不断提高。例如，一些快速检测方法能够在几分钟内完成检测，大大缩短了检测周期。新兴的检测技术具有更高的灵敏度，能够检测到更低浓度的微生物，从而提高了检测的准确性和可靠性。

(四) 向应用领域拓展

食品微生物检测技术不仅应用于生产环节，还逐渐扩展到流通、销售等各个环节，实现了对食品安全的全程监控。随着人们对食品安全和健康需求的不断提高，食品微生物检测技术在婴幼儿食品、保健食品等特殊食品领域的应用也越来越广泛。

随着食品微生物检测技术的不断发展，相关的检测标准和规范也在不断完善。这些标准和规范为食品微生物检测提供了统一的技术依据和评判标准，有助于保障检测结果的准确性和可靠性。

未来，随着技术的不断进步和应用领域的不断拓展，食品微生物检测技术将在保障食品安全方面发挥更加重要的作用。同时，这也有助于提高消费者对食品安全的信心，促进食品产业的健康发展。未来，随着科学技术的不断进步和食品安全标准的不断提高，食品微生物检测与微生物控制将发挥更加重要的作用，为保障食品安全和人民健康作出更大的贡献。

因此，我们应该高度重视食品微生物检测工作，不断完善检测技术和方法，提高检测水平和效率，为人民群众提供更加安全、健康、优质的食品。同时，也需要加强食品安全监管和法律法规建设，确保食品产业的可持续发展和人民群众的健康权益。

第五节　微生物快速检测技术的意义与作用

随着食品工业的发展和人们对食品安全要求的提高，快速检测技术逐渐成为食品安全领域的重要工具。快速检测技术具有检测速度快、准确性高、操作简便等优点，可以在短时间内对大量食品样品进行筛查和检测。这对于及时发现和处理食品安全问题、保障消费者健康具有重要意义。

快速检测技术可以保障食品安全，监控食品质量。食品微生物快速检测技术能够迅速检测出食品中是否存在致病菌、有害微生物及其毒素，从而有效防止食品中毒和传染病的传播。这对于保护消费者的健康、维护社会稳定具有重要意义。通过快速检测，食品生产商、监管机构以及餐饮服务行业可以及时发现并处理受污染的食品,避免其流入市场,为食品安全监管提供有力支持。确保食品在生产、加工、流通及消费等各个环节的卫生安全。

快速检测结果可以为食品生产过程控制提供重要依据。快速检测技术的应用范围广泛,包括食品原料、加工过程、成品等多个环节,可以用于监控食品在加工、储存过程中的微生物变化,评估食品的新鲜度和卫生状况。通过定期检测,生产商可以及时发现生产过程中的卫生问题,如设备清洁不足、原料污染等,从而及时采取措施进行改进。这对于食品生产商来说至关重要,可以帮助他们了解产品的保质期和储存条件,从而制定更合理的生产计划和质量控制措施。这有助于提高食品质量,降低生产成本,并增强企业的市场竞争力。同时,消费者也可以通过了解食品的微生物检测结果,更加明智地选择食品,确保饮食安全。

此外,快速检测技术还可以促进食品工业的可持续发展,提高食品企业的竞争力和市场信誉。食品微生物快速检测技术在食品安全领域具有深远的意义与显著的作用。

随着全球化的加速发展,食品贸易日益频繁。不同国家和地区对食品微生物指标的要求各不相同,因此快速准确的微生物检测技术对于促进食品的进出口贸易具有重要意义。通过快速检测,可以确保出口食品符合进口国的微生物标准,从而避免贸易壁垒和退货风险。同时,进口国也可以通过快速检测来确保进口食品的安全性,保护本国消费者的健康。

食品微生物快速检测技术的发展推动了相关技术的进步与创新。例如,基于萤火虫发光原理的三磷酸腺苷(adenosine triphosphate,ATP)检测技术、聚合酶链式反应(polymerase chain reaction,PCR)检测技术、生物传感器技术等都在不断发展和完善中。这些新技术的出现不仅提高了检测的准确性和速度,还降低了检测成本,使得微生物检测更加普及和便捷。

食品微生物快速检测技术在保障食品安全、监控食品质量、为生产过程控制提供依据、促进国际贸易以及推动技术进步与创新等方面都发挥着重要作用。随着技术的不断进步和应用场景的拓展,食品微生物快速检测技术将更加智能化、便携化、精准化,为食品安全保障提供更加有力的技术支持。

参考文献

[1] 法律出版社大众出版编委会. 中华人民共和国食品安全法 [J]. 新疆农垦科技, 2009, 39 (4): 83-85.

[2] 英英, 王和平, 毕力格巴图, 等. 我国有机食品、绿色食品与无公害食品的特点及发展方向 [J]. 当代畜禽养殖业, 2024, 44 (2): 56-57.

[3] 陈崟珺. 食品微生物污染源与传播途径分析及风险评估 [J]. 中国食品工业, 2023 (21): 82-85.

[4] 白海娜. 食品中微生物污染的来源及其控制分析 [J]. 食品安全导刊, 2020 (36): 8.

[5] 安朝霞, 苗雨阳, 杜玉婉, 等. 食品腐败变质生物因素相关机制研究进展 [J]. 食品安全质量检测学报, 2022, 13 (1): 86-93.

[6] 孙爱洁. 微生物对食品安全造成的危害及控制措施 [J]. 现代食品, 2018 (14): 50-52.

[7] 罗井荣, 陈勇豪. 我国与新加坡食品中微生物限量标准对比研究 [J]. 中国食品安全, 2024 (7): 103-108.

[8] 李勤英. 食品安全检测的问题与对策 [J]. 中国食品工业, 2024 (17): 41-43.

[9] 李春天, 陈玉涵, 刘慧, 等. 全面推行实施良好农业规范促进农业高质量发展的对策建议 [J]. 农产品质量与安全, 2023 (5): 5-8, 54.

[10] 曹雪芹, 张晓虹. 常用菌种的保存和确认技术研究 [J]. 中国高新科技, 2022 (3): 68-69.

[11] 王九英. HACCP体系在食品安全管理中的运用探讨 [J]. 食品安全导刊, 2024 (34): 24-26.

[12] 明儒成. 白假丝酵母菌致食物中毒的病原学鉴定及药敏试验结果的报告 [J]. 临床和实验医学杂志, 2011, 10 (22): 1748-1749.

[13] 闫旭佳, 袁亚迪, 幺山山, 等. 甲型肝炎病毒在太平洋牡蛎中的富集及消减规律 [J]. 中国生物制品学杂志, 2022, 35 (1): 26-32.

[14] 宋旭岩, 叶兵, 林滢, 等. 山东省沿海地区市场销售贝类诺如病毒、甲肝病毒、轮状病毒和星状病毒污染状况调查 [J]. 中国初级卫生保健, 2024, 38 (5): 65-68.

[15] 张富友, 邓春冉, 王素春, 等. 禽星状病毒研究进展 [J]. 中国动物检疫, 2022, 39 (5): 83-91.

[16] 李新. 美国家禽产品的质量安全控制 [J]. 中国家禽, 2009, 31 (6): 26-32.

[17] 于千帆，王金鹏，曹锦轩，等．冷链食品病毒控制及其次生危害研究进展［J］．食品安全质量检测学报，2023，14（17）：276-284.

[18] 陈秋，唐继霞，孟娇，等．贵州省罗甸县媒介蜱携带立克次体属调查［J］．中国热带医学，2024，24（11）：1419-1423.

[19] 刘麒，要纬玉，戎畅，等．鸡滑液囊支原体的研究进展［J］．吉林畜牧兽医，2023，44（6）：77-78.

[20] 王于慧，吴静芸．细菌性食物中毒患者的感染病原学鉴定及微生物检测意义分析［J］．基层医学论坛，2024，28（27）：62-65.

[21] 李汝期，明儒成．细菌性和真菌性食物中毒调查及检验［J］．河南预防医学杂志，2014，25（5）：440-443.

[22] 明儒成，许爱梅，杨勤德，等．白假丝酵母菌致食物中毒机理的研究［J］．中国医学创新，2011，8（25）：13-15.

[23] 杨康，郑灿军，陈秋兰，等．2024年8月中国需关注的突发公共卫生事件风险评估［J］．疾病监测，2024，39（8）：957-959.

[24] 梁蕊．食品微生物检测技术在食品安全检测中的应用［J］．中国食品工业，2024（22）：87-89.

[25] 钟明磊，于丽红．新技术在食品微生物检验检测中的应用［J］．食品安全导刊，2024（34）：183-185.

[26] 陆荣荣，毛炎，黄瑶，等．快速测试片在食品微生物检测中的应用分析［J］．食品安全导刊，2021（15）：129.

[27] 刘运其，田运佳．食品中微生物快速检测与鉴定技术的研发与应用［J］．食品安全导刊，2024（22）：121-123.

[28] 陆金虎，管玉雯，李晓静，等．食品微生物快速检测技术的现状及应用［J］．中国食品工业，2024（19）：79-81.

[29] 范秋佳，邓蕊．食品安全快速检测技术研究［J］．食品安全导刊，2024（19）：178-180.

[30] 黄亚楠．微生物快速检测在农产品食品质量安全检验中的应用［J］．食品安全导刊，2024（14）：186-189.

第二章 食品中有害微生物的生物学特性

第一节 真菌及其毒素

一、黄曲霉菌及其毒素

(一) 黄曲霉菌的生物学特性

黄曲霉菌（*Aspergillus flavus*）是一种广泛分布于世界各地的常见腐生霉菌，别名黄曲菌，属于真菌界，半知菌亚门，丝孢纲，丛梗孢目，丛梗孢科，曲霉属。

黄曲霉菌的菌落生长较快，菌落结构疏松，菌落正面色泽随其生长由白色变为黄色及黄绿色，呈半绒毛状。孢子成熟后颜色变为褐色，孢子表面平坦或有放射状沟纹。孢子反面无色或呈褐色。菌体由许多复杂的分枝菌丝构成，这些菌丝包括营养菌丝和气生菌丝。营养菌丝具有分隔，而气生菌丝的一部分会形成长而粗糙的分生孢子梗。分生孢子梗的顶端会产生烧瓶形或近球形顶囊，见图2-1。表面再产生许多小梗，小梗上则着生成串的表面粗糙的球形分生孢子。制片镜检观察，可见分生孢子梗很粗糙。顶囊呈烧瓶形或近球形，分生孢子在小梗上呈链状着生，分生孢子的周围有球形、粗糙的小突起。

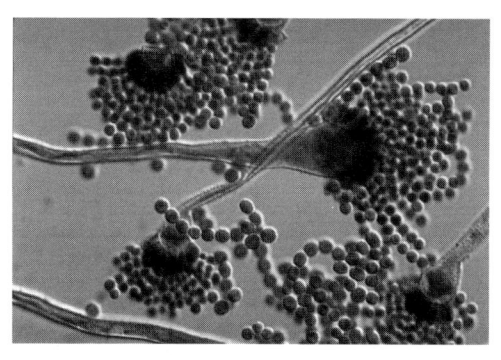

图2-1 电子显微镜下黄曲霉分生孢子头模式图

1. 生长环境与条件

黄曲霉菌在适宜的温度和湿度条件下，能够迅速生长繁殖，并产生多种代谢产物，包括一些对人体有害的毒素。黄曲霉菌是一种温暖地区常见的霉菌，生长温度范围在 4~50 ℃ 之间，最适生长温度为 25~40 ℃。黄曲霉毒素形成的最低温度为 5~12 ℃，最高为 45 ℃，最适温度为 20~30 ℃（28 ℃）。在肉制品中，当温度在 10 ℃ 以下时，则不生成黄曲霉毒素。

黄曲霉菌喜欢温暖潮湿的环境，因此在热带和亚热带地区的食品中黄曲霉毒素的检出率特别高。此外，黄曲霉菌在湿度较大、通风不良、水受污染、酸碱度适宜等条件下也容易生长。黄曲霉菌在潮湿的环境下会开始生长并释放出孢子，从而加速其生长速度。黄曲霉菌比其他霉菌更耐旱，而且环境的酸碱性对其影响不大，在 pH 2~9 的条件下都能生成黄曲霉毒素，不过在 pH 2.5~6.0 之间的酸性条件下，毒素的生成量最大。适宜的酸碱度有利于黄曲霉菌细胞壁的维持和代谢，并产生更多的毒素。

通风不良的环境中，由于空气流通受限，湿度和温度容易在局部区域积聚，为黄曲霉菌的生长提供有利的条件。黄曲霉菌能在含氧量极低的环境中生长，在缺氧环境中也能发酵。即使在充填二氧化碳的冷库中，黄曲霉菌的生长也不受影响，但会明显地延缓黄曲霉毒素的形成。

黄曲霉菌极易滋生于粮食、油料作物、干果类食品饲料中，在肉品、奶制品中也发现过黄曲霉污染。黄曲霉菌广泛存在于各种农产品中，如花生、玉米、大豆、小麦、稻谷等。在收获、储存和加工过程中，如果条件适宜（如温度、湿度、氧气等），黄曲霉菌就会在这些食品上生长繁殖。此外，黄曲霉菌还可能通过空气、水、土壤等途径污染食品。

在食品中，黄曲霉菌的生长繁殖受到多种因素的影响，包括食品的成分、水分含量、温度、湿度、氧气浓度以及微生物之间的相互作用等。因此，在不同的食品类型和储存条件下，黄曲霉菌的生长情况也会有所不同。

2. 黄曲霉菌的代谢产物及毒性

黄曲霉菌在生长繁殖过程中，会产生一种名为黄曲霉毒素（aflatoxin）的有毒物质。黄曲霉毒素是一种强烈的致癌物质，对人体健康构成严重威胁。黄曲霉菌中有 30%~60% 的菌株可产生黄曲霉毒素，这是一种强烈的致癌物质。黄曲霉毒素是由黄曲霉和寄生曲霉产生的杂环化合物，如图 2-2 所示，这是一组化学结构类似的化合物，其基本结构为二呋喃环和香豆素（氧杂萘邻酮），前者为基本毒性结构，后者与致癌有关。

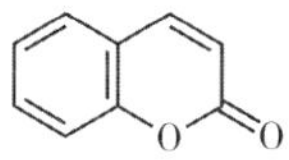

图 2-2　黄曲霉毒素基本结构图

黄曲霉菌中有一部分菌株能够产生黄曲霉毒素，已发现的黄曲霉毒素有 20 余种，主要包括 B_1、B_2、G_1、G_2、M_1 和 M_2 等类型。黄曲霉毒素 B_1 是迄今为止发现的毒性、致癌性最强的化学物质，其毒性是砒霜的 68 倍，被世界卫生组织的癌症研究机构划定为 1 类致癌物。在各种黄曲霉毒素中，二呋喃环上具有双键的黄曲霉毒素 B_1 容易发生环氧化反应，形成黄曲霉毒素 8，9-环氧衍生物，其致癌作用较强。黄曲霉毒素 B_2 二呋喃环上不具有双键，其致癌作用较弱，一般毒性也较低。黄曲霉毒素 G_1 和 G_2 同样具有致癌性，但毒性相对较弱。黄曲霉毒素 M_1 和 M_2 是从牛奶中分离出来的，对人和动物同样具有毒性。

在紫外线下，黄曲霉毒素 B_1、B_2 发蓝色荧光，黄曲霉毒素 G_1、G_2 发绿色荧光。它们难溶于水，易溶于油、甲醇、丙酮和氯仿等有机溶剂，但在石油醚、己烷和乙醚中不溶。黄曲霉毒素一般在中性溶液中较稳定，但在强酸性溶液中稍有分解，在 pH 为 9~10 的强碱溶液中分解迅速。此外，黄曲霉毒素耐高温，B_1 的分解温度为 268 ℃，紫外线对低浓度黄曲霉毒素有一定的破坏性。

黄曲霉菌及其产生的毒素在全球范围内广泛存在，对食品和饲料造成了严重的污染。在热带和亚热带地区，食品中黄曲霉毒素的检出率特别高。在中国，产生黄曲霉毒素的产毒菌种主要为黄曲霉。据调查，从广西、广东、湖南、湖北等 17 个省和自治区的粮食中分离出的黄曲霉中，产毒菌株的检出率较高，其中广西地区的产毒黄曲霉最多，检出率为 58%。总的分布情况为：华中、华南、华北产毒株多，产毒量也大；东北、西北地区较少。

3. 黄曲霉菌的毒素及其危害

黄曲霉毒素对人和动物健康的危害极大。摄入含有黄曲霉毒素的食物后，容易造成消化道黏膜损伤，进而引起明显的炎症反应，出现恶心、呕吐、腹泻等症状；肝脏是人体最重要的排毒和解毒器官，而黄曲霉毒素的毒性很强，进入人体后容易对肝脏造成伤害，导致肝脏功能下降，进而引起上腹部疼痛、黄疸、水肿等症状。长期摄入黄曲霉毒素还可能导致肝硬化，严重时，可导致肝癌甚至死亡；黄曲霉毒素还会对人体的免疫系统功能造成损伤，导致胸腺发育不良以及淋巴细胞减少。当出现这种情况时，免疫力会下降，身体容易受到病原菌感染；如果孕妇摄入黄曲霉毒素，有可能会造成胎儿畸形。黄曲霉毒素会抑制蛋白质合成，影响 RNA 转录，导致胎儿不能正常发育；黄曲霉毒素不仅是有毒物质，还具有较强的致癌性。如果长期吃受到黄曲霉毒素污染的食物，容易导致细胞基因突变，进而诱发癌症，多见于肝癌、胰腺癌等。

4. 黄曲霉菌在食品发酵中的应用

尽管黄曲霉菌对人类健康构成威胁，但它在食品发酵工业中也有一定的应用价值。例如，在某些传统发酵食品中，如酱油、醋、豆腐乳等，黄曲霉菌可以作为发酵剂使用。在这些食品中，黄曲霉菌能够产生一些有益的代谢产物，如酶、有机酸、氨基酸等，这些物质对食品的口感、风味和营养价值都有重要影响。

然而，需要注意的是，在食品发酵过程中，必须严格控制黄曲霉菌的生长条件，以防止其产生过多的毒素。此外，还需要对发酵食品进行严格的检测和质量控制，以确保其安全性和营养价值。

5. 黄曲霉菌的检测与鉴别

为了保障食品安全和人类健康，需要建立准确、灵敏的黄曲霉菌及其毒素的检测方法。目前常用的检测方法包括以下 3 种：

（1）检测试纸法：在家中可以使用检测试纸对食品进行黄曲霉菌的检测。这种方法简便快捷，只需要用到试纸里面的提取液和纯净水，就可以完成黄曲霉毒素的相应检测。

（2）感官检测法：通过观察食品的外观和气味来判断是否存在黄曲霉菌。如果食品上有霉点、闻起来有霉味，或者出现黄点、绿毛等异常现象，应立刻把食品丢掉，不要再食用。但需要注意的是，感官检测法只能作为辅助手段，不能作为唯一的判断依据。

（3）薄层分析法：这是检测黄曲霉毒素较为常用的一种方式。通过萃取溶剂将黄曲霉毒素从试样中萃取出来，经净化后，再分离开。这种方法准确度高，但操作相对复杂。

6. 黄曲霉菌污染的防控措施

一旦发现食品霉变，应立即丢弃，避免食用。加强卫生管理，保持厨房、餐厅等食品加工场所的清洁卫生，防止霉菌污染。为了防止黄曲霉菌对食品的污染和危害，需要采取一系列有效的防控措施。以下是一些主要的防控措施：

（1）加强原料管理：在食品生产和加工过程中，应加强对原料的管理和控制。严格控制原料的质量和来源，选择优质的原料，避免使用霉变、受潮或受污染的原料。同时，对原料进行严格的检验和筛选，确保其符合食品安全标准。在储存和运输过程中，要保持干燥、通风和采用防虫防鼠等措施，防止原料受到黄曲霉菌的污染。

（2）改善储存条件：储存条件是影响黄曲霉菌生长的重要因素之一。为了控制黄曲霉菌的生长和毒素的产生，需要改善食品的储存条件。例如，降低储存环境的温度和湿度，保持食品的干燥和通风；使用防霉包装材料，减少食品与空气和湿气的接触；定期对储存环境进行清洁和消毒等。粮食、油料作物等食品需保持干燥和通风，避免潮湿和高温环境，以减少黄曲霉的生长和毒素的产生。

（3）加强加工过程中的卫生控制：在食品加工过程中，需要加强卫生控制，防止黄曲霉菌的污染和繁殖。例如，对加工设备和工具进行定期清洗和消毒，防止交叉污染；在生产过程中，要严格控制温度、湿度和 pH 等条件，避免为黄曲霉菌的生长和繁殖提供适宜的环境；对加工人员进行卫生培训，提高他们的卫生意识和操作技能；采用先进的加工技术和设备，提高食品的卫生质量和安全性。

（4）建立完善的检测和监管体系：为了及时发现和控制黄曲霉菌的污染问题，需要建立完善的检测和监管体系。例如，对粮油食品和饲料进行定期的黄曲霉毒素检测，确保食品安全。定期对食品进行抽样检测，监测黄曲霉菌的生长情况和毒素含量；加强对食品生产和加工企业的监管力度，确保他们遵守食品安全法规和标准；对违法违规行为进行严厉打击和处罚；定期对原料、半成品和成品进行黄曲霉菌及其毒素的检测，及时发现和处理污染问题。对于检测阳性的样品，要采取隔离、销毁或无害化处理等措施，防止其流入市场。

（5）提高消费者的食品安全意识：消费者是食品安全的最终受益者。为了提高消费者的食品安全意识，需要加强对食品安全知识的宣传和教育。提高消费者对黄曲霉菌及其毒素的认识和防范意识。鼓励消费者购买正规渠道、质量有保障的食品和饲料产品，避免购买和食用霉变、过期或受污染的食品。例如，通过媒体、网络等渠道向消费者普及食品安全知识；鼓励消费者选择优质、安全的食品；引导消费者正确储存和食用食品等。

（6）开展科学研究：加强对黄曲霉菌及其毒素的研究，深入了解其生物学特性、毒理机制和防控策略。通过科学研究，为制定更有效的防控措施提供科学依据和技术支持。

黄曲霉菌及其产生的毒素对人类和动物的健康构成严重威胁。因此，在食品生产、加工、储存和运输过程中，应严格控制条件，防止黄曲霉菌的生长和毒素的产生。

为了保障食品安全和消费者的健康权益，各国政府都制定了一系列食品安全法规和标准。这些法规和标准对食品中黄曲霉菌的污染问题进行了明确规定和限制。例如，在美国，对食品中黄曲霉毒素的含量进行了严格限制。如果食品中黄曲霉毒素的含量超过规定标准，就不得在市场上销售或用于人类食用。此外，这些国家还建立了完善的检测和监管体系，以确保食品中黄曲霉菌的污染问题得到有效控制。

在中国，政府也高度重视食品安全问题，并制定了一系列相关法规和标准。例如，《中华人民共和国食品安全法》《中华人民共和国农产品质量安全法》等法律法规对食品中黄曲霉菌的污染问题进行了明确规定和限制。同时，政府还加强了对食品生产和加工企业的监管力度，加强对食品中黄曲霉毒素的检测和监测工作，以确保食品的安全性和消费者的健康权益。

7. 黄曲霉菌的研究进展

近年来，随着人们对食品安全问题的日益重视，黄曲霉菌及其毒素的研究也取得了显著的进展。以下是一些主要的研究方向：

（1）黄曲霉菌的生物学特性研究：研究人员通过分子生物学技术，对黄曲霉菌的基因组、转录组和蛋白质组进行了深入的研究，揭示了其生长、繁殖和产毒的分子机制。这些研究为制定更有效的防控策略提供了科学依据。

（2）黄曲霉毒素的检测技术研究：随着科技的进步，黄曲霉毒素的检测技术也得到了不断的发展和完善。目前，已经建立了多种高效、灵敏、特异的检测方法，如高效液相色谱法、液相色谱—质谱联用技术等。这些方法的建立和应用，为黄曲霉毒素的快速、准确检测提供了有力的技术支持。

（3）黄曲霉毒素的脱毒技术研究：为了降低黄曲霉毒素对食品和饲料的污染程度，研究人员开展了大量的脱毒技术研究。这些技术包括物理法、化学法和生物法等。其中，生物法因其安全、环保和高效等优点而备受关注。通过筛选和培育具有高效降解黄曲霉毒素能力的微生物菌株，可以实现黄曲霉毒素的有效脱除。

（4）黄曲霉菌的防控策略研究：针对黄曲霉菌的污染问题，研究人员开展了大量的防控策略研究。这些策略包括加强原料管理、优化生产工艺、加强监测与检测、提高消费者意识以及开展科学研究等。通过实施这些策略，可以有效地降低黄曲霉菌的污染程度，保障食品和饲料的安全。

黄曲霉菌是一种广泛分布于世界各地的常见腐生霉菌，与食品的关系密切而复杂。一方面，黄曲霉菌在食品发酵工业中具有一定的应用价值；另一方面，黄曲霉菌也可能导致食品的污染和变质，对人类健康构成威胁。因此，为了有效控制黄曲霉菌的污染和危害，需要采取一系列有效的防控措施来减少黄曲霉菌对食品的污染和危害，包括加强原料管理、优化生产工艺、加强监测与检测以及提高消费者意识等。

未来，随着科技的进步和人们对食品安全问题的日益重视，黄曲霉菌及其毒素的防控工作将得到更多的关注和研究。通过深入研究黄曲霉菌的生物学特性和毒理机制，探索更有效的防控策略和技术手段，将为保障食品安全和人类健康做出更大的贡献。

总之，黄曲霉菌与食品的关系是一个复杂而重要的问题。只有通过不断地研究和探索，才能找到更加有效的防控措施来保障食品的安全性和消费者的健康权益。只有全社会共同努力，加强监管、科技支撑和宣传教育等多方面的工作，才能有效遏制黄曲霉菌的污染和危害，保障人民群众的饮食安全和身体健康。同时，也需要加强消费者的食品安全意识教育，提高他们的自我保护能力，共同维护食品安全的良好环境。

二、酵母菌

酵母菌是一类广泛存在于自然界中的真菌，它们具有独特的生物学特性和广泛的应用价值。然而，在某些条件下，酵母菌也可能产生毒素，对人类和动物健康造成威胁。

（一）酵母菌的基本特性

酵母菌是单细胞真菌，具有细胞核、细胞膜、细胞壁、线粒体等细胞结构，这些结构使得它们能够进行复杂的生命活动。与细菌相比，酵母菌的体积较大，且细胞核具有核膜包围，因此属于真核生物。电镜下酵母菌的细胞形态如图2-3所示，有球形、卵圆形、腊肠形、椭圆形、柠檬形或藕节形等，这种多样性为它们在不同环境中的生存提供了优势。

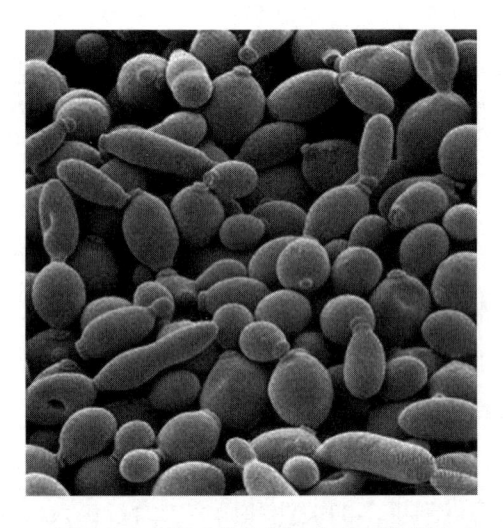

图2-3 电镜下酵母菌细胞形态模式图

酵母菌是单细胞真菌的一种，它们具有细胞壁、细胞膜、细胞核和线粒体等细胞结构。在生物分类学中，酵母菌属于子囊菌门、担子菌门等单细胞真菌的通称。常见的酵母菌种类包括酿酒酵母、面包酵母、假丝酵母、汉逊酵母等。

酵母菌的生长需要适宜的营养物质、温度、湿度和酸碱度等条件。它们通常以糖类为主要碳源，可进行有氧或无氧呼吸代谢。在适宜的条件下，酵母菌能够迅速繁殖，形成大量的细胞群体。

酵母菌的生长条件相对温和，它们通常生长在 pH 为 4.5~5.0 的环境中，最适宜的生长温度为 20~30 ℃。此外，酵母菌对水分的需求适中，有些酵母甚至能在水分极少的环境下生长，如蜂蜜和果酱中。酵母菌是兼性厌氧微生物，既能在有氧条件下进行有氧呼吸，也能在无氧条件下进行无氧呼吸，但它们的代谢方式会有所不同。在有氧条件下，酵母菌进行有氧呼吸，将糖类分解为二氧化碳和水，并释放大量能量；而在无氧条件下，酵母菌则进行无氧呼吸，将糖类转化为乙醇和二氧化碳，这一过程在酿酒和面包制作中得到了广泛应用。

(二) 酵母菌的繁殖方式

酵母菌的繁殖方式多样，包括无性繁殖和有性繁殖两种。无性繁殖是酵母菌最常见的繁殖方式，主要通过出芽生殖（芽殖）和裂殖两种方式进行。在芽殖过程中，成熟的酵母菌细胞会先长出一个小芽，这个芽细胞会逐渐长大，最终与母细胞分离，形成新的个体。而裂殖则是少数酵母菌通过细胞横分裂的方式繁殖。有性繁殖则通过形成子囊和子囊孢子来实现。

有性繁殖在酵母菌中较为少见，通常发生在营养状况不良好的情况下。此时，酵母菌会形成孢子，这些孢子在条件适宜时会萌发，形成新的个体。有性繁殖不仅有助于酵母菌适应不利环境，还能增加其遗传多样性，提高生存能力。

(三) 酵母菌的生态分布

酵母菌广泛分布于自然界中，包括土壤、水、空气以及动植物体表和体内。它们可以在各种基质上生长，如粮食、水果、蔬菜、肉类等。在自然界中，酵母菌扮演着重要的角色，参与有机物的分解和转化过程，促进物质循环。

在食品工业中，酵母菌更是不可或缺的重要微生物。它们被广泛应用于面包制作、酿酒、酸奶生产等过程中，为食品赋予了独特的风味和质地。此外，酵母菌还广泛存在于人类肠道中，作为肠道微生物群落的一部分，参与营养物质的吸收和代谢过程，对人体健康产生积极影响。

(四) 酵母菌的应用领域

酵母菌在食品工业、生物发酵、医药制造等领域具有广泛的应用价值。它们被用作面包和馒头的发酵剂、酿酒的发酵剂、生产抗生素和维生素等药物的原料，以及改善土壤结构和提高作物产量的生物肥料等。

在食品工业中，酵母菌的应用最为广泛。它们被用作面包和馒头的发酵剂，通过分解面粉中的糖分产生二氧化碳和水，使面团膨胀松软。在酿酒过程中，酵母菌将葡萄等原料中的糖分转化为乙醇和二氧化碳，赋予酒类独特的风味和香气。此外，酵母菌还用于酸奶、酱油、醋等发酵食品的生产中。

在生物技术领域，酵母菌作为真核生物受体细胞，具有易于操作、培养成本低廉等优点。它们被广泛应用于基因工程研究中，用于克隆和表达外源基因。特别是在生产重组蛋白质和研究基因功能方面，酵母菌发挥着重要作用。通过基因工程技术改造的酵母菌还可以生产各种有价值的化合物，如生物燃料、生物塑料等。

酵母菌在医药领域也有广泛的应用。它们被用作生产抗生素、维生素等药物的原料。例如，通过发酵过程生产的维生素C、B族维生素等是人体必需的营养素。此外，酵母菌还可以用于生产一些具有治疗作用的生物活性物质，如酶制剂、干扰素等。这些物质在医药领域具有重要的应用价值。

在农业领域，酵母菌也被广泛应用。它们能够改善土壤结构，提高土壤肥力。通过向土壤中添加酵母菌，可以促进土壤中有益微生物的繁殖和代谢活动，增加土壤有机质含量和微生物多样性。此外，酵母菌还可以用于制作生物肥料和生物农药等农业投入品，提高农作物的产量和品质。

在环保领域，酵母菌也发挥着重要作用。它们能够处理废水、降解污染物等。通过向废水中添加酵母菌，可以利用其代谢活动将废水中的有机物转化为无害物质或低毒物质。此外，酵母菌还可以用于处理固体废弃物和废气等污染物。这些应用不仅有助于减少环境污染物的排放和积累，还有助于实现资源的循环利用和可持续发展。

酵母菌对人类生活的影响是多方面的。在食品工业中，它们为人类提供了丰富多样的发酵食品，满足了人们的饮食需求。在生物技术和医药领域，酵母菌的应用为人类健康和疾病治疗提供了有力支持。在农业领域，它们的应用有助于提高农作物的产量和品质，促进农业生产的发展。在环保领域，酵母菌的应用有助于减少环境污染物的排放和积累，保护生态环境。

然而，酵母菌也可能对人类生活产生负面影响。例如，在食品生产和储存过程中，如果酵母菌的数量过多或种类不当，可能导致食品变质和腐败。

此外，一些酵母菌还可能产生有害物质或毒素，对人体健康构成威胁。因此，在处理和使用酵母菌时，需要严格控制条件和操作规范，以确保其安全和有效的应用。

（五）酵母菌的毒素

在某些条件下，酵母菌可能产生毒素。这些毒素通常是由酵母菌在代谢过程中产生的次生代谢产物，具有毒性作用。酵母菌产生毒素的原因可能包括营养物质的缺乏、环境条件的改变（如温度、湿度、酸碱度等的变化）、与其他微生物的竞争等。

某些酵母菌（如嗜杀酵母）能够产生嗜杀毒素，这种毒素能够杀死与其亲缘关系较近的酵母菌或其他微生物。嗜杀毒素具有对温度、pH 等环境因素的敏感性，其活性在不同条件下会有所变化。

除了嗜杀毒素外，酵母菌还可能产生其他类型的毒素，如细胞壁毒素、细胞膜毒素等。这些毒素的作用机制各不相同，但都可能对细胞造成损伤或死亡。

酵母菌产生的毒素对人类和动物健康具有潜在的威胁。它们可能通过食物链进入人体或动物体内，对细胞造成损伤或死亡，导致一系列疾病的发生。这些疾病可能包括感染性疾病、变态反应性疾病、中毒性疾病等。此外，酵母菌毒素还可能对免疫系统造成干扰，影响人体的正常生理功能。

（六）毒素的检测

酵母菌在食品工业中扮演着重要角色，如发酵面包、酿酒等。然而，某些种类的酵母菌在特定条件下可能会产生对人体有害的毒素，从而引发食品安全问题。因此，对酵母菌产生的毒素进行检测和防控至关重要。为了保障食品安全和人类健康，需要对酵母菌产生的毒素进行检测和防控。常见的检测方法包括生物学检测法、化学检测法和仪器检测法等。

生物学检测法是利用毒素对细胞、组织或生物体的毒性作用，通过观察生物体的反应来检测毒素的存在。

方法示例：细胞毒性试验，通过将毒素与特定细胞共培养，观察细胞形态、生长速度或存活率的变化来判断毒素的存在及其活性。此方法可以直接反映毒素的生物学效应，具有一定的敏感性。但是结果可能受到多种因素的影响，如细胞类型、培养条件等，且操作相对复杂。

化学检测法是基于毒素分子中的特定化学基团或结构，利用化学反应或光谱分析等方法来检测毒素。

方法示例：高效液相色谱法，通过分离和检测样品中的毒素成分，可准确定量毒素的含量。此方法具有较高的灵敏度和准确性，能够同时检测多种毒素。但是需要昂贵的仪器和专业的操作技能，且样品处理过程可能较为烦琐。

仪器检测法是利用物理或化学原理，通过仪器对样品进行分析，以检测毒素的存在和含量。

方法示例：质谱法，通过与已知毒素的质谱图进行比对，可快速准确地识别毒素。此方法高度自动化，可大大缩短检测时间，提高检测效率。但是仪器成本和维护费用较高，且需要专业的技术人员进行操作和维护。

（七）酵母菌毒素的防控策略

在食品加工和储存过程中，若条件不当，酵母菌可能会过度生长并产生毒素，对食品安全构成严重威胁。

严格控制食品加工和储存条件。确保食品加工和储存环境的温度适宜，避免过高或过低的温度，因为酵母菌的生长和毒素的产生往往与温度密切相关。保持适宜的湿度水平，防止环境过于潮湿或干燥，以抑制酵母菌的过度繁殖。通过调整食品的 pH，使其不利于酵母菌的生长和毒素的产生。

选择优质原料和酵母菌种。在食品生产过程中，选择无污染、高质量的原料，确保原料中不含有毒或产生毒素的酵母菌。使用经过认证的、不产生毒素的酵母菌种进行发酵，避免使用可能产生毒素的菌种。在食品加工过程中，根据工艺要求，精确计算并严格控制酵母的使用量，避免过量使用导致毒素的产生。

定期毒素检测。建立完善的毒素检测体系，定期对食品进行酵母菌毒素检测，确保食品中不含有害毒素。一旦发现毒素超标，应立即采取措施，追溯污染源，并销毁受污染的食品。建立有效的食品安全管理体系，制定和实施严格的食品安全管理制度，对食品生产全过程进行监控和管理。不断关注酵母菌毒素防控的新技术和新方法，及时将先进技术应用于食品安全管理中。

酵母菌作为一类重要的微生物资源，在生命科学领域发挥着举足轻重的作用。它们以其独特的生物学特性和广泛的应用价值，为人类社会的发展和进步做出了重要贡献。然而，在某些条件下，酵母菌也可能产生毒素，对人类和动物健康造成威胁。为了保障食品安全和人类健康，需要加强对酵母菌及其毒素的研究和防控工作。未来，随着科学技术的不断进步和人们对食品安全意识的提高，相信酵母菌及其毒素的防控技术将不断得到完善和发展，酵母菌的应用前景将更加广阔和美好。我们期待着酵母菌在更多领域发挥更大的作用，为人类社会的可持续发展贡献更多智慧和力量。

第二节　细菌及其毒素

一、阪崎克罗诺杆菌

阪崎克罗诺杆菌（*Cronobacter sakazakii*，*C. sakazakii*），原称为阪崎肠杆菌（*Enterobacter sakazakii*，*E. sakazakii*），是一种重要的食源性致病菌，属于肠杆菌科。阪崎克罗诺杆菌是一种兼性厌氧革兰氏阴性杆菌，如图2-4所示，具有周生鞭毛，能运动，无芽孢。该菌最初因其产黄色素而被认为是肠杆菌属中阴沟肠杆菌的生物变形种，后来经过DNA杂交、生化反应等实验，被更名为阪崎肠杆菌。2008年，通过16S rRNA基因序列分析等技术，科学家提出建立一个囊括了原来所有克罗诺杆菌的新属——克罗诺杆菌属，隶属于肠杆菌科。

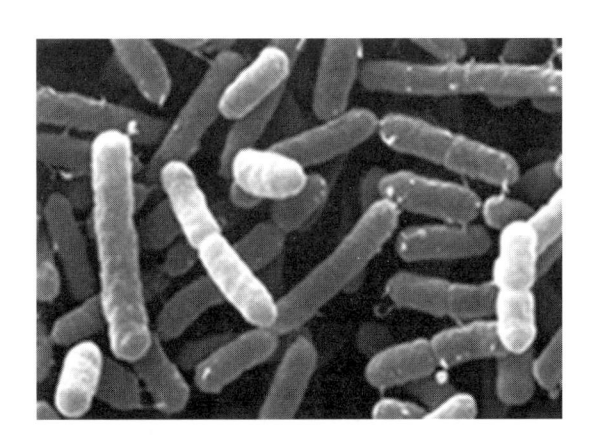

图 2-4　电镜下阪崎克罗诺杆菌细胞形态模式图

阪崎克罗诺杆菌广泛存在于自然界，如土壤、水、动植物肠道等环境中。在食品中，阪崎克罗诺杆菌常被检测到存在于婴幼儿奶粉、肉类、奶酪、腌肉、蔬菜、大米、面包、茶叶、草药、调味料及豆腐等多种食品中，其中婴幼儿奶粉是该菌的主要感染食品。

阪崎克罗诺杆菌对热敏感，72 ℃持续加热 15 s 即可杀死该菌。该菌还耐高渗透压、抗干燥，但可通过巴氏杀菌等方法有效杀灭。巴氏杀菌是指为有效杀灭病原性微生物而采用的加工方法，包括低温长时间或高温短时间的处理方式。

（一）阪崎克罗诺杆菌的致病性

阪崎克罗诺杆菌感染的致死率高达 40%~80%，对婴幼儿等易感人群的危害极大。该菌已成为婴幼儿配方奶粉中的重要致病菌之一，严重威胁着婴幼儿的健康。

阪崎克罗诺杆菌感染的高危人群是婴幼儿特别是早产儿、出生体重偏低、免疫力低下的婴幼儿，老年人或免疫力低下人群。阪崎克罗诺杆菌感染主要引起菌血症、脑膜炎、坏死性小肠结肠炎等疾病。其中，脑膜炎可引发脑梗、脑脓肿和脑室脑炎等并发症，常遗留有严重的神经系统后遗症。坏死性小肠结肠炎可导致肠道坏死、穿孔等严重后果。

阪崎克罗诺杆菌含有类似肠毒素的分子质量为 66 kDa 的蛋白质，经巴氏杀菌处理后仍具有活性。该菌还编码有外膜蛋白 OMPs 等重要毒力因子，可以入侵人类肠道上皮细胞从而致病。阪崎克罗诺杆菌通过污染食品进入人体后，能在肠道内定殖并产生毒素。毒素作用于肠道上皮细胞，导致细胞损伤和炎症反应，炎症进一步扩散至全身，引起菌血症、脑膜炎等疾病。

（二）阪崎克罗诺杆菌的检测

阪崎克罗诺杆菌是一种重要的食源性病原微生物，尤其经常存在于婴儿配方奶粉中。因此，对阪崎克罗诺杆菌的准确、快速检测对于保障食品安全至关重要。以下是关于阪崎克罗诺杆菌检测的 3 种主要方法的详细论述。

1. 传统生理生化检测

传统生理生化检测是检测阪崎克罗诺杆菌的经典方法，主要基于该菌的生化特性和生长特性。这种方法包括培养增菌、分离筛选和生化鉴定等步骤。

首先，通过前增菌和选择性增菌手段来抑制其他菌的生长，以利于阪崎克罗诺杆菌的增殖。这通常涉及使用特定的培养基，如阪崎克罗诺杆菌显色琼脂，其中含有的 α-葡萄糖苷酸酶底物在被阪崎克罗诺杆菌水解时会形成蓝绿色的阳性菌落。其次在培养后，通过观察菌落的颜色和形态进行初步筛选。阪崎克罗诺杆菌在胰酪大豆胨琼脂培养基平板（soybean casein digest agar plate，TSA）上会形成黄色菌落，这是其特有的产黄色素特征。最后，通过生化试验进一步确认疑似菌落是否为阪崎克罗诺杆菌。这些试验包括检测氧化酶活性、发酵葡萄糖和其他糖类（如蔗糖、鼠李糖、蜜二糖等）的能力，以及鸟氨酸脱羧酶和精氨酸双水解酶的活性等。

然而，传统生理生化检测存在操作复杂、检测周期长（通常需要 5 天以上）的缺点，且对实验条件要求较高，不易在基层推广。

2. 免疫检测法

免疫检测法利用特异性抗体与阪崎克罗诺杆菌抗原结合的原理进行检测，具有快速、便捷的优点。

免疫磁珠分离法利用磁珠上包覆的特异性抗体与阪崎克罗诺杆菌结合，然后通过磁场分离出目标菌。这种方法具有高度的特异性和灵敏度，但成本相对较高。

免疫层析试纸条结合了免疫分析与层析技术的优点，通过试纸条上的特异性抗体与阪崎克罗诺杆菌结合，形成可见的阳性结果。这种方法操作简便，适合现场快速检测。

此外，还有酶联免疫吸附法（enzyme-linked immunosorbent assay，ELISA）等免疫检测方法，它们通过检测抗原—抗体复合物的形成来间接测定阪崎克罗诺杆菌的存在。然而，免疫检测法在灵敏度方面存在一定的不足，尤其是在鉴别活性状态不同的菌群以及检测存活但不可培养病原菌方面。

3. 分子生物学检测方法

分子生物学检测方法是在基因层面上进行检测的技术，具有高度的灵敏度和特异性，且检测速度快、样本需求量小。

PCR 是分子生物学检测中最常用的技术之一。通过设计针对阪崎克罗诺杆菌特定基因的引物，可以在短时间内扩增出大量的目标 DNA 片段。常用的靶基因包括 16S rRNA、16S-23S rRNA 间区（ITS）、α-葡萄糖苷酶基因（*gluA*）等。PCR 技术具有高度的特异性和灵敏度，但也可能存在假阳性结果。

荧光定量 PCR 在 PCR 技术的基础上引入了荧光标记和实时监测技术，可以准确测定目标 DNA 片段的拷贝数。这种方法在阪崎克罗诺杆菌检测中得到了广泛应用。

除了 PCR 技术外，还有环介导恒温扩增（loop-mediated isothermal amplification，LAMP）、荧光原位杂交（fluorescence in situ hybridization，FISH）、基因芯片等分子生物学检测方法。这些方法各有优缺点，可以根据实际需要进行选择。

阪崎克罗诺杆菌的检测方法多种多样，每种方法都有其独特的优点和局限性。在实际应用中，应根据检测目的、样本类型、实验条件等因素综合考虑选择合适的检测方法。

（三）阪崎克罗诺杆菌的防控措施

1. 加强食品原料的污染防控

食品原料是阪崎克罗诺杆菌污染的主要来源之一，因此，对婴幼儿配方食品原料的严格筛选和消毒处理是防控的第一步。

选用经过认证的优质原料供应商，确保原料来源的可靠性和安全性。对原料进行严格的检验和筛查，包括微生物检测、化学残留检测等，以排除潜在的阪崎克罗诺杆菌污染。对原料进行热处理或化学消毒，以杀死可能存在的阪崎克罗诺杆菌。严格控制原料的储存条件，如温度、湿度等，防止细菌滋生。建立原料追溯体系，确保能够追踪到每一批原料的来源和流向。一旦发现原料存在污染问题，能够迅速采取措施，防止污染扩散。

2. 完善生产加工过程

生产加工过程是阪崎克罗诺杆菌污染防控的关键环节。通过严格消毒和控制加工过程的各个环节，可以确保生产环境的清洁和卫生。

定期对生产环境进行彻底清洁和消毒，包括车间、设备、工具等。使用高效、低毒的消毒剂，确保消毒效果的同时不对产品造成污染。严格控制加工过程中的温度、湿度和时间等参数，防止细菌滋生。对加工过程中的关键控制点进行实时监测和记录，确保每一步操作都符合标准。

加强对从业人员的卫生培训，提高他们的卫生意识和操作技能。定期对从业人员进行健康检查，确保他们不携带传染病或污染源。定期对生产设备进行维护和保养，确保设备正常运行和清洁。对设备的关键部件进行定期更换或维修，防止因设备老化或损坏导致的污染。

3. 加强监管

监管部门在阪崎克罗诺杆菌防控中扮演着重要角色。通过加强对生产企业的监督检查和科普宣传，可以提高公众对食品安全的认识和重视程度。

监管部门应定期对生产企业的加工车间、原料仓库、成品仓库等进行检查，对从业人员的健康状况、卫生习惯等进行监督，确保他们符合食品安全要求。对发现的问题进行及时整改和处罚，确保企业严格遵守食品安全法规。

4. 消费者注意事项

作为消费者，在购买、使用和储存奶粉等食品时，也需要注意以下几点，以降低克罗诺杆菌感染的风险。

选择正规渠道和品牌购买奶粉等食品，确保产品的质量和安全性。避免购买来源不明或价格异常低廉的产品，以免购买到假冒伪劣产品。在使用奶粉时，保持奶粉容器的盖子和勺子清洁，避免污染。每次使用后尽快关闭容器，防止空气和细菌进入。将奶粉储存在干燥、阴凉、通风的地方，避免阳光直射和高温。使用温度不低于 70 ℃ 的水来冲调奶粉，以杀死奶粉中可能存在的阪崎克罗诺杆菌。冲泡后等待奶粉冷却至适宜温度后再喂给婴幼儿食用。定期给婴幼儿洗手、洗脸等，保持他们的清洁卫生。避免让婴幼儿接触不干净的物品或环境，减少感染风险。

阪崎克罗诺杆菌的防控需要政府、企业和消费者三方面的共同努力。通过加强食品原料的污染防控、完善生产加工过程、加强监管与科普宣传以及消费者注意事项的落实，我们可以有效降低阪崎克罗诺杆菌感染的风险，保障婴幼儿的健康和安全。同时，随着科学技术的不断进步和食品安全法规的不断完善，相信未来会有更多更有效的防控措施出现，为食品安全提供更加坚实的保障。

（四）阪崎克罗诺杆菌的研究进展与挑战

随着现代分类技术的不断发展，阪崎克罗诺杆菌的分类和命名经历了多次变革。科学家对阪崎克罗诺杆菌的致病性、毒力因子、污染源等方面进行了深入研究，取得了丰硕成果。建立了多种快速、准确的检测方法，为食品安全监管和疾病预防控制提供了有力支持。

尽管取得了显著进展，但阪崎克罗诺杆菌的污染源及致病机制仍不完全清楚。该菌对婴幼儿的危害极大，且致死率较高，因此对其进行预防和检测显得尤为重要。未来需要进一步加强基础研究，深入揭示阪崎克罗诺杆菌的致病机制和污染源；同时加强食品安全监管和科普宣传，提高消费者的食品安全意识和自我保护能力。

阪崎克罗诺杆菌作为一种重要的食源性致病菌，对婴幼儿等易感人群的危害极大。通过加强基础研究、完善检测方法、加强监管与科普宣传等措施，我们可以有效防控阪崎克罗诺杆菌的污染和传播，保障食品安全和人体健康。同时，消费者也应提高食品安全意识，选择正规渠道和品牌购买食品，并遵循正确的使用和储存方法以减少感染风险。

二、沙门氏菌

沙门氏菌属（Salmonella）是一种常见的食源性致病菌，广泛分布于自然界，特别是在动物性食品如肉类和蛋类中。

（一）沙门氏菌的基本特性

沙门氏菌是肠杆菌科的一种细菌，是革兰氏阴性杆菌，为致病菌。沙门氏菌由肠道沙门菌（Salmonella enteritidis）与邦戈沙门菌（Salmonella bongori）两个种属构成，为需氧菌或兼性厌氧菌，如图2-5所示，其细胞大小介于 (0.6~1.0) μm×(2~4) μm 之间，通常不具备荚膜，且无芽孢，包含至少7个致病岛（SPI）和众多前噬菌体。沙门氏菌属细菌现有超过2500种血清型，其中仅少数如伤寒沙门氏菌（Salmonella typhimurium）、甲型副伤寒沙门氏菌（Salmonella paratyphi A）、肖氏沙门氏菌（Salmonella paratyphi B）和希氏沙门氏菌（Salmonella hirschfeldii）能导致人类肠热症，对人类具有直接致病性。

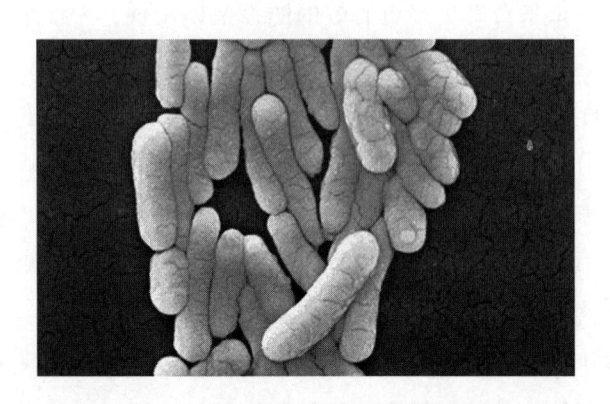

图2-5 电镜下沙门氏菌属细胞形态模式图

(二) 沙门氏菌在食品中的污染途径

沙门氏菌在食品中的污染途径多种多样，主要包括以下几个方面。

通过原料污染，沙门氏菌广泛存在于猪、羊、牛、狗、鸡、鸭等家畜和家禽的肠道内。当这些动物患病或抵抗力降低时，肠道中的沙门氏菌就可以通过血液循环进入动物的肌肉、肝、脾、肾等部位。从牲畜屠宰到肉食烹调加工的各个环节，许多因素都可以使肉类食品被沙门氏菌污染。

如果食品生产设备、工具、容器等清洁不彻底，或者加工过程中存在交叉污染，也可能导致食品被沙门氏菌污染。食品在储存和运输过程中，如果温度控制不当，也可能导致沙门氏菌的繁殖和污染。

(三) 沙门氏菌食物中毒的临床表现

沙门氏菌食物中毒是一种常见的细菌性食物中毒，人沙门氏菌病有 4 类综合征：沙门氏菌病；伤寒；非伤寒型沙门氏菌败血症和无症状带菌者。沙门氏菌胃肠炎是由除伤寒沙门氏菌外任何一型沙门氏菌所致，通常表现为轻度，持久性腹泻。其临床表现主要包括以下几个方面：患者可能出现腹部痉挛、腹泻等症状。腹泻可能呈水样便、黏液便或脓血便，次数频繁，伴有里急后重感。患者还可能出现发热、寒战、头痛、恶心、呕吐等症状。严重时可能出现脱水、酸中毒、休克等危及生命的情况。

(四) 沙门氏菌的毒素及其致病机制

沙门氏菌在繁殖过程中会产生多种毒素，这些毒素对机体的致病机制主要包括以下几个方面。

沙门氏菌死亡后所释放的内毒素，能够诱发宿主出现体温升高、白细胞数量减少的现象。一旦毒素剂量过大，还会引发中毒反应甚至休克。

沙门氏菌还可能产生肠毒素，这些毒素能够激活小肠黏膜细胞膜上腺苷酸环化酶，从而抑制小肠黏膜细胞对钠离子的吸收，促进氯离子的分泌。这会导致氯离子、钠离子和水在肠腔中潴留，进而引发腹泻等症状。

(五) 沙门氏菌食物中毒的预防措施

为了防止沙门氏菌食物中毒的发生，需要采取一系列预防措施，主要包括以下 4 个方面：

1. 加强食品生产管理

食品生产企业要加强内部管理，确保生产过程的卫生和安全。包括加强原料检验、提高加工设备清洁度、加强员工培训等。

2. 提高消费者食品安全意识

消费者在购买食品时，要选择正规渠道和知名品牌的产品。在储存和食用食品时，要注意温度控制和卫生条件。对于疑似变质或受污染的食品，要坚决拒绝食用。

3. 加强食品检验和监测

相关部门要加强对食品的检验和监测力度，及时发现和处理存在沙门氏菌污染的食品。

4. 科技手段防控

利用科技手段进行沙门氏菌污染的防控，如开发新的检测方法、研制有效的杀菌剂等。

（六）沙门氏菌食物中毒的典型案例

以下是几个典型的沙门氏菌食物中毒案例，这些案例再次提醒我们要重视食品安全问题。

法国沙门氏菌污染事件：2020年，在法国，沙门氏菌污染事件同样引发了广泛关注。8名消费者因食用自制甜点患病，经追溯，污染源可能来自养鸡场生产的含有沙门氏菌的鸡蛋。初步调查发现可能是老鼠接触到饲料造成了相关污染，此次事件对法国鸡蛋产业造成了不小的冲击。

美国鸡蛋召回事件：2024年10月，美国食品药品监督管理局将一项正在进行的鸡蛋召回升级为"一级召回"，共召回了超过540万枚鸡蛋。据悉，此次沙门氏菌疫情蔓延了美国的9个州，导致65名消费者患病，24人住院。这一事件再次凸显了沙门氏菌污染对公共健康的严重威胁。

（七）沙门氏菌研究的最新进展

随着科学技术的不断发展，对沙门氏菌的研究也在不断深入。开发新的检测方法，以更快速、准确地检测食品中的沙门氏菌。这些方法包括基于DNA的检测技术、基于抗体的检测技术以及基于纳米技术的检测技术等。

为了更有效地杀灭沙门氏菌，科学家们正在研制新的杀菌剂。这些杀菌剂可能包括天然植物提取物、纳米材料以及具有特定杀菌活性的化合物等。

为了预防沙门氏菌感染，科学家们正在积极研发疫苗。这些疫苗可能包括灭活疫苗、减毒活疫苗以及基因工程疫苗等。

沙门氏菌是一种常见的食源性致病菌，广泛分布于自然界，特别是在动物性食品中。沙门氏菌在繁殖过程中会产生多种毒素，这些毒素对机体的致病机制复杂多样。为了防止沙门氏菌食物中毒的发生，需要采取一系列预防措施，包括加强食品生产管理、提高消费者食品安全意识、加强食品检验和监测以及利用科技手段进行防控等。同时，随着科学技术的不断发展，对沙门氏菌的研究也在不断深入，相信未来会有更多更有效的防控措施出现。

三、大肠埃希氏菌

大肠埃希氏菌（*Escherichia coli*，*E. coli*），俗称为大肠杆菌，如图 2-6 所示，是一种两端钝圆、有鞭毛、能运动、无芽孢的革兰氏阴性杆菌，是存在于人类和动物肠道以及环境中的细菌，也可以在食物中找到。

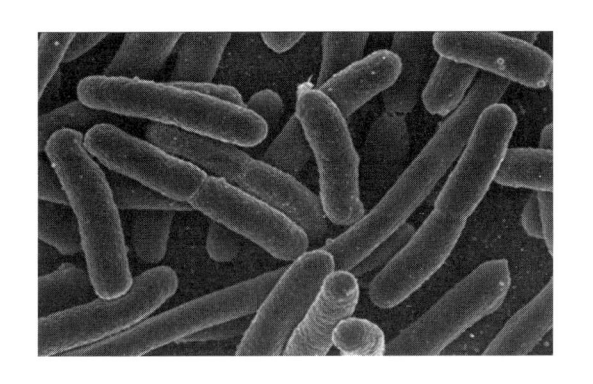

图 2-6　电镜下大肠埃希氏菌细胞形态模式图

（一）大肠埃希氏菌的生物学特性

大肠杆菌并非细菌学专业的分类名字，而是卫生领域的用语。它是一组细菌的统称，包括埃希氏菌属、柠檬酸杆菌属、克雷伯氏菌属和阴沟肠杆菌等。大肠埃希氏菌在生化及血清学方面并非完全一致，但相同之处在于它们均能于需氧及兼性厌氧条件下生长，37 ℃培养时能分解乳糖产酸产气。

大肠埃希氏菌是人和温血动物肠道内普遍存在的细菌，是粪便中的主要菌种。它也是食品及餐饮具微生物超标的常见指标之一，尤其在餐饮具中的检出率常"名列榜首"。

（二）大肠埃希氏菌的致病性

大肠埃希氏菌是一种广泛存在于自然环境中的细菌，尤其在人和动物的肠道内大量存在。虽然大多数大肠埃希氏菌对人体无害，甚至在消化过程中发挥着积极作用，如可能在肠中对合成维生素 K 等营养物质起作用，但某些特定的大肠埃希氏菌菌株却具有致病性，能够引发严重的健康问题。

当这些特定的致病型大肠埃希氏菌（如 O157：H7）进入食物链，就可能成为健康的隐患。这些致病型大肠埃希氏菌通过产生一种或多种有毒物质，如志贺毒素，来攻击人体的肠道细胞。志贺毒素是一种强烈的细胞毒素，能够破坏肠道细胞的正常功能，导致肠道炎症、出血和水肿等症状。

可引起人类腹泻的大肠埃希氏菌主要包括以下 5 种类型：

肠致病性大肠埃希氏菌（enteropathogenic escherichia coli，EPEC）：EPEC 主要通过污染的食物或水传播，能够引起儿童和成人出现水样腹泻、恶心、呕吐和发热等症状。EPEC 的致病机制主要是通过其表面的菌毛结构附着在肠道细胞上，形成附着和定居因子，进而引发肠道炎症和腹泻。

肠产毒性大肠埃希氏菌（enterotoxigenic escherichia coli，ETEC）：ETEC 是旅行者腹泻的主要病原体之一，尤其在发展中国家更为常见。ETEC 通过产生肠毒素来刺激肠道细胞分泌大量液体和电解质，导致水样腹泻、腹痛和恶心等症状。ETEC 主要通过污染的食物、水和接触传播。

肠侵袭性大肠埃希氏菌（enterinvasive escherichia coli，EIEC）：EIEC 的致病机制与志贺氏菌相似，能够侵入肠道黏膜细胞并在其中繁殖，导致肠道黏膜炎症、溃疡和出血。EIEC 感染通常引起严重的腹痛、高热、脓血便和里急后重等症状。

肠出血性大肠埃希氏菌（enterohemorrhagic escherichia coli，EHEC）：EHEC，特别是 O157：H7 血清型，是引起出血性肠炎和溶血性尿毒综合征的主要病原体。EHEC 通过产生 Shiga 毒素来破坏肠道细胞，导致出血性腹泻、腹痛、发热和呕吐等症状。在某些情况下，EHEC 感染还可能引发严重的并发症，如溶血性尿毒综合征和血栓性血小板减少性紫癜。

肠黏附性大肠埃希氏菌（enteroaggregative escherichia coli，EAEC）：EAEC 主要通过其表面的菌毛结构黏附在肠道细胞上，形成生物膜并产生多种毒素，导致肠道炎症、腹泻和营养不良等症状。EAEC 感染在发展中国家尤为常见，尤其是儿童和营养不良人群。

这些致病型大肠埃希氏菌不仅引起腹泻等症状，还可能引发严重的食源性疾病。在某些情况下，感染可能导致腹膜炎、胆囊炎、膀胱炎等并发症，极端情况下甚至可能导致肾衰竭或其他致命危险。特别是对孩子及老人，由于他们的免疫系统相对较弱，感染大肠埃希氏菌可能是致命性的。

（三）大肠埃希氏菌的传播途径

大肠埃希氏菌的传播途径多种多样，主要包括食物传播、水源传播、接触传播和人际传播等。了解这些传播途径对于预防大肠埃希氏菌感染至关重要。

食物传播是大肠埃希氏菌传播的主要方式之一。如果食物在加工、储存或烹饪过程中不卫生或没有熟透，就容易受到大肠埃希氏菌的污染。食用这些受污染的食物后，就可能引起大肠埃希氏菌感染。未充分加热的肉类，尤其是牛肉和鸡肉，是大肠埃希氏菌污染的主要水源之一。这些肉类在加工和储存过程中如果处理不当，就容易受到大肠埃希氏菌的污染。未经彻底清洗的生蔬菜和水果也可能携带大肠埃希氏菌。这些蔬菜和水果在种植、采摘和运输过程中如果接触到受污染的土壤、水源或粪便，就可能被大肠埃希氏菌污染。乳制品，尤其是未经巴氏杀菌处理的乳制品，也是大肠埃希氏菌污染的重要来源。巴氏杀菌是一种通过加热处理来杀灭乳制品中病原体的方法，但并非所有乳制品都经过这一处理。除了上述食品外，其他如即食食品、沙拉酱、果汁等也可能受到大肠埃希氏菌的污染。这些食品在加工和储存过程中如果处理不当，就容易受到大肠埃希氏菌的污染。

饮用了没有消毒的、不卫生的或受过污染的水也可能引起大肠埃希氏菌感染。这些水源可能包括地下水、河水、湖水等。在某些地区，由于水源受到粪便污染或农业径流的影响，大肠埃希氏菌污染的风险较高。地下水是大肠埃希氏菌污染的主要水源之一。由于地下水通常不经过消毒处理，如果水源受到粪便污染或农业径流的影响，就容易受到大肠埃希氏菌的污染。河水在流经城市和农村地区时可能受到各种污染物的污染，包括粪便和农业废弃物。这些污染物中可能含有大肠埃希氏菌，因此饮用河水可能导致感染。湖水也可能受到大肠埃希氏菌的污染，尤其是在靠近城市和农业区的湖泊中。这些湖泊中的水可能受到粪便污染或农业径流的影响。

接触过动物粪便污染的物品也可能引起大肠埃希氏菌感染。这些物品可能包括宠物粪便、农场动物粪便、土壤等。宠物如狗、猫等可能携带大肠埃希氏菌，并通过粪便传播给人类。因此，在接触宠物粪便后应彻底清洗双手。农场动物如牛、羊、猪等也可能携带大肠埃希氏菌。在接触这些动物的粪便后，如果未彻底清洗双手，就可能将大肠埃希氏菌传播给人类。土壤中的大肠埃希氏菌可能来自粪便污染或农业径流。在接触受污染的土壤后，如果未彻底清洗双手或未采取其他预防措施，就可能将大肠埃希氏菌传播给人类。

人与人之间的传染多是通过粪—口这一传播途径实现的。即感染患者的粪便中含有大量大肠埃希氏菌排至体外，再通过直接或间接的方式传播给其他人。直接接触感染患者的粪便或受污染的物品可能导致大肠埃希氏菌的传播。例如，在照顾病人或处理其粪便时，如果未采取适当的防护措施（如戴手套、口罩等），就可能将大肠埃希氏菌传播给自己或其他人。间接接触受污染的物品也可能导致大肠埃希氏菌的传播。如果受污染的物体（如门把手、水龙头等）被接触后未彻底清洗双手，就可能将大肠埃希氏菌传播给其他人。感染患者可能通过制备食物或处理水源将大肠埃希氏菌传播给其他人。如果感染患者在处理食物或水源时未采取适当的卫生措施，就可能将大肠埃希氏菌传播给其他人。

（四）大肠埃希氏菌的检测与控制

利用大肠菌群的共有特征（如能在 37 ℃ 培养时分解乳糖产酸产气）来实现检测。

通过对大肠菌群进行检测，可以反映食品或者水的卫生状况，判断是否受到粪便的污染，也可以指示食品或者水中存在肠道病原菌污染的风险。

食品企业应基于4M1E（人、机、料、法、环）的思路，结合大肠菌群的特征进行风险分析，从而制定相应的控制措施。严格控制原辅料微生物状况，生产用具定期彻底消毒，要求工作人员勤洗手、保持生产器具的清洁。运输链要制定严格的卫生标准，加强监管力度。监管部门要加强对食品生产企业的日常监督检查，提高抽检频率，对不符合卫生标准的企业责令整改或依法予以严惩。

（五）预防大肠埃希氏菌感染的措施

大肠埃希氏菌作为一种常见的肠道细菌，其某些菌株能够引起人类严重的胃肠道疾病，甚至危及生命。因此，预防大肠埃希氏菌感染不仅是个人健康管理的重点，也是公共卫生体系中的重要一环。

个人层面，购买食材时，应选择新鲜、无破损的食材，特别是肉类、蔬菜和水果。避免购买过期或来源不明的食品。蔬菜和水果在食用前应仔细清洗，去除表面的泥土、农药残留和可能存在的细菌。对于肉类，尤其是生肉，应使用流动水冲洗，但需注意避免水花飞溅造成交叉污染。确保肉类（特别是猪肉、牛肉、鸡肉等）彻底煮熟，以杀死潜在的致病菌，包括大肠埃希氏菌。使用温度计检查内部温度是否达到安全标准。在处理食材时，使用不同的砧板、刀具和容器分别处理生肉和熟食，避免交叉污染。饮用经过消毒处理的自来水或瓶装水，避免直接饮用未经处理的河水、湖水等。选择正规渠道购买的奶制品，确保产品经过巴氏杀菌等消毒处理，减少大肠埃希氏菌等微生物的风险。饭前便后、处理食材前后，以及接触动物后，应使用肥皂和流动水彻底清洁双手。在农场、牧场等场所，避免直接接触动物粪便，减少感染风险。通过体育锻炼增强体质，合理安排休息时间，避免过度劳累。多吃新鲜的蔬菜水果，补充足够的维生素、矿物质和膳食纤维，有助于维持肠道健康，提高机体对病原体的抵抗力。长期的精神压力和负面情绪可能影响免疫系统功能，因此保持积极乐观的心态对预防疾病同样重要。

食品生产与监管层面，加强食品生产环节的卫生管理，严格筛选供应商，确保原料来源可靠，无污染。定期对生产车间、设备、工具等进行清洁和消毒，保持生产环境的卫生。加强员工的食品安全培训，提高其对大肠埃希氏菌等食品安全风险的认识和防控能力。在加工和储存过程中，严格控制食品的温度，防止细菌滋生。合理安排食品加工和储存的时间，避免食品长时间暴露在危险温度下。使用安全、卫生的包装材料，防止食品在运输和储存过程中受到污染。加强运输与销售环节的监管，确保食品在运输过程中保持适当的温度，防止细菌繁殖。保持销售场所的卫生，定期清洁和消毒货架、冷藏设备等。建立食品信息追溯系统，确保能够追踪到食品的源头和流向，便于在出现问题时及时采取措施。监管部门应定期对食品生产、加工、运输和销售等环节进行检查，确保企业遵守食品安全法规。定期开展食品抽检和监测工作，及时发现并处理潜在的安全风险。不断完善食品安全法律法规体系，提高违法成本，震慑不法行为。

通过媒体、社区活动等多种渠道，向公众普及食品安全知识，提高公众的食品安全意识和自我保护能力。鼓励公众选择健康、安全的食品，减少对高风险食品的消费。

食品行业协会应积极推动建立行业标准，引导企业提高食品安全管理水平。企业应建立健全食品安全管理体系，加强内部监督，确保产品质量和安全。

媒体应发挥舆论监督作用，曝光食品安全问题，推动相关部门和企业整改。鼓励公众积极参与食品安全监督，如通过举报、投诉等方式，为食品安全贡献力量。

预防大肠埃希氏菌感染需要个人、企业和政府三方面的共同努力。个人应养成良好的卫生习惯，提高自我保护能力；企业应加强食品安全管理，确保产品质量；政府应加强监管力度，完善法律法规体系。只有这样，才能构建一个安全、健康的食品环境，保障每个人的健康和生命安全。

以2006年美国发生的"毒菠菜"事件为例，该事件波及美国25个州，造成3人死亡，至少190人因此患病，其中24人出现肾功能衰竭。经调查，原因是致病型大肠埃希氏菌污染了菠菜。这一事件再次提醒我们，食品安全问题不容忽视，必须加强对食品中大肠埃希氏菌等有害微生物的检测和控制。

大肠埃希氏菌作为一种常见的肠道细菌，在大多数情况下对人体无害，但在特定条件下却可能引发严重的食源性疾病。因此，加强食品中大肠埃希氏菌的检测与控制对于保障食品安全具有重要意义。未来，随着科技的不断进步和人们食品安全意识的提高，相信我们能够更有效地预防和控制大肠埃希氏菌等有害微生物对食品的污染，为人们提供更加安全、健康的食品环境。

四、金黄色葡萄球菌

金黄色葡萄球菌（*Staphylococcus aureus*，*S. aureus*）是一种常见的革兰氏阳性细菌，也是人类和动物皮肤、鼻腔、咽喉、胃肠道等部位的常驻菌之一。尽管在正常人体内，金黄色葡萄球菌通常不会引起疾病，但当人体免疫力下降或细菌数量增多时，就可能引发各种感染性疾病，包括肺炎、伪膜性肠炎、心包炎等，甚至可能导致败血症、脓毒症等全身性感染。在食品安全领域，金黄色葡萄球菌更是一个不容忽视的食源性致病菌，它能在多种食品中生长繁殖并产生毒素，从而引发食物中毒。

（一）金黄色葡萄球菌的生物学特性

金黄色葡萄球菌呈球形或椭圆形，直径为 $0.5 \sim 1.5~\mu m$，通常以葡萄串状或不规则状聚集在一起。在电子显微镜下观察，如图 2-7 所示，可以看到它们聚集成簇，像葡萄一样。该菌无鞭毛、无芽孢，多数无荚膜，革兰氏染色阳性。其细胞壁含 90% 的肽聚糖和 10% 的磷壁酸，肽聚糖的网状结构比革兰氏阴性菌致密，因此染色时结晶紫附着后不易被乙醇脱色，呈现紫色。

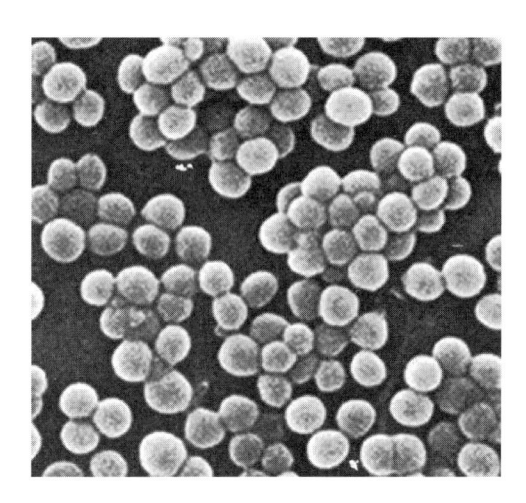

图 2-7 电镜下金黄色葡萄球菌细胞形态模式图

金黄色葡萄球菌的营养要求不高，在普通培养基上生长良好，需氧或兼性厌氧。其最适生长温度为 37 ℃，最适生长 pH 为 7.4。该菌具有较强的耐盐性，能在含 10%NaCl 的培养基中生长，因此可采用高盐培养基进行分离。此外，金黄色葡萄球菌还具有较强的耐热性、耐低温性、耐干燥性和耐高渗性，能在多种极端环境下生存。

金黄色葡萄球菌能产生多种致病物质，包括凝固酶、葡萄球菌溶素、杀白细胞素、肠毒素（staphylococcal enterotoxins，SEs）、剥脱毒素和毒性休克综合征毒素-1 等。其中，SEs 是引起食物中毒的主要毒素。

（二）金黄色葡萄球菌 SEs 的特性与危害

金黄色葡萄球菌在环境中无处不在，空气、污水中都有它们的存在。在食品加工过程中，如果原料、设备、容器或操作人员受到污染，就可能将金黄色葡萄球菌带入食品中。此外，如果食品在储存、运输或销售过程中受到污染，也可能导致金黄色葡萄球菌的繁殖和毒素的产生。金黄色葡萄球菌在适宜的条件下（如温度 20~37 ℃、pH 4.2~9.8、水分活度大于 0.85）能够迅速繁殖并产生毒素。在乳制品、肉制品、糕点、凉拌菜、剩饭菜等富含蛋白质或淀粉的食品中，金黄色葡萄球菌特别容易生长繁殖。如果食品在较高温度下保存时间过长（如 25~30 ℃ 环境中放置 3~10 h），就可能产生大量的金黄色葡萄球菌 SEs。

金黄色葡萄球菌作为一种广泛存在于自然界和人体皮肤、黏膜表面的细菌，其致病性主要源于其产生的多种毒素，其中 SEs 尤为引人关注。金黄色葡萄球菌 SEs 不仅具有高度的热稳定性，还展现出独特的抗原性，对人体健康构成严重威胁。

金黄色葡萄球菌 SEs 是一种极其顽强的毒素，其热稳定性尤为显著。即使在高温条件下，如加热至 100 ℃ 并保持 30 min，SEs 的活性依然无法被完全破坏。这一特性使得 SEs 在食品加工和烹饪过程中仍能保持其毒性，即便食品经过高温处理，消费者仍有可能摄入有毒物质。值得注意的是，不同类型的 SEs 在耐热性方面存在差异。B 型 SEs 的耐热性最强，C 型次之，而 A 型相对较差。这种差异对于制定有效的防控措施至关重要，因为针对不同类型的 SEs 需要采取不同的处理策略。

SEs 还具有显著的抗原性，即它们能够与人体内的相应抗体发生特异性结合，从而被中和。这一特性为疫苗研发和毒素检测提供了理论基础。通过制备针对特定 SEs 的抗体，不仅可以用于食物中毒的快速诊断，还有望开发出有效的预防疫苗，从而降低金黄色葡萄球菌食物中毒的发生率。抗原性的发现为科学家们提供了一种新的手段来对抗这种顽固的毒素，也为未来的研究指明了方向。

除了热稳定性外，金黄色葡萄球菌 SEs 还表现出对多种化学物质的稳定性。它们能够抵抗酸碱、蛋白酶等的作用，使得在食品加工和储存过程中，即便采用常规的防腐剂和消毒剂，也难以有效去除这些毒素。这一特性进一步增加了肠毒素的防控难度，因为传统的化学处理方法可能无法有效去除食品中的 SEs。

SEs 的分子量相对较小，这使得它们能够轻松穿透肠道黏膜，进入血液循环，引发全身性的中毒症状。同时，小分子量的毒素也更易于在食品中扩散和积累，增加了食品被污染的风险。这一特性解释了为什么金黄色葡萄球菌 SEs 能够迅速在人体内发挥作用，并导致严重的健康问题。

摄入含有金黄色葡萄球菌 SEs 的食物后，人体会出现一系列急性肠胃炎症状。这些症状通常在进食后 30 min 至 8 h 内出现，病程相对较短，但危害不容忽视。患者首先会感到恶心，随后可能出现剧烈呕吐、腹痛和腹泻等症状。这些症状不仅给患者带来极大的痛苦，还可能影响其日常生活和工作。在严重的情况下，患者可能出现脱水、电解质紊乱和虚脱等症状，甚至危及生命。急性胃肠炎的发作往往突如其来，给患者带来极大的不适和困扰。

金黄色葡萄球菌 SEs 的易感人群主要为儿童，且年龄越小对 SEs 越敏感。儿童由于免疫系统尚未完全发育成熟，对毒素的抵抗力较弱，因此更容易出现中毒症状。此外，老年人、孕妇和患有慢性疾病的人群也是高风险群体。这些人群由于身体机能下降或免疫系统受损，对 SEs 的耐受性较差，更容易受到其危害。

虽然大部分患者在 1~2 天内可以自行恢复，但金黄色葡萄球菌 SEs 的中毒事件可能给患者的身体健康留下长期影响。频繁的食物中毒可能导致肠道微生态失衡，增加患肠道疾病的风险。同时，中毒过程中可能出现的电解质紊乱和脱水等症状也可能对患者的肾脏和心脏等器官造成损害。这些长期影响不仅影响患者的生活质量，还可能增加医疗负担和社会成本。

（三）金黄色葡萄球菌食物中毒的流行病学特点

金黄色葡萄球菌食物中毒作为一种常见的食源性疾病，其流行病学特点呈现出一定的季节性和食品类型特异性。

金黄色葡萄球菌食物中毒多发生在春夏季，这与该菌在这些季节的繁殖能力和食品储存条件密切相关。春夏季气温升高，湿度增大，为金黄色葡萄球菌的生长和繁殖提供了有利条件。在适宜的温度和湿度下，金黄色葡萄球菌的繁殖速度加快，产生肠毒素的可能性也随之增加。随着气温的升高，食品的储存条件也变得更加恶劣。高温和潮湿的环境容易导致食品变质和腐败，为金黄色葡萄球菌的污染和繁殖提供了可乘之机。

中毒食品主要为乳及乳制品、蛋及蛋制品、各类熟肉制品等，这些食品富含蛋白质或淀粉，容易受到金黄色葡萄球菌的污染和繁殖。乳及乳制品是金黄色葡萄球菌食物中毒的主要食品之一。牛奶、酸奶、奶酪等乳制品营养丰富，易于细菌生长。如果生产或储存过程中卫生条件不佳，金黄色葡萄球菌很容易在其中滋生并产生肠毒素。鸡蛋及其制品也是金黄色葡萄球菌食物中毒的常见食品。鸡蛋壳表面容易携带细菌，如果处理不当或储存时间过长，细菌很容易侵入蛋内并繁殖产生毒素。熟肉制品如火腿、香肠等，在加工过程中容易受到金黄色葡萄球菌的污染。如果加工过程中卫生条件不达标或储存温度控制不当，细菌会迅速繁殖并产生肠毒素。含有乳制品的各类冷冻食品也是金黄色葡萄球菌食物中毒的潜在风险食品。虽然冷冻可以抑制细菌的生长和繁殖，但如果食品在解冻或储存过程中受到污染，金黄色葡萄球菌仍然有可能在其中滋生并产生毒素。

金黄色葡萄球菌食物中毒的原因复杂多样，食品在生产、加工、运输和储存过程中受到金黄色葡萄球菌的污染是导致食物中毒的主要原因。污染可能来源于原料、生产设备、操作人员或环境等多个环节。金黄色葡萄球菌在较高温度下繁殖迅速，如果食品在储存或运输过程中温度控制不当，细菌会大量繁殖并产生肠毒素。食品加工过程中的卫生条件不佳也是导致金黄色葡萄球菌食物中毒的重要原因。操作人员个人卫生习惯不良、生产设备清洁不彻底等都可能增加食品被污染的风险。

某些食品加工方式如腌制、熏制等，虽然可以延长食品的保质期，但也可能增加金黄色葡萄球菌的生长和繁殖机会。这些加工方式可能破坏食品的天然屏障，使细菌更容易侵入并繁殖。

（四）金黄色葡萄球菌的检测与防控

金黄色葡萄球菌作为一种广泛存在于自然界及人类皮肤、黏膜表面的细菌，其致病性不容忽视。尤其在食品领域，金黄色葡萄球菌及其产生的肠毒素是引发食物中毒的主要原因之一。因此，高效、准确的金黄色葡萄球菌检测方法及科学的防控策略对于保障食品安全至关重要。

传统的金黄色葡萄球菌检测方法涉及多个烦琐步骤，包括富集培养、分离纯化、形态特征观察及一系列生理生化特性鉴定等。这些方法不仅耗时较长，而且灵敏度有限，难以满足现代食品安全快速检测的需求。近年来，随着科技的进步，一系列新型检测技术应运而生，显著提高了金黄色葡萄球菌的检测速度和准确性。

显色培养基是一种利用细菌代谢过程中产生的酶与特定底物反应，产生颜色变化的培养基。对于金黄色葡萄球菌而言，特定的显色培养基能够使其在培养过程中形成易于识别的颜色菌落，从而大大简化了检测流程。这种技术不仅操作简便，而且能够快速筛选出目标细菌，提高了检测效率。然而，显色培养基的特异性和灵敏度仍需进一步优化，以避免假阳性和假阴性结果的出现。

快速测试片是一种集成了培养基、指示剂和检测试剂的便携式检测工具。通过将待检样品接种到测试片上，经过一定时间的培养后，根据指示剂的颜色变化即可判断是否存在金黄色葡萄球菌。这种技术具有操作简便、快速准确、无须复杂仪器等优点，非常适合于现场检测和基层实验室使用。但同样，快速测试片的特异性和灵敏度也需要根据不同的应用场景进行验证和优化。

免疫学检测方法利用抗原与抗体之间的特异性结合原理，通过检测样品中金黄色葡萄球菌的特异性抗原或抗体来确认其存在。这类方法包括 ELISA、荧光抗体技术、免疫磁珠分离等。免疫学检测方法具有高度的特异性和敏感性，能够在短时间内提供准确的检测结果。但需要注意的是，免疫学检测方法可能受到抗体质量和样品处理等因素的影响，因此在实际应用中需要严格控制实验条件。

分子生物学检测技术如 PCR、FISH、基因芯片等，能够直接检测金黄色葡萄球菌的遗传物质，具有极高的灵敏度和特异性。其中，PCR 技术因其操作简便、检测速度快、易于自动化等优点，已成为金黄色葡萄球菌检测领域的主流技术之一。然而，分子生物学检测技术对实验条件的要求较高，且存在一定的假阳性风险，因此在应用时需要结合实际情况进行综合考虑。

预防和控制金黄色葡萄球菌食物中毒的发生，需要从多个方面入手，包括食品原料的选择、加工环境的改善、个人卫生习惯的养成以及热处理等措施的实施。

食品原料和配料的安全性是保障食品安全的基础。在选择食品原料时，应优先选择来自可靠供应商的产品，并严格检查其质量证明文件。对于易感染金黄色葡萄球菌的食品原料，如乳制品、肉类等，应特别加强检验和监控。同时，应避免使用过期或变质的食品原料，以减少金黄色葡萄球菌污染的风险。

加工环境的卫生状况对金黄色葡萄球菌的滋生和繁殖具有重要影响。因此，应定期对加工车间、设备、容器和工具进行清洁和消毒，保持其清洁卫生。同时，应建立严格的卫生管理制度，对员工的个人卫生习惯进行培训和监督，确保食品生产过程中不受金黄色葡萄球菌等有害微生物的污染。

个人卫生习惯的好坏直接关系到食品安全的保障程度。操作者应养成良好的个人卫生习惯，如勤洗手、戴口罩和手套等。在接触食品前后，应彻底清洁双手，并使用消毒剂进行消毒。此外，应避免在食品生产过程中吸烟、随地吐痰等不良行为，以减少金黄色葡萄球菌等有害微生物的传播和污染。

低温环境能够抑制金黄色葡萄球菌的生长和繁殖。因此，应将易感染金黄色葡萄球菌的食品如乳制品、肉类等存放在低温条件下，并严格控制其储存温度和时间。同时，在加工过程中应做到生熟分开，避免交叉污染。对于已经煮熟的食品，应及时冷却并储存在适当的温度下，以防止金黄色葡萄球菌等有害微生物的滋生和繁殖。

热处理是杀灭金黄色葡萄球菌等有害微生物的有效手段之一。在食品加工过程中，应根据食品的类型和特性选择合适的热处理方式和参数。对于易感染金黄色葡萄球菌的食品原料和半成品，应进行充分的热处理以杀灭其中的有害微生物。同时，在热处理后应避免二次污染的发生，确保食品的安全性。

对于已经感染或携带金黄色葡萄球菌的食品加工人员，应根据相关法律法规的规定限制其参与食品加工活动。这些人员应接受专业的医疗治疗并隔离观察，直至其完全康复并经过检查确认无金黄色葡萄球菌等有害微生物的感染后方可重新上岗工作。此外，企业还应定期对员工进行健康检查和食品安全培训，提高员工的食品安全意识和操作技能。

生产加工乳制品、肉类等高危食品的企业应认真执行食品安全国家标准和卫生规范的要求组织生产。乳制品、肉类等食品是金黄色葡萄球菌感染的高风险食品之一。因此，生产加工这些食品的企业应严格遵守食品安全国家标准和卫生规范的要求组织生产。企业应建立完善的食品安全管理体系和质量控制体系，对原料采购、生产加工、储存运输等环节进行全程监控和管理。同时，企业还应加强与政府监管部门和行业协会的沟通和合作，共同推动食品安全水平的提升。

金黄色葡萄球菌的检测与防控是一项复杂而艰巨的任务。通过采用先进的检测技术和科学的防控策略，我们可以有效降低金黄色葡萄球菌食物中毒的风险，保障公众的食品安全和健康。未来，随着科技的不断进步和食品安全意识的不断提高，我们有理由相信金黄色葡萄球菌的检测与防控工作将取得更加显著的成效。

（五）案例分析

某知名品牌生产的一类休闲食品因金黄色葡萄球菌超标而召回的事件曾引发热议。据调查，该食品在加工过程中受到了金黄色葡萄球菌的污染，并在储存过程中细菌大量繁殖产生了肠毒素。消费者食用后出现了恶心、呕吐、腹痛等急性肠胃炎症状。经检测，该食品中金黄色葡萄球菌的含量超过了国家标准规定的限量值。这一事件提醒我们，食品企业应加强原料采购、生产加工、储存运输等环节的卫生管理，确保食品的安全和质量。

金黄色葡萄球菌作为一种常见的食源性致病菌，在各类食品安全事件中经常出现。其产生的肠毒素具有热稳定性强、不易被破坏等特点，是引起食物中毒的主要毒素。为预防和控制金黄色葡萄球菌食物中毒的发生，应采取有效的检测方法和防控措施。未来，随着科学技术的不断进步和食品安全管理的不断加强，我们有理由相信金黄色葡萄球菌食物中毒的问题将得到更好的解决。同时，消费者也应提高食品安全意识，选择正规渠道购买食品，注意食品的储存和烹饪方式，确保自己的饮食安全。

五、单核细胞增生李斯特氏菌

单核细胞增生李斯特氏菌（*Listeria monocytogenes*，*L. monocytogenes*），为革兰氏阳性杆菌，兼性厌氧，是已知李斯特氏菌属中唯一对人类致病的病原菌。

（一）单核细胞增生李斯特氏菌的基本特性

单核细胞增生李斯特氏菌简称单增李斯特菌，是一种隶属于厚壁菌门、李斯特菌属的细菌。这种微生物以其独特的生存能力和广泛的分布范围，成为了食品安全领域中的一个重要关注点。

单核细胞增生李斯特氏菌是一种革兰氏阳性菌，其细胞壁较厚，这使它在多种不利环境下具有强大的生存能力。如图2-8所示，菌体形态多样，可呈现为短杆状、长杆状或丝状，无芽孢和荚膜，但在某些条件下可形成鞭毛，具有一定的运动能力。该菌的菌落形态在固体培养基上通常为圆形、边缘整齐、表面光滑且湿润，颜色多为灰白色或乳白色。

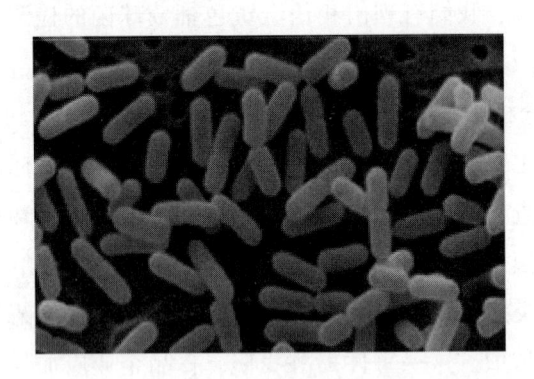

图 2-8　电镜下单核细胞增生李斯特氏菌细胞形态模式图

单核细胞增生李斯特氏菌广泛存在于自然界中，几乎覆盖了所有可能的生态环境。从土壤到水域（包括地表水、污水和废水），再到昆虫、植物、鱼类、鸟类以及家禽等，都可以找到它的踪迹。这种广泛的分布与其强大的适应性和生命力密不可分。

尤为引人注目的是，单核细胞增生李斯特氏菌具有在极端温度条件下生存和繁殖的能力。它能在 0~45 ℃（也有报道为 2~42 ℃）的宽广温度范围内存活，这是它与其他许多食源性致病菌相比的显著特征。甚至在冰箱的冷藏温度下，单核细胞增生李斯特氏菌仍能缓慢生长繁殖，这使它在食品加工、储存和运输过程中成为了一个难以消除的隐患。

此外，单核细胞增生李斯特氏菌还具有较强的耐酸性和耐盐性。在酸性环境和较高盐浓度的食品中，它仍然能够存活并保持一定的致病性。这种特性使得它在一些经过发酵或腌制的食品中也能找到生存空间，从而进一步增加了人类通过食物摄入该菌的风险。

单核细胞增生李斯特氏菌主要以食物为传染媒介，是最致命的食源性病原体之一。它可以通过多种途径污染食品，并在食品链中传播。例如，动物饲养过程中，如果饲料或饮用水被单核细胞增生李斯特氏菌污染，那么这些动物就可能成为该菌的携带者或传播者。当这些动物被宰杀并加工成食品时，单核细胞增生李斯特氏菌就可能被带入食品中。

此外，在食品加工和储存过程中，如果卫生条件不达标或操作不当，也可能导致食品被单核细胞增生李斯特氏菌污染。例如，食品加工设备的清洗和消毒不彻底、食品包装材料受到污染、食品在储存和运输过程中温度控制不当等情况，都可能增加食品被该菌污染的风险。

易污染的食品种类繁多，包括生乳、奶酪、肉及肉制品（特别是牛肉）、鸡蛋、蔬菜沙拉、水产品以及冰激凌等。这些食品在加工、储存和运输过程中如果受到单核细胞增生李斯特氏菌的污染，就可能成为人类感染该菌的源头。

除了通过食物传播外，单核细胞增生李斯特氏菌还可以通过其他途径进入人体并造成感染。例如，当人体眼部或破损的皮肤、黏膜接触到被该菌污染的物质时，就可能发生感染。此外，孕妇在怀孕期间如果感染了单核细胞增生李斯特氏菌，还可能通过胎盘或产道将病菌传染给胎儿或新生儿。栖居于阴道、子宫颈的单核细胞增生李斯特氏菌也可能引起感染，而性接触也被认为是该病传播的一种可能途径。

（二）单核细胞增生李斯特氏菌的致病性与危害

单核细胞增生李斯特氏菌的致病性主要源于其强大的侵袭力和细胞内的寄生能力。当大量活菌侵入肠道后，它们能够突破肠道屏障，进入血液循环系统，进而引发败血症。败血症是单核细胞增生李斯特氏菌感染最常见的临床表现之一，患者可出现高热、寒战、白细胞增多等全身中毒症状。

此外，单核细胞增生李斯特氏菌还能通过血液循环系统进入大脑，引发脑膜炎。脑膜炎是一种严重的中枢神经系统感染，患者可出现头痛、呕吐、意识障碍、抽搐等神经系统症状，甚至导致死亡。值得注意的是，单核细胞增生李斯特氏菌引起的脑膜炎在成人和儿童中均有报道，且往往伴有较高的病死率和致残率。

除了败血症和脑膜炎外，单核细胞增生李斯特氏菌感染还可引起胃肠炎等症状。患者可出现恶心、呕吐、腹痛、腹泻等消化道症状，严重时可能导致脱水、电解质紊乱等。然而，值得注意的是，部分单核细胞增生李斯特氏菌感染者可能无明显症状或仅表现为轻微不适，这使该菌在人群中的传播更加隐蔽和难以控制。

单核细胞增生李斯特氏菌的致病性与其产生的多种毒力因子密切相关，单核细胞增生李斯特氏菌能够产生多种毒素，其中最主要的是李斯特菌溶血素O（LLO）和内化素A（InlA）等。LLO是一种具有溶血活性的毒素，能够破坏宿主细胞的细胞膜，促进细菌进入细胞内进行繁殖和扩散。InlA则是一种能够与宿主细胞表面受体结合的蛋白质，能够促进细菌与宿主细胞的黏附和内化作用。

LLO 通过破坏宿主细胞的细胞膜，使细菌能够进入细胞内进行繁殖和扩散，同时还能够引起宿主细胞的炎症反应和免疫反应。InlA 则通过与宿主细胞表面受体结合，促进细菌与宿主细胞的黏附和内化作用，使细菌能够在细胞内形成生物膜并继续繁殖和扩散。此外，单增李斯特菌还能产生其他毒力因子，如内化素 B（InlB），它能够分别与宿主细胞表面的受体结合，促进细菌进入细胞内部。

单核细胞增生李斯特氏菌感染可发生于任何年龄段的人群，但某些人群更容易受到感染。孕妇、老年人、婴幼儿以及免疫力低下的人群是易感人群。孕妇感染后，不仅自身健康受到威胁，还可能通过胎盘或产道将病菌传染给胎儿或新生儿，导致流产、死胎、死产或新生儿感染等严重后果。老年人由于免疫力下降，感染后往往病情较重，预后较差。婴幼儿由于免疫系统尚未发育完全，感染后也容易出现严重并发症。

季节特点方面，夏季是感染单核细胞增生李斯特氏菌的高峰期。这主要是因为夏季气温较高，接近于单核细胞增生李斯特氏菌的最适生长温度（36 ℃），有利于细菌在食物中的繁殖和存活。此外，夏季人们喜好食用低温食物，如冷藏饮料、冰激凌等，这些食物往往更容易被单核细胞增生李斯特氏菌污染。因此，在夏季，公众应特别注意食品安全，避免食用被污染的食物。

单核细胞增生李斯特氏菌在食品安全中的风险不容忽视。近年来，我国食品安全风险监测结果显示，单核细胞增生李斯特氏菌在生肉和即食食品中的污染率最高。生肉作为单增李斯特菌的主要污染源之一，其表面往往附着有大量细菌。在加工和烹饪过程中，如果处理不当或温度不够高，就可能导致细菌残留并污染其他食品。

即食食品，尤其是保质期较长（如超过 5 天）的冷藏即食食物，是单核细胞增生李斯特氏菌污染的重要来源。这些食物在生产过程中往往经过加工处理，但如果在储存和运输过程中温度控制不当，就可能导致细菌繁殖并污染食品。此外，即食食品通常不需要再次加热即可食用，这使得消费者更容易摄入被污染的细菌。

（三）食品中单核细胞增生李斯特氏菌的检测与控制

单核细胞增生李斯特氏菌作为一种重要的食源性致病菌，对食品安全构成了严重威胁。为了保障食品的质量和消费者的健康，必须采取有效的检测与控制措施来消除或降低食品中单核细胞增生李斯特氏菌的污染。

1. 检测方法

微生物培养法是最传统、最常用的单核细胞增生李斯特氏菌检测方法。该方法通过采集食品样本，在特定的培养基上进行培养，观察并鉴定细菌的生长情况和形态特征，从而确定食品中是否存在单核细胞增生李斯特氏菌。然而，微生物培养法耗时较长，一般需要几天时间才能得到结果，这在快节奏的食品生产和流通中显得不够高效。

免疫学方法利用抗原与抗体之间的特异性反应来检测单核细胞增生李斯特氏菌。常用的免疫学方法包括 ELISA 和荧光抗体技术等。这些方法具有快速、灵敏、特异性强等优点，能够在较短的时间内提供准确的检测结果。然而，免疫学方法的成本相对较高，且需要专业的实验设备和操作人员。

分子生物学方法，如 PCR，利用细菌的遗传物质进行扩增和检测。PCR方法具有高度的特异性和敏感性，能够在极低的细菌浓度下进行检测，且操作简便、结果准确。然而，分子生物学方法同样需要专业的实验设备和操作人员，且成本较高。

为了提高检测效率，食品企业可以根据实际情况选择合适的检测方法。例如，在原料检验阶段，可以采用微生物培养法进行初步筛查；在成品检测阶段，则可以采用免疫学方法或分子生物学方法进行快速、准确的检测。

2. 控制措施

对原料进行严格的检验和筛选是控制食品中单核细胞增生李斯特氏菌污染的第一步。食品企业应建立完善的原料检验制度，对进入生产线的原料进行逐一检验，确保原料中不含有单核细胞增生李斯特氏菌。同时，企业还应加强与供应商的沟通与合作，要求供应商提供合格的原料证明和检测报告。

采用先进的生产工艺和设备是减少食品在生产过程中污染机会的关键。食品企业应引进先进的生产设备和技术，如自动化生产线、无菌包装机等，以提高生产效率和产品质量。同时，企业还应定期对生产设备进行维护和保养，确保其正常运行和卫生状况良好。

储存与运输环节是食品中单核细胞增生李斯特氏菌污染的重要来源之一。为了降低细菌的生长和繁殖速度，食品企业应加强储存与运输管理，确保食品在储存和运输过程中保持低温、干燥、清洁的环境。例如，在储存过程中，可以采用冷藏或冷冻技术来降低食品的温度；在运输过程中，则可以使用保温车或冷藏车来保持食品的温度稳定。

定期对食品进行检测是及时发现并处理被污染食品的重要手段。食品企业应建立完善的检测制度，定期对生产线上的食品和原料进行检测，确保产品质量符合国家标准和企业要求。同时，企业还应建立应急预案和危机管理机制，一旦发生食品安全事件，立即启动应急预案，采取有效措施进行处置，防止问题扩大化。

随着科技的不断发展，越来越多的先进检测技术和方法被应用于食品中单增李斯特菌的检测。食品企业应密切关注行业动态和技术发展，及时引进和应用新技术、新方法，提高检测效率和准确性。例如，可以采用高通量测序技术、生物传感器技术等来替代传统的检测方法，实现更快速、更准确的检测。

员工是食品生产过程中的重要参与者，他们的食品安全意识和操作技能直接影响到食品的质量和安全。因此，食品企业应加强对员工的培训和教育，提高他们的食品安全意识和操作技能。同时，企业还应加强生产车间的卫生管理，定期进行清洁和消毒工作，减少人为因素对食品的污染。

杀菌剂是控制食品中单核细胞增生李斯特氏菌污染的重要手段之一。食品企业可采用过氧化物类的杀菌剂进行杀菌处理，如食品级的过氧化氢等。这些杀菌剂具有作用快而强、能杀死多种微生物的特点，且没有抗药性和"三致效应"（致癌、致畸、致突变），是联合国卫生组织 A 级消毒产品。然而，在使用杀菌剂时，应严格按照说明书进行操作，确保杀菌效果的同时避免对食品造成污染或损害。

此外，食品企业还应建立完善的杀菌剂使用和管理制度，对杀菌剂的采购、储存、使用等环节进行严格控制和管理。例如，可以建立杀菌剂使用记录表，记录每次使用杀菌剂的种类、浓度、使用时间等信息，以便进行追溯和评估。

单核细胞增生李斯特氏菌作为一种危害较大的革兰氏阳性短杆菌，其特殊的生存能力和致病性使得它在食品安全领域成为一个重要的关注点。为了有效控制食品中的单核细胞增生李斯特氏菌及其毒素污染，需要采取一系列措施包括加强原料检验、优化生产工艺、加强储存与运输管理、采用先进的检测技术和方法、加强员工培训和卫生管理以及建立应急预案和危机管理机制等。同时，食品企业还应积极采用先进的杀菌技术和产品，如食品级的过氧化氢等杀菌剂，以提高食品的杀菌效果和安全性。

未来，随着科学技术的不断进步和人们对食品安全意识的不断提高，相信我们能够更加有效地控制和减少食品中单核细胞增生李斯特氏菌及其毒素的污染，保障消费者的健康和安全。同时，也需要加强国际合作与交流，共同应对全球食品安全挑战，推动食品产业的可持续发展。

六、副溶血性弧菌

副溶血性弧菌（*Vibrio parahaemolyticus*，*V. parahaemolyticus*）是一种广泛分布于近海岸海水、海产品和海底沉积物中的嗜盐性细菌。它也是引起我国沿海地区细菌性食物中毒的首要食源性致病菌，以及全国食源性疾病微生物病因的主要致病物质。

（一）副溶血性弧菌的基本特性

副溶血性弧菌简称为VP，是一种典型的革兰氏阴性嗜盐杆菌。它主要分布于海洋环境之中，如海底沉淀物、海产品以及盐渍类食品之中。该细菌的主要特点是需在盐性条件下才能生存，因此海产品是其主要的宿主条件。

副溶血性弧菌具有多种形态，包括弧状、丝状、杆状等，无芽孢和荚膜，如图2-9所示。大多数的菌体在相应的液体培养基中都有单端鞭毛，可以自由地运动。此外，该细菌具有氧化酶，不分解蔗糖，但可以在不产硫化氢和不产气的状态下分解葡萄糖而产生酸等生物学特性。

副溶血性弧菌在含2%~9%的NaCl培养基中可以良好地生长，但在4 ℃的情况下基本不生长。低温对其生长状态有抑制作用，还会使其生长的数量逐渐降低。然而，在适宜的生长环境下，VP的对数生长期时间会大大缩短。

（二）副溶血性弧菌的致病性

副溶血性弧菌作为一种广泛存在于海洋环境中的革兰氏阴性杆菌，其致病性一直是食品安全和公共卫生领域关注的重点。尽管大多数副溶血性弧菌

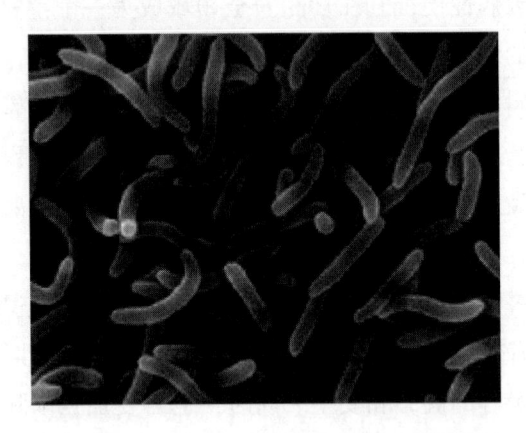

图 2-9　电镜下副溶血性弧菌细胞形态模式图

菌株并不具备致病能力，但那些少数具备高致病力的菌株却能够引起严重的食源性疾病，对人类健康构成威胁。

耐热性直接溶血素（thermotolerant direct hemolysin，TDH）是副溶血性弧菌致病性中最为关键的毒素之一。它不仅能够直接作用于肠道细胞，导致肠黏膜的溃烂和红细胞破碎溶解，引发急性胃肠炎等临床症状，如腹痛、腹泻、呕吐和发热，严重时甚至可能导致脱水、休克乃至死亡。TDH 的致病机制主要涉及其对细胞膜的直接破坏作用。当 TDH 与肠道细胞表面的受体结合后，能够诱导细胞膜形成孔洞，使得细胞内外离子浓度失衡，最终导致细胞崩解，释放出大量炎性介质和细胞因子，引发肠道炎症反应。

更为严重的是，TDH 还展现出对心肌细胞的毒性作用。研究表明，TDH 能够与心肌细胞表面的特定受体结合，导致心肌细胞膜的通透性增加，离子渗透性提高，进而抑制心肌细胞的自发搏动能力。这种对心肌细胞的直接损害，在极端情况下，可能引发心律失常，甚至导致心脏搏动停止，危及患者生命。

与 TDH 相比，耐热性直接溶血素相关溶血素（thermotolerant direct hemolysin-related hemolysin，TRH）的致病作用相对较弱，但它同样具有溶血活性，能够在一定程度上促进细菌的致病过程。TRH 的致病机制可能与 TDH 相似，即通过破坏细胞膜结构，导致细胞死亡和炎症反应，但其具体作用机制和受体识别模式仍有待深入研究。在某些地区和特定条件下，TRH 阳性菌株的流行也可能构成公共卫生风险，尤其是在与 TDH 协同作用时，可能加剧疾病的严重程度。

(三) 副溶血性弧菌的检测方法

为了有效地检测食品中的副溶血性弧菌,人们开发了一系列检测方法,这些方法主要针对细菌的生物学特性、毒力因子以及基因序列等。

神奈川现象实验(kanagawa phenomenon test)是一种体外实验方法,主要用于检查副溶血性弧菌是否具有致病力。该实验基于副溶血性弧菌产生耐热的 TDH 的能力,通过观察细菌在特定培养基上是否形成透明的溶血环来判断其致病性。然而,神奈川现象实验在实际应用中存在一定的局限性。首先,实验操作相对复杂,需要专业的实验技能和设备支持。其次,实验时间较长,无法满足快速检测的需求。此外,副溶血性弧菌的遗传多样性和环境适应性,部分菌株可能因基因突变或环境因素影响而丧失产生 TDH 的能力,导致实验出现漏检情况。因此,尽管神奈川现象实验在早期的致病力检测中发挥了重要作用,但现已逐渐被更为先进、准确的检测方法所取代。

为了克服神奈川现象实验的局限性,科研人员开发了一系列针对副溶血性弧菌毒力因子的核酸杂交技术。这些技术利用特定的 DNA 或 RNA 探针,与待测样品中的目标基因序列进行杂交,从而实现对副溶血性弧菌及其毒力因子的直接检测。

常用的核酸杂交技术包括 TDH 探针、TLH 探针和 TRH 探针等。这些探针能够特异性地识别并结合副溶血性弧菌中的目标基因序列,从而实现对人工污染食品中副溶血性弧菌的快速检测。与神奈川现象实验相比,核酸杂交技术具有更高的灵敏度和特异性,且不需要进行细菌分离,大大缩短了检测时间。

然而,核酸杂交技术也存在一定的局限性。首先,这些检测方法只能检测出具有致病性的副溶血性弧菌,而无法测定出细菌的总量。其次,由于探针的设计和使用成本较高,限制了其在基层检测机构的普及和应用。此外,随着副溶血性弧菌遗传多样性的不断增加,部分菌株可能因基因突变而导致探针无法准确识别,从而影响检测的准确性。

免疫学方法是一种基于抗原—抗体反应的检测方法,具有操作简便、特异性强、灵敏度高等优点。在副溶血性弧菌的检测中,免疫学方法主要包括血清学反应和 ELISA 等。

血清学反应是一种基本的免疫学反应，通过检测待测样品中是否存在与特定抗体结合的抗原，从而实现对副溶血性弧菌的分型。然而，由于细菌容易发生基因突变以及受环境因素的影响，血清学反应可能出现漏检现象。此外，血清学反应通常需要较长时间的培养和反应过程，无法满足快速检测的需求。

相比之下，ELISA 具有快速、简便、敏感以及经济等优点，逐渐成为现代食品安全的检测手段之一。ELISA 方法利用特定的抗体与待测样品中的抗原进行反应，通过酶促反应产生颜色变化或荧光信号，从而实现对副溶血性弧菌的快速检测。与血清学反应相比，ELISA 方法具有更高的灵敏度和特异性，且操作简便、成本低廉，适用于大规模筛查和监测。

然而，免疫学方法也存在一定的局限性。首先，抗体的特异性和稳定性受到多种因素的影响，可能导致检测结果的不稳定。其次，免疫学方法通常只能检测出特定的抗原或抗体，无法全面反映细菌的遗传多样性和毒力特征。因此，在实际应用中，免疫学方法通常需要与其他检测方法相结合，以提高检测的准确性和可靠性。

随着分子生物学的飞速发展，PCR 法已经成为检测副溶血性弧菌最有效、最准确的方法之一。PCR 法利用特定的引物和目标基因的互补序列进行扩增反应，通过检测扩增产物的存在与否来判断待测样品中是否存在副溶血性弧菌。

目前常用的 PCR 方法包括荧光 PCR 技术和多重 PCR 技术。荧光 PCR 技术通过在引物或探针中引入荧光标志物，利用荧光信号的强弱来实时监测 PCR 扩增过程，从而实现对副溶血性弧菌的快速、准确检测。多重 PCR 技术则可以在同一反应体系中同时检测多个目标基因序列，大大提高了检测效率。

与传统的检测方法相比，PCR 法具有更高的灵敏度和特异性，且操作简便、快速。此外，PCR 法还可以根据副溶血性弧菌的遗传多样性和毒力特征设计不同的引物和探针，实现对不同菌株的区分和鉴定。因此，PCR 法在食品安全检测和监控中具有广泛的应用前景。

然而，PCR 法也存在一定的局限性。首先，PCR 扩增过程对实验条件要求较高，如温度控制、反应体系组成等，可能导致实验结果的波动。其次，PCR 法只能检测出目标基因序列的存在与否，而无法直接反映细菌的活性、数量和毒力特征。因此，在实际应用中，PCR法通常需要与其他检测方法相结合，以提供更全面的信息。

副溶血性弧菌的检测方法经历了从传统到现代的演变过程。各种检测方法各有优劣，适用于不同的检测场景和需求。在实际应用中，应根据具体情况选择合适的检测方法或多种方法相结合，以提高检测的准确性和可靠性。同时，随着科学技术的不断进步和创新，相信未来会有更多更准确、更高效的检测方法问世，为食品安全和公共卫生安全提供更加有力的保障。

（四）副溶血性弧菌的预防和控制

副溶血性弧菌是一种常见的食源性致病菌，广泛存在于海洋环境中，特别是海水、海底沉积物以及各类海鲜产品中。由于其耐盐性强且能在较低温度下存活，副溶血性弧菌成为导致食物中毒的主要原因之一，对人类健康构成严重威胁。为了有效预防和控制由副溶血性弧菌引起的食物中毒，我们必须从多个环节入手，全面加强食品安全管理和卫生控制措施。

提高公众对食品安全的意识是预防副溶血性弧菌感染的第一步。政府和相关部门应加大对食品安全的宣传力度，通过电视、广播、网络等多种渠道普及食品安全知识，特别是关于副溶血性弧菌的危害及预防措施。教育公众认识到生食海鲜的风险，了解如何正确处理和烹饪海鲜，以及在日常生活中如何避免食品污染。

此外，学校、企业和社区也应定期开展食品安全培训和教育活动，增强人们的自我保护意识和能力。通过发放宣传册、举办讲座和现场演示等方式，向公众普及食品安全常识，引导大家养成良好的饮食习惯和卫生习惯，从源头上减少食物中毒的风险。

海鲜是副溶血性弧菌的主要污染之一，尤其是贝类、甲壳类等海鲜产品。这些海鲜在生长过程中容易吸收海水中的细菌，如果未经煮熟煮透就食用，很容易引发食物中毒。因此，公众应避免生食海鲜，特别是未经加工处理的野生海鲜。

在购买和食用海鲜时，应选择新鲜、无异味、无破损的产品，并尽量避免购买和食用不明来源或质量不可靠的海鲜。对于家庭烹饪，要确保海鲜彻底煮熟后再食用，以杀死潜在的副溶血性弧菌。同时，注意不要在烹饪过程中反复使用同一锅水或同一批调料，以防止细菌交叉感染。

保持食品的清洁和卫生是预防副溶血性弧菌感染的重要措施之一。在食品加工和储存过程中，要严格遵守食品安全操作规范，确保食品不受污染。

首先，食品加工场所应保持干净整洁，定期进行清洁和消毒。食品加工器具和容器在使用前后应彻底清洗和消毒，以防止细菌滋生。同时，要注意食品加工过程中的个人卫生，如佩戴口罩、手套等防护措施，避免直接用手接触食品。

其次，生熟食品应分开储存和加工，使用不同的器具和容器。在储存过程中，要确保食品处于适当的温度和湿度条件下，防止细菌繁殖。对于易腐食品，如肉类、海鲜等，应尽快冷藏或冷冻保存，以延长保质期并减少细菌滋生的机会。

将食品煮熟煮透是杀死副溶血性弧菌的有效方法。在烹饪过程中，要确保食品达到安全的烹饪温度和时间，特别是对于海鲜等高风险食品。对于海鲜类食品，如虾、蟹、贝类等，应确保它们被彻底煮熟后再食用。一般来说，海鲜的烹饪温度应达到 70 ℃ 以上，并保持一段时间以确保细菌被完全杀死。同时，要注意不要因过度烹饪导致食品口感变差和营养流失。

最后，在烹饪过程中还可以适量添加一些调料如姜、蒜、辣椒等，这些调料不仅可以增加食品的口感和风味，还可以起到杀菌消毒的作用。同时，在烹饪过程中要注意火候的控制和食材的搭配，以确保食品的营养和安全。

副溶血性弧菌对酸敏感，在普通食醋中 5 min 即可被杀死。因此，在烹饪过程中可以适量加醋调味以杀死潜在的副溶血性弧菌。加醋调味不仅可以提高食品的口感和风味，还可以起到杀菌消毒的作用。在烹饪海鲜等高风险食品时，可以适量添加食醋或柠檬汁等酸性调料，以杀死潜在的细菌污染。同时，要注意不要过量添加醋或其他酸性调料，以免影响食品的口感和营养价值。

除了烹饪过程中加醋调味外，还可以在日常生活中适量饮用醋饮料或食用醋制品来增强身体的免疫力。然而，需要注意的是，对于某些人群如胃溃疡患者等，过量食用醋可能会加重病情，因此应适量食用并根据个人体质情况来调整。

定期对食品加工器具、餐具以及厨房环境进行消毒处理是预防副溶血性弧菌感染的重要措施之一。消毒剂可以有效杀死细菌、病毒等微生物污染，确保食品的卫生和安全。在选择消毒剂时，应选择符合国家卫生标准和规定的消毒剂产品，并按照产品说明书正确使用。对于食品加工器具和餐具等物品，可以使用高温蒸汽或紫外线等物理消毒方法，也可以使用化学消毒剂进行浸泡或擦拭消毒。

同时，要注意定期对厨房环境进行消毒处理，包括地面、墙面、台面等易污染区域。在消毒过程中要注意个人防护和通风换气等措施，避免消毒剂对人体造成危害。

政府和相关部门应加强对食品市场的监管和监测力度，确保市场上销售的食品符合安全标准和规定。对于存在安全隐患的食品要及时进行下架处理并追溯源头进行查处。此外，还应建立完善的食品安全监测体系，定期对市场上的食品进行抽检和检测，及时发现和处理潜在的食品安全问题。同时，要加强对食品生产、加工、销售等环节的监管和管理力度，确保食品从生产到销售的全链条安全可控。

预防和控制副溶血性弧菌引起的食物中毒需要从多个环节入手，包括加强卫生宣传教育、避免生食海鲜、注意食品的清洁和储存、煮熟煮透、加醋调味、使用消毒剂以及加强监管和监测等措施。只有全面加强食品安全管理和卫生控制措施，才能有效保障公众的饮食安全和健康。

（五）副溶血性弧菌的限量标准

在食品安全领域，对致病菌的严格控制和监管是确保消费者健康的关键环节。副溶血性弧菌作为一种常见的食源性致病菌，因其广泛存在于海洋环境中且易于引发食物中毒，而备受关注。为了保障消费者的饮食安全，我国在《食品安全国家标准　预包装食品中致病菌限量》（GB 29921—2021）中，针对副溶血性弧菌制定了详细的限量标准，这一标准不仅体现了国家对食品安全的重视，也为消费者提供了更加安全的食品环境。

根据该标准，对于熟制水产品、即食生食水产品、即食藻类制品以及即食水产调味品，同批次采集的 5 份样品中，副溶血性弧菌的浓度均不得超出 1000 MPN/g（mL）。这一数值是基于大量科学实验和风险评估得出的，旨在确保食品中的副溶血性弧菌含量在安全范围内，从而避免对消费者健康造成危害。

同时，该标准还允许其中 1 份样品的副溶血性弧菌浓度在 100～1000

MPN/g（mL）之间。这一规定考虑了实际生产中可能存在的微小污染风险，并允许在一定范围内进行容忍，以平衡食品安全与生产效率。但即便如此，这并不意味着可以忽视食品安全，相反，它提醒生产者在生产过程中要严格控制卫生条件，确保食品的整体安全。

（六）副溶血性弧菌中毒案例

世界各地都曾发生过由副溶血性弧菌引起的食物中毒事件。例如：日本大阪市中毒事件：1950年，在日本大阪市发生了一起由食用沙丁鱼引起的大规模性食物中毒事件，造成了至少275人发病、20多人死亡。这是世界上首例副溶血性弧菌的食物中毒事件。

美国马里兰州中毒事件：1971年，在美国马里兰州发生了一起由海产品导致的副溶血性弧菌中毒事件，中毒人数达到了428人。

这些中毒事件表明，副溶血性弧菌是一种广泛存在且危害严重的食源性致病菌。因此，需要采取一系列措施来加强食品安全和卫生管理，确保消费者的健康和安全。

参考文献

[1] 张婉. 黄曲霉毒素 B_1 降解菌的筛选及降解机制研究 [D]. 长春：吉林大学，2023.

[2] 吴登辉. 粮油真菌毒素检测技术与应用分析 [J]. 食品安全导刊，2024（35）：150-152.

[3] 黄曲霉毒素：玉米、花生中都可能有的一级致癌物 [J]. 新疆农垦科技，2019，42（10）：53.

[4] 古丽米娜·阿力木，杨雪丽，李方. 我国花生及其制品中黄曲霉毒素 B_1 污染及脱毒技术的研究进展 [J]. 职业与健康，2024，40（19）：2732-2736.

[5] 李璇. 温度调控黄曲霉菌生长和产毒的代谢特征研究 [D]. 兰州：甘肃农业大学，2021.

[6] 王建洲. 发酵调味品中黄曲霉毒素控制技术的应用研究 [J]. 中外食品工业，2024（12）：37-39.

[7] 郭文博. 黄曲霉毒素标准物质制备及其检测技术研究 [D]. 北京：北京化工大学，2024.

[8] 王颖，王建忠，林秋君，等. 花生黄曲霉毒素防控及检测方法研究进展 [J]. 辽宁农

业科学，2019.

[9] 乔丽娜. 辽宁省地产稻谷卫生安全现状的分析 [J]. 粮食加工，2024，49（4）：68-70.

[10] 张璐，范赫名，高鹏飞，等. 黄曲霉毒素危害及脱毒技术的研究进展 [J]. 医学综述，2023，29（20）：4166-4170.

[11] 赵红梅，何义，李英军，等. 适合鸭梨果酒酿造酵母菌Y-5的基本生理特性研究 [J]. 酿酒科技，2006（8）：5.

[12] 刘敏. 河北和北京地区大型真菌相关酵母菌系统发育和多样性研究 [D]. 保定：河北大学，2024.

[13] 刘雯雯，陈露，胡连清，等. 不同品种糯红高粱花期内生酵母菌群多样性分析 [J]. 中国酿造，2024，43（4）：158-165.

[14] 杨荞玮. 酵母菌的应用研究进展 [J]. 中国食品工业，2024（4）：131-133.

[15] 周婀，马瑜. 饮料中腐败酵母菌的分离、鉴定及控制研究 [J]. 食品安全导刊，2022（29）：100-104.

[16] 李丽，冯莉，秦义，等. 野生嗜杀白假丝酵母LFA418的产毒条件优化及其毒素粗提物特性 [J]. 食品科学，2017，38（12）：50-56.

[17] 华明夏. 耐冷海洋嗜杀酵母 Mrakia frigida 嗜杀因子的研究 [D]. 青岛：中国海洋大学，2025.

[18] 刘巍峰，鲍晓明，高东. 一种检测酵母嗜杀活性的简便方法及其应用 [J]. 微生物学通报，1996（1）：57-60.

[19] 秦玉静，高东. 嗜杀酵母毒素蛋白活性的平板检测 [J]. 生物技术，1998（1）：39-40.

[20] 詹金花，杨幼慧，谭余良，等. 嗜杀酵母的研究进展及其在酿酒工业中的应用 [J]. 中国酿造，2007（6）：1-5.

[21] 候梦哲，张家浩，刘祥杰，等. 鸡源阪崎克罗诺杆菌的分离鉴定和生物学特性分析 [J]. 中国兽医杂志，2024，60（10）：25-31.

[22] 陶文靖，赵婷婷，许冉冉，等. 婴幼儿乳粉加工环境中克罗诺杆菌属（阪崎肠杆菌）监控方案的构建 [J]. 食品安全导刊，2023（28）：23-25，29.

[23] 张彤彤，蒋慧芬，翟平平，等. 米面来源克罗诺杆菌的鉴定及毒力基因、耐药性分析 [J]. 武汉轻工大学学报，2023，42（5）：34-40，62.

[24] 韩冉. 阪崎克罗诺杆菌间毒力比较与致病因子研究 [D]. 天津：天津科技大学，2014.

[25] 杨秋萍，阎彦霏，张艳，等. 婴幼儿食品源阪崎克罗诺杆菌的3种分型方法 [J].

中国食品学报，2022，22（5）：358-366.

[26] 王岩. 鸡沙门氏菌病的诊断与防治 [J]. 家禽科学，2022（3）：19-21.

[27] 吕新，陈丽华，李玥仁. 福州市生食蔬菜沙门氏菌污染状况分析 [J]. 福建农业学报，2016，31（3）：297-300.

[28] 袁梦，袁月明，陈辉，等. 2018—2021年南山区食物中毒中肠炎沙门氏菌与布利丹沙门氏菌遗传特征和耐药性分析 [J]. 中国人兽共患病学报，2022，38（12）：1106-1112.

[29] 尚和卫，李文豪，谢梦圆，等. 产肠毒素大肠杆菌和沙门氏菌多重荧光定量PCR方法的建立及应用 [J]. 黑龙江畜牧兽医，2023（17）：78-82.

[30] 王洪社. 肉鸡沙门氏菌病的诊断和防治措施 [J]. 中国动物保健，2023，25（5）：70-71.

[31] 赵允清. 狐、貉源大肠杆菌部分生物学特性研究 [D]. 秦皇岛：河北科技师范学院，2024.

[32] 殷鹤予，伊雪燕，顾宇华，等. 河北省唐秦地区蛋鸡致病性大肠杆菌耐药及毒力检测 [J]. 家禽科学，2024，46（9）：14-25，127.

[33] 张明娟. 食品中沙门氏菌、大肠杆菌等致病菌的传播途径及防治研究 [J]. 中国食品工业，2024（18）：89-91.

[34] 马弘财，秦浩峰，曾江勇，等. 牦牛源金黄色葡萄球菌的分离鉴定及生物学特性研究 [J]. 中国人兽共患病学报，2024，40（7）：662-669.

[35] 刘阳. 对虾中金葡菌及肠毒素B免疫磁快速检测法的建立与应用 [D]. 大连：大连工业大学，2011.

[36] 张晓丽，陈卓，于佳鑫，等. 金黄色葡萄球菌中毒性休克综合征毒素-1 PCR检测方法的建立与初步应用 [J]. 河北农业大学学报，2019，42（6）：97-102.

[37] 安刚. 食品中金黄色葡萄球菌肠毒素研究进展 [J]. 食品安全导刊，2024（33）：141-143.

[38] 王芳，刘晓，任小东，等. 马鞍山市临床来源金黄色葡萄球菌的耐药性和肠毒素基因特征分析 [J]. 检验医学与临床，2024，21（24）：3631-3636.

[39] 朱志豪. 生猪屠宰场金黄色葡萄球菌基因组流行病学调查及肠毒素Y遗传和表达多样性研究 [D]. 武汉：华中农业大学，2024.

[40] 陈灿灿，邢家溧，徐晓蓉，等. 多方法联用对单核细胞增生李斯特氏菌及李斯特菌属的分离鉴定 [J]. 食品安全导刊，2024（16）：66-71.

[41] 王丽芳，陈飞. 进口冷冻鸡翼尖中单增李斯特菌的分离与鉴定 [J]. 中国禽业导刊，2009，26（4）：52-53.

[42] 郝歌，钱映，李蓉，等．单核细胞增生李斯特菌毒力基因及其致病机制的研究进展［J］．中国食品卫生杂志，2023，35（3）：481-486.

[43] 李钊，刘阳泰，李卓思，等．单增李斯特菌毒力因子及调控机制研究进展［J］．食品与发酵工业，2024，50（11）：327-335.

[44] 张俊鹏，刘文婷，石甜，等．一株副溶血弧菌噬菌体生物学特性、全基因组特征及其在食品中的应用［J］．食品工业科技，2024，45（1）：137-144.

[45] 陈佳璇，刘巧谊，张晶，等．2020—2022年广州地区副溶血性弧菌病原学特征分析［J］．热带医学杂志，2024，24（7）：1036-1039.

[46] 庄春红，吴小凤，郑友限．一起副溶血性弧菌引起的群体性食物中毒事件溯源分析［J］．应用预防医学，2024，30（1）：5-8.

[47] 王殿夫，齐欣，徐娜，等．副溶血性弧菌快速定量检测方法研究进展［J］．中国食品卫生杂志，2024，36（3）：360-368.

[48] 闫兆伦，于泽，周炳武，等．食品中副溶血性弧菌检测技术研究进展［J］．中国食品添加剂，2023，34（7）：300-308.

[49] 刘爱红．副溶血性弧菌污染情况调查［J］．国际医药卫生导报，2005（11）：106-108.

[50] 王凤军，李可月，陈佳露．基于TaqMan荧光PCR对副溶血性弧菌能力验证样品快速鉴定［J］．食品工业，2024，45（9）：301-306.

[51] 王晓，江玲玲，俞沈彧，等．一起婚宴引起的副溶血性弧菌食源性疾病暴发事件调查［J］．中国食品卫生杂志，2024，36（4）：491-495.

[52] 李雪，王伟杰，孙婷婷，等．水产动物源副溶血性弧菌耐药性研究［J］．职业与健康，2024，40（4）：461-465.

第三章 快速检测技术的基本原理

第一节 免疫学快速检测技术

一、酶联免疫吸附法

酶联免疫吸附法（ELISA）是一种在医学、生物学及免疫学等领域广泛应用的免疫检测方法。

（一）ELISA 的基本原理

ELISA 的基本原理是基于抗原与抗体的特异性结合，以及酶与底物的特异性反应。通过将抗原或抗体进行酶标记，利用酶催化底物显色来检测抗原或抗体的存在及含量。具体过程如下。

1. 抗原或抗体的吸附

首先，将已知的抗原或抗体吸附在固相载体（如聚苯乙烯微量反应板）表面，并保持其免疫活性。

2. 酶标记

然后，使抗原或抗体与某种酶连接成酶标抗原或抗体，这种酶标抗原或抗体既保留其免疫活性，又保留酶的活性。

3. 免疫反应

在测定时，把受检标本（测定其中的抗体或抗原）和酶标抗原或抗体按不同的步骤与固相载体表面的抗原或抗体起反应。用洗涤的方法使固相载体上形成的抗原抗体复合物与其他物质分开，最后结合在固相载体上的酶量与标本中受检物质的量成一定的比例。

4. 显色反应

加入酶反应的底物后，底物被酶催化变为有色产物，产物的量与标本中受检物质的量直接相关。因此，可根据颜色反应的深浅进行定性或定量分析。

（二）ELISA 的类型及应用

ELISA 根据其应用方法和原理的不同，可分为多种类型，每种类型都有其特定的应用场景。

1. 双抗体夹心法

用特异性抗体包被于固相载体表面，加入待检标本，标本中的抗原与固相抗体结合，再加入酶标特异性抗体与抗原结合，形成固相抗体—抗原—酶标抗体复合物。加入底物后，酶催化底物显色，根据颜色深浅判断标本中抗原的含量。主要用于检测大分子抗原，如病毒、细菌、寄生虫等病原体，以及肿瘤标志物等。

2. 间接法

将已知抗原吸附于固相载体表面，加入待检抗体与之结合，再加入酶标抗抗体（即针对抗体的抗体）与待检抗体结合，形成固相抗原—待检抗体—酶标抗体复合物。加入底物后显色，根据颜色深浅判断待检抗体的含量。主要用于检测特异抗体，如病原体感染后产生的抗体、自身免疫性疾病中的自身抗体等。

3. 竞争法

将特异性抗体包被于固相载体表面，加入待检标本和酶标抗原。待检标本中的抗原与酶标抗原竞争性地与固相抗体结合。加入底物后显色，根据颜色深浅判断待检标本中抗原的含量。由于竞争法的灵敏度较低，一般不作为首选方法。主要用于检测小分子抗原，如激素、药物等。

4. 捕获法

用高亲和力的抗体捕获待检标本中的抗原或抗体，再与酶标抗体或抗原结合形成复合物。加入底物后显色，根据颜色深浅判断待检物质的含量。主要用于检测不易直接检测的抗原或抗体，如某些病毒抗体、循环免疫复合物等。

（三）ELISA 的操作步骤

ELISA 的操作步骤虽然因不同类型的试验而有所差异，但基本过程大致相同。以下是一个典型的 ELISA 操作步骤。

1. 包被

将抗原或抗体溶解在适当的缓冲液中，加入固相载体的孔中，经过一定时间的孵育后，使抗原或抗体吸附在固相载体表面。

2. 封闭

为了减少非特异性吸附的干扰，通常会在包被后使用封闭液（如牛血清白蛋白）对固相载体进行封闭处理。

3. 加入待检标本

将待检标本加入到固相载体的孔中，与包被的抗原或抗体发生特异性结合。

4. 加入酶标抗体或抗原

根据试验类型的不同，加入相应的酶标抗体或抗原，与待检标本中的抗原或抗体结合形成复合物。

5. 洗涤

用洗涤液将未结合的抗原、抗体或酶标抗体洗去，只留下结合在固相载体上的复合物。

6. 加入底物

加入酶反应的底物，酶催化底物显色。

7. 终止反应

加入终止液终止酶反应，使显色反应停止。

8. 结果判定

根据颜色反应的深浅判断待检标本中抗原或抗体的含量。可以使用 ELISA 检测仪进行定量测定。

（四）ELISA 的优缺点

ELISA 作为广泛应用的免疫检测方法，具有优缺点如下。

1. ELISA 的优点

ELISA 检测基于抗原与抗体的特异性结合，这种结合具有很高的选择性。由于抗原和抗体的结构特点，它们之间的结合通常是高度特异性的，不易受到其他蛋白质的干扰。这使得 ELISA 在检测目标分子时能够准确地区分目标分子与其他相似分子，从而提高了检测的准确性。

ELISA 的灵敏度非常高，可以检测出极低浓度的生物分子。这得益于酶的催化效率，酶能够极大地放大反应效果，使得即使是微量的目标分子也能产生明显的信号。这种高灵敏度使得 ELISA 在许多生物医学研究和临床诊断中成为一种非常有用的工具，尤其是在检测病毒、细菌、寄生虫等微生物感染时，能够更早地发现病原体，为疾病的诊断和治疗提供有力支持。

ELISA 的操作步骤相对简单，不需要复杂的仪器和设备。整个检测过程通常包括样本处理、抗原或抗体包被、加样、孵育、洗涤、显色和结果判定等步骤。这些步骤中的大部分都可以通过自动化设备进行，从而降低了操作难度和人为误差。此外，ELISA 的实验操作相对标准化，易于普及和推广，使得更多的实验室和医疗机构能够开展这项检测。

ELISA 可以同时处理多个样本，提高了检测效率。在实验室中，通常可以同时设置多个反应孔，每个反应孔中加入不同的样本或试剂，从而实现对多个样本的同时检测。这种高通量的检测方式使得 ELISA 在大量样本筛查中具有很高的应用价值，如疾病筛查、药物筛选等。

相对于其他免疫检测方法，ELISA 的成本较低。这主要得益于 ELISA 试剂的广泛生产和使用，以及自动化设备的普及。此外，ELISA 的检测过程相对简单，不需要昂贵的仪器和设备，也降低了检测成本。这使得 ELISA 在临床诊断和生物医学研究中成为一种经济实惠的检测方法。

2. ELISA 的缺点

相对于一些快速检测方法，ELISA 的实验周期较长。整个检测过程需要数小时甚至数天才能完成，这限制了其在需要快速得到结果的场景中的应用。例如，在急诊诊断中，患者通常需要尽快得到诊断结果以便及时进行治疗。然而，由于 ELISA 的实验周期长，可能无法满足这种紧急需求。

由于抗原和抗体的复杂性，有时可能会发生交叉反应。交叉反应是指不同抗原或抗体之间由于结构相似而产生的非特异性结合。这种非特异性结合可能会导致假阳性或假阴性结果的出现，从而降低了检测的准确性。为了避免交叉反应的发生，需要仔细选择抗原和抗体，并进行严格的验证和质量控制。

样本中的杂质可能会影响 ELISA 的检测结果。因此，在进行 ELISA 检测之前，需要对样本进行一定的预处理和纯化。这可能会增加实验时间和成本，并降低实验的重复性。为了获得准确的检测结果，需要确保样本的纯度和质量符合检测要求。

ELISA 检测的结果可能会受到环境因素的影响。例如，温度、湿度、光照等环境因素都可能影响抗原和抗体的结合效率以及酶的催化活性。因此，在进行 ELISA 检测时，需要严格控制实验条件，确保实验环境的稳定性和一致性。

ELISA 检测的结果判定需要一定的专业知识。由于 ELISA 检测的结果通常以颜色变化的形式呈现，因此需要通过对颜色深度的观察和比较来判定结果。这要求实验者具备一定的专业知识和经验，以便准确解读结果并做出正确的判断。如果实验者缺乏相关知识或经验，可能会导致结果的误判或漏判。

（五）ELISA 的影响因素及注意事项

1. 影响因素

标本的采集、保存和处理方式都可能影响 ELISA 的检测结果。例如，标本的溶血、污染或保存时间过长等都可能导致结果的偏差。试剂的质量、浓度、稳定性以及批次间的差异都可能影响 ELISA 的检测结果。因此，在使用试剂时需要严格按照说明书进行操作，并注意试剂的保存条件和使用期限。操作过程中的误差和失误也可能导致结果的偏差。例如，加样量的不准确、洗涤不彻底、孵育时间的不足等都可能影响检测结果的准确性。

2. 注意事项

根据检测目的和样本类型选择合适的试剂和试剂盒，确保试剂的质量和稳定性。

严格按照说明书操作：在使用试剂和试剂盒时，需要严格按照说明书进行操作，避免操作过程中的误差和失误。样本的采集和处理方式需要符合规范，避免溶血、污染或保存时间过长等情况的发生。在实验过程中需要控制实验条件，如温度、湿度、光照等，以确保实验结果的准确性。解读 ELISA 结果时，需要结合临床信息和实验条件进行综合判断，避免单一结果的误导。

随着自动化和智能化技术的发展，ELISA 的检测过程将更加简便和高效。例如，通过引入自动化检测仪器和智能化数据分析系统，可以实现样本的自动加样、自动检测和自动分析等功能，提高检测效率和准确性。为了满足大规模检测和多样化需求，ELISA 正在向高通量和多样化方向发展。例如，通过引入微阵列技术和多重标记技术等技术手段，可以实现多个样本的同时检测和多种靶标的同步检测等功能，提高检测效率和覆盖范围。为了提高 ELISA 的检测质量和可比性，需要对其检测过程进行标准化和规范化处理。例如，通过制定统一的操作规程、质量控制标准和结果判定标准等措施，可以确保不同实验室和不同批次之间的检测结果具有一致性和可比性。提高

ELISA 的灵敏度和特异性，需要不断开发新型标记酶和底物。例如，通过引入新型酶类（如荧光酶、化学发光酶等）和新型底物（如荧光底物、化学发光底物等），可以实现更灵敏、更特异的检测效果。

总之，酶联免疫吸附法作为一种重要的免疫检测方法，在医学、生物学及免疫学等领域具有广泛的应用前景和发展潜力。通过不断优化和改进其技术方法和操作流程，可以进一步提高其检测效率和准确性，为临床诊断和科学研究提供更加可靠的技术支持。

二、免疫磁珠分离技术

免疫磁珠分离技术（immunomagnetic separation，IMS），又称免疫磁珠法（magnetic activated cell sorting，MACS），是一种基于抗原—抗体反应和磁场作用的细胞分离技术。该技术自 20 世纪 80 年代提出以来，已广泛应用于细胞生物学、分子生物学、生物医学等多个领域，成为细胞分离和纯化的重要手段之一。

（一）IMS 的基本原理

IMS 的基本原理是利用磁珠表面包被的特异性抗体与细胞表面的抗原发生特异性结合，从而在磁场的作用下实现细胞的分离和纯化。具体过程如下。

1. 磁珠准备

磁珠通常由铁氧体或氧化铁等磁性材料制成，表面经过特殊处理，可以包被上特异性抗体。这些抗体可以是单克隆抗体、多克隆抗体或经过生物素标记的抗体。

2. 细胞与磁珠结合

将含有目标细胞的悬液与包被了特异性抗体的磁珠混合，在适当的温度和时间内，磁珠表面的抗体会与目标细胞表面的抗原发生特异性结合，形成细胞—抗体—磁珠复合物。

3. 磁场分离

将细胞—抗体—磁珠复合物置于磁场中，由于磁珠的磁性，复合物会被吸附在磁场中，而未被结合的细胞则不受磁场影响，可以通过洗涤等方式去除。

4. 细胞释放

在需要的情况下，可以通过改变磁场条件或加入特定的试剂，使磁珠与目标细胞分离，从而得到纯化的目标细胞。

（二）IMS 的类型

IMS 是一种高效的细胞分离方法，它基于抗原与抗体的特异性结合原理，利用磁珠作为载体，通过外加磁场的作用，实现对目标细胞的快速、高纯度分离。根据分离方式和应用需求的不同，免疫磁珠分离技术可以分为多种类型，每种类型都有其独特的优势和适用场景。

1. 阳性分离

阳性分离是 IMS 中最常见的一种类型。在这种方法中，磁珠表面被修饰有针对目标细胞的特异性抗体，当这些磁珠与细胞混合物接触时，它们会特异性地结合到目标细胞上。随后，通过外加磁场的作用，这些结合了磁珠的目标细胞可以被快速地分离出来。

阳性分离方法适用于目标细胞在混合物中含量较低，且需要高纯度分离的情况。例如，在癌症研究中，科研人员可能需要从复杂的肿瘤组织样本中分离出特定的癌细胞类型。由于癌细胞在肿瘤组织中的比例通常较低，且容易被其他类型的细胞所掩盖，因此阳性分离方法在这里显得尤为重要。通过阳性分离，科研人员可以高效地获得高纯度的癌细胞，为后续的研究提供可靠的实验材料。

此外，阳性分离方法还广泛应用于病毒学、免疫学、血液学等多个领域。例如，在病毒学研究中，科研人员可以利用阳性分离方法从病毒感染的细胞中分离出病毒颗粒，从而进一步研究病毒的生物学特性和致病机制。

2. 阴性分离

与阳性分离相反，阴性分离方法旨在去除混合物中的杂质细胞，而保留目标细胞。在这种方法中，磁珠表面被修饰有针对不需要的细胞的特异性抗体。当磁珠与细胞混合物接触时，它们会特异性地结合到这些不需要的细胞上。随后，通过外加磁场的作用，这些结合了磁珠的细胞可以被去除，而游离于上清液中的目标细胞则被保留下来。

阴性分离方法适用于目标细胞在混合物中含量较高，且需要去除杂质细胞的情况。例如，在干细胞研究中，科研人员可能需要从骨髓或外周血中分离出干细胞。然而，这些样本中通常含有大量的红细胞、白细胞等其他类型的细胞，这些细胞会干扰干细胞的后续研究和应用。通过阴性分离方法，科研人员可以有效地去除这些杂质细胞，从而获得高纯度的干细胞。

此外，阴性分离方法还广泛应用于免疫学、细胞生物学等领域。例如，在免疫学研究中，科研人员可以利用阴性分离方法从免疫细胞中分离出特定的亚群，如 T 细胞、B 细胞等，以进一步研究它们的免疫功能和作用机制。

3. 直接分离与间接分离

除了阳性分离和阴性分离外，根据磁珠与目标细胞结合的方式不同，免疫磁珠分离技术还可以分为直接分离和间接分离两种类型。

直接分离是指磁珠直接与目标细胞结合。在这种方法中，磁珠表面被修饰有针对目标细胞的特异性抗体，这些抗体可以直接与目标细胞表面的抗原结合。由于直接分离方法具有操作简便、分离效率高等优点，因此广泛应用于各种细胞分离实验中。然而，直接分离方法也存在一定的局限性。例如，当目标细胞表面的抗原表达量较低或抗原结构复杂时，直接分离方法可能无法获得满意的分离效果。

为了克服直接分离方法的局限性，科研人员开发了间接分离方法。间接分离方法是通过生物素—亲和素系统等中间介质实现磁珠与目标细胞的结合。在这种方法中，磁珠表面首先被修饰有生物素或亲和素等分子，而针对目标细胞的特异性抗体则与另一种亲和分子（如亲和素或生物素的衍生物）结合。当这些抗体与细胞混合物接触时，它们会特异性地结合到目标细胞上，并通过生物素—亲和素系统的作用与磁珠连接起来。随后，通过外加磁场的作用，这些结合了磁珠的目标细胞可以被分离出来。

间接分离方法具有更高的灵活性和应用范围。由于它可以通过改变抗体的种类和亲和分子的组合来适应不同的细胞分离需求，因此广泛应用于各种复杂的细胞分离实验中。此外，间接分离方法还可以用于分离那些表面抗原表达量较低或抗原结构复杂的细胞，从而提高了细胞分离的准确性和可靠性。

IMS 是一种高效、灵活的细胞分离方法。根据分离方式和应用需求的不同，它可以分为阳性分离、阴性分离以及直接分离和间接分离等多种类型。每种类型都有其独特的优势和适用场景，可以根据实验需求进行选择。随着科技的不断进步和 IMS 的不断发展，相信它在生物医学研究、临床诊断等领域中将发挥越来越重要的作用。

（三）IMS 的特点

IMS 是一种基于抗原—抗体特异性结合原理的细胞分离技术，它利用磁珠作为载体，通过外加磁场的作用，实现对目标细胞的快速、高效、高纯度分离。该技术自问世以来，凭借其独特的优势，在生物医学研究、临床诊断等领域得到了广泛的应用和认可。

1. 高特异性

IMS 的高特异性是其最显著的特点之一。由于磁珠表面包被的是针对目标细胞的特异性抗体，这些抗体能够与目标细胞表面的抗原发生特异性结合，从而实现对目标细胞的精确识别。这种特异性结合不仅提高了分离的准确性，还避免了非特异性细胞的干扰，确保了分离结果的可靠性。

在实际应用中，科研人员可以根据实验需求选择不同的特异性抗体，以实现对不同类型细胞的分离。例如，在肿瘤研究中，科研人员可以选择针对肿瘤细胞表面特异性抗原的抗体，从而实现对肿瘤细胞的精确分离。这种高特异性的分离方法有助于科研人员更深入地了解肿瘤细胞的生物学特性，为肿瘤的诊断和治疗提供有力的支持。

2. 高分离效率

IMS 的另一个显著特点是其高分离效率。在磁场的作用下，磁珠能够迅速与目标细胞结合并分离，从而实现对目标细胞的高效捕获。与传统的细胞分离方法相比，IMS 具有更高的分离速度和更大的分离容量，能够在短时间内处理大量的细胞样本。

此外，IMS 还具有较高的分离纯度。由于磁珠表面的特异性抗体能够与目标细胞发生特异性结合，因此只有目标细胞才能被磁珠捕获并分离出来。这种高纯度的分离方法有助于科研人员获得更加准确和可靠的实验结果。

3. 操作简便

IMS 的操作步骤相对简单，不需要复杂的设备和技术。与传统的细胞分离方法相比，该技术更加易于在实验室中推广和应用。科研人员只需要将磁珠与细胞样本混合，通过外加磁场的作用即可实现细胞的分离。这种简便的操作步骤不仅降低了实验成本，还提高了实验效率。

此外，IMS 还具有较好的稳定性和重复性。由于磁珠表面的特异性抗体与目标细胞的结合是特异性的，因此每次实验的结果都是一致的。这种稳定性和重复性有助于科研人员获得更加可靠和准确的实验结果。

4. 对细胞影响小

IMS 对细胞的影响较小，能够保持细胞的完整性和活性。由于磁珠的直径较小，且分离过程中不需要使用离心、过滤等物理方法，因此该技术对细胞的损伤较小。这种温和的分离方法有助于科研人员获得更加健康和活力的细胞样本，为后续的实验研究提供有力的支持。

在实际应用中，IMS 被广泛用于分离和培养各种类型的细胞，如干细胞、免疫细胞、肿瘤细胞等。这些细胞在分离后仍然能够保持其原有的生物学特性，如增殖、分化、迁移等。这种对细胞影响小的特点使得免疫磁珠分离技术在细胞生物学、免疫学等领域得到了广泛的应用和认可。

5. 灵活性高

IMS 还具有很高的灵活性。科研人员可以根据实验需求选择不同的特异性抗体和磁珠类型，以实现对不同类型细胞的分离。此外，该技术还可以与其他实验方法相结合，如流式细胞术、分子生物学技术等，以实现更加复杂和深入的细胞研究。

例如，科研人员可以利用 IMS 将特定的细胞类型从复杂的组织样本中分离出来，然后利用流式细胞术对这些细胞进行进一步的分类和分析。这种灵活性的结合使得 IMS 在生物医学研究中具有更加广泛的应用前景。

6. 应用范围广

IMS 的应用范围非常广泛。它不仅可以用于分离和培养各种类型的细胞，还可以用于疾病的诊断和治疗。例如，在肿瘤治疗中，科研人员可以利用免疫磁珠分离技术将肿瘤细胞从患者体内分离出来，然后进行针对性的治疗。这种个性化的治疗方法有助于提高治疗效果和降低副作用。

此外，IMS 还可以用于食品安全、环境监测等领域。例如，在食品安全领域，科研人员可以利用该技术对食品中的有害物质进行分离和检测，以确保食品的安全性和质量。

(四) IMS 的应用

IMS 在多个领域具有广泛的应用价值，包括但不限于以下几个方面。

在细胞生物学研究中，IMS 可以用于分离和纯化特定类型的细胞，如 T 细胞、B 细胞、巨噬细胞等，为后续的细胞培养、功能分析、基因表达研究等提供基础。

在分子生物学研究中，免疫磁珠分离技术可以用于分离和纯化特定的基因片段、mRNA、蛋白质等生物大分子，为后续的基因克隆、表达分析、蛋白质纯化等提供关键材料。

在生物医学领域，IMS 可以用于疾病的诊断和治疗。例如，通过分离和纯化肿瘤相关抗原阳性的细胞，可以用于肿瘤的早期诊断和免疫治疗；通过分离和纯化造血干细胞，可以用于血液疾病的治疗和造血功能的重建等。

在食品安全与检测领域，IMS 可以用于食品中致病菌、毒素等有害物质的检测和分离。例如，通过分离和纯化食品中的沙门氏菌、副溶血性弧菌等致病菌，可以用于食品安全的监测和预警。

在环境监测与保护领域，IMS 可以用于水体、土壤等环境中污染物的检测和分离。例如，通过分离和纯化环境中的重金属离子、有机污染物等有害物质，可以为环境污染的治理和保护提供科学依据。

（五）IMS 的注意事项

在使用 IMS 时要根据目标细胞的特性和分离需求，选择合适的磁珠类型、大小和抗体包被方式。操作条件的优化，包括磁珠与细胞的结合时间、温度、pH 等条件，需要根据实验需求进行优化。磁场的强度和方向对细胞的分离效果有很大影响，需要根据实验需求进行调整。在分离过程中，需要保持细胞的活性与完整性，避免对细胞造成损伤或影响后续实验的结果。

抗体特异性、磁珠表面性质等因素可能导致交叉污染或假阳性/假阴性结果的出现，因此在使用该技术时需要进行严格的质量控制和验证。

随着科学技术的不断进步和生命科学研究领域的不断拓展，IMS 也在不断发展和完善。未来开发具有更高磁响应性、更好生物相容性和更低毒性的新型磁珠材料，以提高分离效率和细胞活性。利用多功能抗体（如双特异性抗体、多价抗体等）实现多种细胞或分子的同时分离和纯化。将微流控技术与免疫磁珠分离技术相结合，实现细胞的快速、高效分离和纯化。通过引入自动化设备和智能化算法，实现 IMS 的自动化操作和智能化分析。将 IMS 与其他生物技术（如基因编辑、细胞治疗等）相结合，拓展其应用领域和价值。

总之，IMS 作为一种高效、特异、简便的细胞分离方法，在多个领域具有广泛的应用价值和发展前景。随着科学技术的不断进步和生命科学研究领域的不断拓展，该技术将在未来发挥更加重要的作用。

三、免疫层析试纸技术

免疫层析试纸技术（immunochromatographic assay strip，ICAS）是一种基

于免疫学原理的快速、简便的检测方法。

(一) ICAS 的原理

ICAS 是基于抗原—抗体反应和层析原理发展起来的一种检测技术。该技术利用抗体与特异性抗原之间的结合作用，将待测物质与特异性抗体结合，形成抗原—抗体复合物。这种复合物在试纸条上移动时，会被另一种特异性抗体所捕获，从而显示出颜色变化。根据颜色变化程度可以判断样品中目标分子的含量。

试纸条通常由样品垫、胶金垫、NC 膜及吸水纸等材料依附在有一定硬度的支架上组成。在检测过程中，液体样品在吸水纸的吸引作用及毛细管作用下，依次通过样品垫、胶金垫、NC 膜，到达吸水纸端。NC 膜上固化有两道线：检测线和质控线。质控线显色指示测试有效，检测线则根据检测模式的不同而呈现红色或不显色，以指示阳性或阴性结果。

ICAS 的检测原理主要有两种：夹心法和竞争法。

夹心法：胶体金标记的抗体或抗原与相应的被检测物结合后，可以被检测线上的另外一株抗体拦截显色，同时多余的金标抗体或金标抗原被质控线上的抗体拦截显色。若样品中不含被检测物，则不能与金标抗体或金标抗原结合，不被检测线拦截显色，而质控线上的抗体则与金标抗体或抗原结合显色。即阴性样品仅有质控线显色，检测线不显色；阳性样品在检测线和质控线同时显色。

竞争法：当样品中的被检测物与金标抗体结合后，就能阻断金标抗体与检测线上的固化物结合，此时胶体金颗粒不在检测线上聚集，也就不显色，多余的金标抗体与质控线上的抗体结合，使金颗粒聚集显色。而如果样品中不含有被检测物，那么也就不能阻断金标抗体与检测线上的固化物结合，此时检测线上将发生胶体金的聚集显色，同样，质控线也因金颗粒的聚集而显色。即检测阴性样品时，结果同时出现检测线和质控线；检测阳性样品时，仅出现质控线，不出现检测线，与夹心法的结果判定恰恰相反。

(二) ICAS 的应用

ICAS 因其简便、快速、灵敏的特点，在医疗、生物学、食品安全等领域得到了广泛应用。

1. 医疗领域

在医疗领域，ICAS 可用于传染病、早期癌症、性病、艾滋病、怀孕、排卵、胎儿畸形等的检测。该技术能够检测100多种抗原物质，包括多种激素、癌症抗原、病毒、细菌、抗体、合成抗原、药物滥用等。试纸检测样品类型包括血液、尿液、乳液、口腔液等，具有操作简便、结果直观、耗时短等优点。

2. 生物学领域

在生物学领域，ICAS可用于生物毒素、抗生素、农药、兽药等小分子物质的检测。这些检测对于生物学研究、环境监测和生态保护具有重要意义。

3. 食品安全领域

在食品安全领域，ICAS可用于食品中农药残留、重金属、食品添加剂等有害物质的检测。这些检测对于保障食品安全、维护消费者健康具有重要意义。

（三）ICAS的优缺点

ICAS作为一种快速、简便的检测手段，在医疗诊断、食品安全、环境监测等多个领域得到了广泛应用。它基于抗原—抗体特异性结合的原理，通过试纸条上的特定层析介质，使样本中的目标分析物与预先固定在试纸上的抗体或抗原发生反应，从而实现对目标物的快速检测。然而，任何一种技术都有其独特的优势和局限性，免疫层析试纸技术也不例外。

ICAS的最大优点在于其操作的简便性和快速性。相比传统的实验室检测方法，如ELISA或高效液相色谱，ICAS不需要复杂的仪器设备，如离心机、分光光度计等。使用者只需按照说明书将样本滴加到试纸条上，经过短暂的等待（通常不超过半小时），即可通过观察试纸条上的颜色变化来初步判断结果。这种简便快捷的操作方式使得该技术特别适合现场快速筛查和初步诊断，尤其是在资源有限或需要快速响应的场合。

试纸条上的颜色变化是免疫层析试纸技术结果的直接体现。当样本中的目标分析物与试纸上的抗体或抗原结合时，会引起试纸条上特定区域的颜色变化，如从白色变为蓝色、红色或其他颜色。这种颜色变化通常非常显著，肉眼即可轻松识别，从而大大简化了结果的判定过程。对于非专业人员来说，也无须经过专业培训即可快速掌握判定方法，这使得该技术具有广泛的适用性。

ICAS的成本相对较低，这是其显著优势之一。试纸条通常采用一次性设计，使用后即可丢弃，避免了交叉污染的风险。同时，由于不需要昂贵的仪器设备，该技术的试剂和耗材成本也相对较低。这使得 ICAS 在大规模推广应用时具有显著的经济优势，特别是在发展中国家或地区，以及需要频繁进行快速筛查的场合。

ICAS 的试纸条通常体积小巧，便于携带和储存。这使得该技术能够在各种环境下进行使用，包括偏远地区、灾区或战场等。此外，试纸条通常具有较长的保质期，即使在不利条件下也能保持其性能稳定，从而确保了检测结果的可靠性。

ICAS 不仅适用于医疗诊断领域，如传染病检测、肿瘤标志物筛查等，还广泛应用于食品安全、环境监测、动物疫病防控等多个领域。其广泛的适用性使得该技术成为一种重要的快速检测手段。

尽管 ICAS 在快速筛查和初步诊断方面具有显著优势，但其通常只能进行定性检测，即判断样本中是否存在目标分析物，而无法提供精确的定量结果。这对于需要精确了解目标分析物浓度的场合来说是一个明显的限制。例如，在医疗诊断中，了解病原体或肿瘤标志物的具体浓度对于制定治疗方案和评估病情进展具有重要意义。因此，在需要定量检测时，ICAS 可能需要与其他定量检测方法相结合使用。

ICAS 的检测结果可能受到多种因素的影响，如样本质量、试纸条性能、环境条件等。这些因素可能导致试纸条上的颜色变化不够明显或产生误导性的结果，即假阳性和假阴性。假阳性结果可能导致不必要的恐慌和治疗干预，而假阴性结果则可能延误疾病的诊断和治疗。因此，在使用 ICAS 时，需要特别注意控制各种影响因素，以提高检测结果的准确性。

ICAS 的试纸条性能可能受到环境温湿度的影响。过高的温度或湿度可能导致试纸条上的抗体或抗原失活，从而降低检测结果的准确性。因此，在使用该技术时，需要严格控制环境条件，确保试纸条在适宜的温度和湿度下进行操作。这限制了 ICAS 在某些极端环境下的应用。

与某些先进的检测技术相比，ICAS 的灵敏度和特异性可能相对较低。这意味着该技术可能无法检测到低浓度的目标分析物，或者可能受到其他非目标分析物的干扰而产生误判。因此，在需要高灵敏度和特异性的场合，如早期疾病筛查或微量残留检测中，ICAS 可能不是最佳选择。

ICAS 的检测原理基于抗原—抗体的特异性结合。因此，该技术的检测结果高度依赖于所使用的抗体或抗原的特异性。如果抗体或抗原的特异性不足，可能导致检测结果不准确或产生误导性的结论。此外，不同来源的抗体或抗原可能具有不同的特异性和亲和力，这也可能影响检测结果的准确性和可靠性。

尽管 ICAS 的结果判定相对简单，但在实际操作过程中仍存在一定的主观性。不同操作者对颜色变化的判断可能存在差异，这可能导致结果的差异性和不一致性。因此，在使用该技术时，需要特别注意操作规范性和一致性，以确保检测结果的准确性和可靠性。

ICAS 具有简单快速、结果易于判定、成本低等优点，但同时也存在只能定性、具有一定的假阳性和假阴性、对环境温湿度有要求等局限性。在实际应用中，需要根据具体需求和条件选择合适的检测方法，并严格控制各种影响因素以提高检测结果的准确性和可靠性。

（四）ICAS 的发展趋势

随着科学技术的不断进步和人们对健康安全的日益关注，ICAS 也在不断发展和完善。未来的发展趋势主要包括以下 4 个方面：

1. 多靶标检测

通过优化试纸条的设计和制备工艺，实现多种靶标的同时检测，提高检测效率和准确性。

2. 定量检测

通过引入更为精密的试纸信号读取仪和新的显色增强策略，实现更为精确的定量检测。

3. 高敏感性检测

通过筛选利用高亲和力的单抗、利用更为敏感的纳米材料作为标志物等方法，提高试纸条的敏感性。

4. 数字化检测

在互联网+时代背景下，将试纸检测技术与数字化技术相结合，实现大规模群体的实时监测和数据收集，为建立预警评价信息平台提供有力支持。

ICAS 作为一种快速、简便、灵敏的检测方法，在医疗、生物学、食品安全等领域得到了广泛应用。虽然该技术还存在一些局限性，但随着科学技术的不断进步和人们对健康安全的日益关注,相信 ICAS 将会在未来得到更为广泛的应用和发展。同时,我们也期待更多的科研人员和企业能够加入这一领域的研发和创新中,共同为人类的健康事业贡献力量。

第二节 分子生物学快速检测技术

一、核酸非等温扩增技术

聚合酶链反应(polymerase chain reaction,PCR)是利用一段 DNA 为模板,在 DNA 聚合酶和核苷酸底物共同参与下,将该段 DNA 扩增至足够数量,以便进行结构和功能分析。PCR 是非等温扩增技术的代表,也是目前应用最广泛、最成熟的核酸扩增技术。其基本原理是:DNA 在体外 95 ℃高温时变性解链成单链,低温时引物与单链按碱基互补配对的原则结合,再调温度至 DNA 聚合酶最适反应温度(如 72 ℃左右),DNA 聚合酶沿磷酸到五碳糖(即 5′-3′)的方向合成互补链。基于这一原理,通过 DNA 变性、引物退火结合以及 DNA 合成的 3 个基本反应步骤的循环往复,使得目的 DNA 得以大量扩增。

根据 PCR 技术的不同特点和应用场景,可以进一步细分为以下类型。

常规 PCR:用于扩增特定的 DNA 片段,是 PCR 技术的基础。

实时荧光定量 PCR:在 PCR 反应体系中加入荧光物质,通过实时监测荧光信号的变化来定量检测 PCR 产物,具有高度的特异性和敏感性。

多重 PCR:在同一反应体系中加入多对特异性引物,实现对多个靶 DNA 片段的同时扩增,提高了检测效率和通量。

巢式 PCR:使用两套引物进行两轮 PCR 扩增,第一轮扩增产物作为第二轮扩增的模板,提高了扩增的特异性和敏感性。

非等温扩增技术的特点在于其高度的特异性和敏感性,能够实现对微量 DNA 或 RNA 的快速扩增和检测。然而,这类技术也存在一些局限性,如:对温度控制的严格要求,非等温扩增技术需要在不同的温度下进行变性、退火和延伸等步骤,因此对温度控制的精度要求较高。仪器设备的依赖性,由于需要精确的温度控制,这类技术通常依赖于昂贵的仪器设备,如 PCR 仪等。潜在的污染风险,在扩增过程中,如果操作不当或试剂污染,可能导致假阳性或假阴性结果的出现。非等温扩增技术在生命科学研究和医学诊断等领域具有广泛的应用价值，但也存在一定的局限性和挑战。随着技术的不断进步和创新，有更多高效、便捷、准确的非等温扩增技术涌现出来。

（一）PCR

PCR 技术是一种分子生物学技术，它基于 DNA 半保留复制的原理，模拟体内 DNA 的天然复制过程，在体外实现 DNA 分子的扩增。

1. PCR 技术的基本原理

PCR 技术的核心原理是利用 DNA 聚合酶在体外扩增特定的 DNA 序列。这一过程通过一系列的加热和冷却循环实现，使 DNA 模板逐步复制，产生大量的目标 DNA 片段。具体来说，PCR 过程包括 3 个基本步骤：变性、退火和延伸。

（1）变性：将反应混合物加热到 94~98 ℃，使双链 DNA 分子间的氢键断裂，从而形成两条单链。这一步骤是 PCR 循环的起始点，为后续引物与模板 DNA 的结合提供了条件。

（2）退火：将温度降低到 50~65 ℃，使引物（一段短的、与目标 DNA 序列两端互补的单链 DNA）与目标 DNA 序列的互补区域结合。引物的设计是关键，它决定了 PCR 扩增的特异性和效率。

（3）延伸：将温度升高到 72 ℃，在耐热 DNA 聚合酶（如 Taq DNA 聚合酶）的作用下，以单链 DNA 为模板，在引物的引导下，利用反应混合物中的 4 种脱氧核苷三磷酸（dNTP）合成新的 DNA 链。这一步骤实现了 DNA 的复制和扩增。

2. PCR 技术的反应组成

PCR 反应体系通常包括以下 5 个关键组成部分。

（1）DNA 模板：待扩增的 DNA 片段，是 PCR 反应的基础。

（2）引物：两条短的单链 DNA，分别与目标序列的两端互补。引物的设计和选择对 PCR 扩增的特异性和效率至关重要。

（3）dNTPs：包括 dATP、dTTP、dCTP 和 dGTP，是合成新 DNA 链的原料。

（4）Taq DNA 聚合酶：一种耐热的 DNA 聚合酶，能够在高温下保持活性，是 PCR 反应中的关键酶。

（5）反应缓冲液：提供适合聚合酶活性的离子环境和 pH。

3. PCR 技术的反应条件及优化

为了获得最佳的 PCR 扩增效果，需要对反应条件进行优化。

引物的长度、GC 含量、退火温度等都会影响引物的特异性和扩增效率。一般来说，引物长度应控制在 20~30 个碱基之间，GC 含量应适中，退火温度值应根据目标序列的特性和扩增需求进行确定。

Mg^{2+} 是 Taq DNA 聚合酶的辅因子，适当的浓度有助于酶的活性。Mg^{2+} 浓度过高或过低都会影响 PCR 扩增的效率。

退火温度是影响 PCR 特异性的关键因素。退火温度过低会导致非特异性扩增，过高则会降低引物结合效率。因此，需要根据引物的特性和目标序列的复杂性来选择合适的退火温度。

4. PCR 技术的操作步骤

PCR 技术的操作步骤通常包括初始变性、循环扩增和最终延伸 3 个阶段。

变性时，将反应混合物加热到 94~98 ℃，保持 25 min，使双链 DNA 完全变性为单链。这一步骤是 PCR 反应的预处理阶段，为后续循环扩增提供了基础。

循环扩增包括变性、退火和延伸 3 个步骤的循环。每个循环中，DNA 模板被逐步复制和扩增。循环次数通常根据目标 DNA 片段的长度和扩增需求来确定。

变性：94~98 ℃，20~30 s。退火：50~65 ℃，20~40 s（具体温度根据引物序列确定）。延伸：72 ℃，30~60 s（时间根据目标片段长度确定，一般按每千碱基 1 min 计算）。

在最后一个循环完成后，通常进行一次 72 ℃，5~10 min 的延伸，以确保所有 DNA 片段完全合成。这一步骤是 PCR 反应的收尾阶段，有助于提高扩增产物的质量和数量。

5. PCR 技术的优点与缺点

（1）优点：PCR 扩增只会对与引物序列互补的模板进行特异的扩增，其特异性要大大优于免疫学方法。它可以扩增一个分子的模板，灵敏度超过其他方法。这使得 PCR 技术在微量 DNA 样本的检测和分析中具有独特优势。整个扩增反应在几十分钟到 1~2 h 内即可完成。这大大缩短了实验时间，提高了工作效率。核酸分子是生物个体最基本、最重要的组分之一，是遗传密码的载体。PCR 技术检测某种生命个体的过程，实际上是通过阅读遗传密码来识别生命个体。因此，这一方法对于任何生物都适用。核酸分子的化学稳定性较好，对样品的耐受性较好，即使保存了几十年的石蜡切片或古尸中的 DNA，也可以进行 PCR 扩增和分析。

（2）缺点：PCR 技术是一种灵敏度非常高的检测方法，操作不当时容易因为污染而产生假阳性结果。主要的污染源是扩增子（即扩增产物 DNA 片段），这些小片段在干燥后可悬浮于空气中形成气溶胶，从而污染 PCR 实验室环境。为了克服这一缺点，可以采用 UTP－UNG 系统等措施来降低扩增子污染导致的假阳性结果。

6. PCR 技术的应用领域

PCR 技术在科研、医学、法医学、环境微生物学和食品安全等领域具有广泛的应用价值。

PCR 技术可用于基因转录研究、基因分型研究、克隆和测序等领域。通过 PCR 技术可以扩增特定基因片段，用于后续克隆、测序和分析。此外，PCR 技术还可以用于研究基因表达水平、染色体异常等生物学问题。

PCR 技术在医学领域的应用非常广泛，包括产前基因检测、遗传性疾病诊断、肿瘤研究等。通过 PCR 技术可以检测怀孕期间的染色体异常和基因突变，为准父母提供有关其孩子患有特定遗传疾病的可能性的重要信息。此外，PCR 技术还可以用于肿瘤细胞的染色体异常研究、体细胞中肿瘤基因和肿瘤抑制基因突变的研究等。在感染性疾病检测方面，PCR 技术可以快速检测细菌、病毒等病原体的存在，为疾病的诊断和治疗提供重要依据。

PCR 技术在法医学领域的应用也非常重要。通过 PCR 技术可以确定样本来源和进行亲子鉴定。此外，PCR 技术还可以在分子考古学中用于扩增文物中的 DNA，为历史研究和人类学研究提供重要线索。

在环境微生物学和食品安全领域，PCR 技术不仅可以用于患者样本中病原体的检测，还可以用于食物和水等基质中病原体的检测。这对于诊断和预防传染病都非常重要。在食品安全方面，PCR 技术可以用于检测食品中的微生物污染和转基因成分等。

随着科技的不断进步和生命科学研究的深入发展，PCR 技术也在不断创新和完善。目前，PCR 技术已经发展出了多种新型技术，如实时荧光定量 PCR（real-time fluorescence quantitative polymerase chain reaction，RTFQ-PCR）、数字 PCR（digital polymerase chain reaction，dPCR）等。

RTFQ-PCR 是在 PCR 定性技术基础上发展起来的核酸定量技术。它通过在 PCR 反应体系中加入荧光基团，利用荧光信号积累实时监测整个 PCR 进程，并通过标准曲线对未知模板进行定量分析。RTFQ-PCR 具有灵敏度高、特异性和可靠性更强、能实现多重反应、自动化程度高、无污染性、实时性和准确性等优点，在分子生物学研究和医学研究等领域得到了广泛应用。

dPCR 是在 PCR 原理的基础上利用芯片和荧光检测技术进行核酸绝对定量检测的新技术。芯片技术是数字 PCR 的核心工艺，通过实现"单分子模板 PCR 扩增"达到定量检测的目的。相对于 RTFQ-PCR，dPCR 可直接读出 DNA 分子的个数，具有更高的灵敏度和准确性。目前，dPCR 还处于导入期，临床应用尚未成熟，但它是未来发展的方向之一。

总之，PCR 技术作为一种高效、特异和灵敏的分子生物学技术，在科研、医学、法医学、环境微生物学和食品安全等领域具有广泛的应用价值。随着科技的不断进步和创新发展，PCR 技术将不断得到完善和推广，为生命科学研究和人类健康事业做出更大的贡献。

（二）荧光定量 PCR（RTFQ-PCR）

RTFQ-PCR 是一种在 PCR 扩增反应体系中加入荧光染料或者荧光基团，通过对扩增反应中每一个循环产物荧光信号的实时检测，最后通过标准曲线对未知模板进行定量分析的方法。

1. RTFQ-PCR 原理

RTFQ-PCR 荧光染料 SYBR Green I 法：在 PCR 反应体系中，加入过量 SYBR 荧光染料，SYBR 荧光染料特异性地掺入 DNA 双链后，发射荧光信号，而不掺入链中的 SYBR 染料分子不会发射任何荧光信号，从而保证荧光信号的增加与 PCR 产物的增加完全同步。TaqMan 探针法：探针完整时，报告基团发射的荧光信号被淬灭基团吸收；PCR 扩增时，Taq 酶的 5′-3′外切酶活性将探针酶切降解，使报告荧光基团和淬灭荧光基团分离，从而荧光监测系统可接收到荧光信号，即每扩增一条 DNA 链，就有一个荧光分子形成，实现了荧光信号的累积与 PCR 产物的形成完全同步。

传统的 PCR 进行检测时，扩增反应后需要进行染色处理及电泳分离，并且只能作定性分析，不能准确定量，且易造成污染出现假阳性，使其应用受到限制。而 RTFQ-PCR 技术不仅实现了对模板的定量，还具有灵敏度高、特异性和可靠性更好、自动化程度高和无污染的特点，使得 RTFQ-PCR 逐渐取代常规 PCR。

2. RTFQ-PCR 的实验流程

RTFQ-PCR 的实验流程通常包括以下 8 个步骤。

（1）准备所需试剂和仪器：包括 PCR 反应体系的各种试剂（如引物、探针、酶等）和 RTFQ-PCR 仪。

（2）设计实验方案：确定需要扩增的目标序列，设计引物和探针。

（3）提取待测样品中的 DNA：确保提取得到高质量的 DNA。可以使用商业 DNA 提取试剂盒进行提取，按照厂家说明进行操作。

（4）测定 DNA 的纯度和浓度：使用比色法或分光光度计检测 DNA 的纯度和浓度，确保测量到的 DNA 适用于 PCR 扩增反应。

（5）稀释 DNA：对提取得到的 DNA 进行稀释，以便在 PCR 反应中使用。确保稀释后的 DNA 浓度恰当，以避免 PCR 反应的干扰。

（6）配制 PCR 反应体系：根据实验设计和目标序列的长度，计算出所需的试剂和反应体系的配比。将引物、探针和模板 DNA 按照适当的比例加入 PCR 反应管中，并加入合适的 PCR 反应缓冲液、酶和核酸酶抑制剂等试剂。

（7）设置 PCR 反应程序：将 PCR 反应管放入 RTFQ-PCR 仪中，设置好 PCR 反应的程序和参数。通常包括预热、变性、退火和延伸等步骤。

（8）启动 PCR 反应：在反应过程中，实时监测 PCR 产物的荧光信号强度，并记录下来。

3. RTFQ-PCR 的数据分析

在 RTFQ-PCR 仪中，可以实时获得 PCR 反应体系中荧光信号的强度和变化趋势。根据实验设计的需要，可以选择合适的荧光信号通道进行监测。

根据荧光信号和 PCR 反应的周期数，可以绘制荧光增幅曲线。通过观察曲线的形态和特征，可以初步判断 PCR 反应的特异性和效果。

使用合适的软件进行数据分析，计算目标序列的相对表达量。一般可以使用标准曲线法或比较阈值循环数法等方法进行分析。

根据数据分析的结果和实验设计的目的，判断目标序列的表达量或突变情况。

4. RTFQ-PCR 中的对照

对照的目的是对检测的各个环节进行监控，确保实验结果的准确性和可靠性。RTFQ-PCR 中的对照主要包括以下 8 种。

（1）阳性对照和阴性对照：是指在相同的处理条件下，比如一份已知的感染样品和一份已知的未感染样品，都进行了提取和扩增最终获得了阳性结果和阴性结果。

（2）扩增对照：扩增试剂盒中附带的不需要提取的阳性对照和阴性对照，更准确的定义应该是扩增阳性对照和扩增阴性对照。扩增阳性对照含有阳性扩增模板，扩增阴性对照应含有阴性扩增模板（基质核酸）。扩增对照只能监控每次扩增过程中的扩增系统是否正常，不能监控采样、提取和每份样品的操作过程。

（3）内标（internal control，IC）：指在同一反应管中与靶序列共同扩增的一段非靶序列分子。内标有两种形式，一种是使用天然样品中含有的内参基因作为内标，另一种是人工添加的内标。内参基因通常是持家基因（house-keeping gene），因为其表达水平受环境因素影响较小，而且在个体各个生长阶段的几乎全部组织中持续表达变化很小。常用的内参基因包括 GAPDH、β-actin（BETA-actin）、18sRNA、B2M、HPRT 和 TBP 等。

（4）核酸提取对照：可以使用内参基因、假病毒混合基质、灭活病毒混合基质来监控提取到扩增的流程。

（5）反转录对照（RT control）：可以使用提取好的 RNA 内参基因、RNA 假病毒混合基质、灭活 RNA 病毒混合基质来监控反转录到扩增的流程。无反转录对照（no-RT control）含有除反转录酶以外的所有成分。

（6）无模板空白对照（NTC）：是指不含有模板（阳性模板或者阴性模板）的对照。目前的试剂盒的 NC 一般都是水或阴性缓冲液，所以 NC 等同于 NTC。

（7）仪器空白对照：含有引物探针和反应液，主要监控引物探针、反应体系有没有被污染。

（8）荧光染料对照：最常使用的是 ROX 染料，由于 RTFQ-PCR 的荧光信号在每个样品孔会有微小的差异,所以使用特定的 ROX 荧光染料,系统可以根据 ROX 荧光染料的信号值来校准每孔的荧光信号。

5. RTFQ-PCR 的应用

RTFQ-PCR 以其高灵敏度、高特异性和高分辨率等优点,在多个领域得到了广泛的应用。

在基因表达分析和丰度检测方面,RTFQ-PCR 被广泛应用于细胞、组织或样品中特定基因的表达量检测。这对于理解基因功能、揭示生物体生长发育规律以及探索疾病发生机制具有重要意义。

RTFQ-PCR 成为病原体检测和遗传病筛查的重要手段。通过检测血液、体液或组织样本中的病原体 DNA 或 RNA,可以快速准确地诊断出感染性疾病,如乙肝、丙肝、艾滋病等。同时,该技术还可以用于遗传病的筛查和产前诊断,通过检测胎儿 DNA 中的突变基因,预测和诊断遗传性疾病的发生风险。

通过检测食品中的致病菌(如沙门氏菌、大肠杆菌等)和转基因成分(如转基因作物中的外源基因),RTFQ-PCR 可以确保食品的安全性和合规性。该技术能够快速准确地检测出食品中的微量有害物质,为食品安全监管提供有力支持。

通过检测植物基因组中的突变和表达量变化,RTFQ-PCR 可以评估作物的生长发育情况和适应性,为作物遗传改良和品种鉴定提供科学依据。

6. RTFQ-PCR 的注意事项

在进行 RTFQ-PCR 实验时,实验过程中要注意无菌操作,避免引入外源性 DNA 污染。严格控制 PCR 反应的温度和时间,确保反应条件的一致性。选择合适的引物和探针,确保 PCR 反应的特异性和灵敏度。对实验过程中的试剂和仪器进行质量控制,确保实验结果的准确性和可靠性。在数据分析过程中,要注意排除干扰因素和误差,确保结果的可靠性。

RTFQ-PCR 是一种快速、准确、灵敏的 DNA 定量技术,在多个领域得到了广泛的应用。通过严格控制实验步骤和条件以及合理选择引物和探针,可以获得准确可靠的实验结果。同时,在实验过程中需要注意无菌操作和质量控制以确保实验的成功和结果的可靠性。

(三)多重 PCR

多重 PCR(multiplex polymerase chain reaction,M-PCR)是一种在单一

PCR 反应中同时扩增多条目的 DNA 序列的技术。这种技术通过在同一反应体系中加入多对特异性引物，实现对多个靶 DNA 片段的同时扩增，从而大大提高了 PCR 的检测效率和通量。

1. M-PCR 的原理

M-PCR 的基本原理与常规 PCR 相似，都是基于 DNA 双链复制的生物学过程。不同之处在于，M-PCR 在同一反应体系中加入了多对特异性引物，这些引物分别与目标 DNA 序列的特定区域结合，并在 DNA 聚合酶的作用下进行复制。由于每对引物只与目标 DNA 序列的一部分区域结合，因此可以实现对多个靶 DNA 片段的同时扩增。

2. M-PCR 的应用

M-PCR 因其高效、快速的特性，在多个领域得到了广泛应用。

M-PCR 可以同时检测多种病原体，如病毒、细菌、真菌等，为感染性疾病的快速诊断提供了有力工具。例如，在新型冠状病毒感染期间，M-PCR 技术被广泛应用于新冠病毒的快速筛查和确诊。

M-PCR 可以一次性检测多个与遗传病相关的基因变异，为遗传病的早期筛查和诊断提供了可能。这对于预防遗传病的发生、降低出生缺陷率具有重要意义。

在法医物证鉴定中，M-PCR 技术可以实现对多个生物标志物的同时检测，如 DNA 分型、性别鉴定等，为案件的侦破提供了有力证据。

M-PCR 技术可以实现对食品中多种有害微生物的快速检测，如沙门氏菌、大肠杆菌等，为保障食品安全提供了技术支持。

在环境监测领域，M-PCR 技术可以实现对环境中多种污染物的快速检测，如重金属、有机污染物等，为环境保护提供了科学依据。

3. M-PCR 的注意事项

尽管 M-PCR 具有许多优点，但在实际应用中仍面临一些挑战，如引物间的相互作用、非特异性扩增等。

因此要确保每对引物只与目标 DNA 序列的特定区域结合，避免引物间的交叉反应。保持适当的引物长度（通常为 18~25bp）和 GC 含量（通常为 40%~60%），以提高扩增效率和特异性。检查引物间的互补性，避免形成引物二聚体或发夹结构。根据引物的特异性和 GC 含量选择合适的退火温度，以确保引物与目标 DNA 序列的正确结合。Mg^{2+} 是 DNA 聚合酶的辅因子，其浓度对扩增效率有重要影响。需要根据实验条件进行适当调整。dNTP 是 DNA 复制的原料，其浓度过高或过低都会影响扩增效率。需要保持适当的 dNTP 浓度。确保模板 DNA 的纯度，避免污染物的干扰。根据实验需求调整模板 DNA 的浓度，以提高扩增效率。在 PCR 扩增前进行预变性处理，使模板 DNA 双链完全解开。根据实验需求选择合适的循环次数，避免过度扩增导致非特异性扩增或引物耗尽。

4. M-PCR 的挑战与解决方案

尽管 M-PCR 技术具有许多优点，但在实际应用中仍面临一些挑战。

（1）引物间的相互作用可能导致引物二聚体的形成，从而影响扩增效率。因此要通过调整引物设计、优化反应条件、增加引物间的距离等方法来减少引物间的相互作用。

（2）非特异性扩增可能导致假阳性结果的出现。通过优化引物设计、调整反应条件、使用特异性更强的引物等方法来减少非特异性扩增。

（3）灵敏度不足，M-PCR 的灵敏度可能受到多种因素的影响，如引物浓度、模板 DNA 质量等。通过优化引物浓度、提高模板 DNA 质量、增加循环次数等方法来提高多重 PCR 的灵敏度。

（4）扩增效率不均一，在 M-PCR 中，不同靶 DNA 片段的扩增效率可能存在差异。通过调整引物设计、优化反应条件、使用等量扩增策略等方法来减少扩增效率的不均一性。

5. M-PCR 的未来发展趋势

随着生物技术的不断发展和完善，M-PCR 技术也呈现出一些新的发展趋势。

高通量测序技术的快速发展为 M-PCR 提供了更广阔的应用空间。通过将 M-PCR 与高通量测序相结合，可以实现对大量样本的同时检测和数据分析，为疾病研究、遗传病筛查等领域提供更加准确、全面的信息。

随着计算生物学和人工智能技术的不断发展，新型引物设计算法不断涌现。这些算法可以更加准确地预测引物的特异性和扩增效率，从而提高 M-PCR 的准确性和可靠性。

微流控技术是一种新兴的微纳加工技术，可以实现对微量液体的精确操控。通过将微流控技术与 M-PCR 相结合，可以实现对样本的微量处理和高效扩增，为疾病的早期诊断和治疗提供更加灵敏、快速的方法。

随着个性化医疗的不断推进，M-PCR 技术将在其中发挥重要作用。通过检测个体的基因变异和表达水平等信息，可以为患者提供更加精准的治疗方案和预后评估。

M-PCR 技术是一种高效、快速的分子生物学技术，在多个领域得到了广泛应用。通过优化引物设计、反应条件、模板 DNA 质量等方面，可以克服 M-PCR 在实际应用中的挑战，提高其准确性和可靠性。随着生物技术的不断发展和完善，M-PCR 技术将呈现出更加广阔的发展前景和应用空间。在未来的研究中，我们需要继续探索 M-PCR 技术的优化策略和应用领域，为推动生命科学的发展做出更大的贡献。

（四）巢式 PCR

巢式 PCR（nested PCR，nPCR）是一种在分子生物学研究中常用的技术，主要用于扩增特定的 DNA 片段，并提高 PCR 扩增的特异性和灵敏度。

1. nPCR 的定义与原理

nPCR 又称为套式 PCR，是利用两套 PCR 引物（外引物和内引物）对目的基因片段进行两轮 PCR 扩增的反应。在第一轮 PCR 反应中，使用一对外引物对目的 DNA 进行扩增，生成大量的 DNA 模板。在第二轮 PCR 反应中，以内引物（通常位于第一轮 PCR 产物内部）对第一轮 PCR 产物进行再次扩增，从而得到大量的目的 DNA 片段。

nPCR 的原理基于 DNA 双链复制和 PCR 扩增的基本过程。在 DNA 复制过程中，以 DNA 双链为模板，在 DNA 聚合酶的催化下，按照碱基互补配对原则合成新的 DNA 链。PCR 扩增则是利用 DNA 双链复制的原理，在体外对特定的 DNA 片段进行大量扩增。nPCR 通过两轮 PCR 扩增，进一步提高了扩增的特异性和灵敏度。

2. nPCR 的步骤

nPCR 通常包括以下 5 个步骤。

（1）样本准备：提取待检测的 DNA 样本，确保其质量和纯度。这通常包括从组织、细胞或体液中提取 DNA，并进行适当的纯化。

（2）第一轮 PCR：使用外引物对 DNA 样本进行第一轮 PCR 扩增。外引物通常是根据目的 DNA 片段的两侧序列设计的，能够特异性地扩增目标片段。

（3）产物纯化：将第一轮 PCR 产物进行纯化，去除未扩增的 DNA 模板、引物和其他杂质。这有助于提高第二轮 PCR 的特异性和灵敏度。

（4）第二轮 PCR：使用内引物对第一轮 PCR 产物进行第二轮 PCR 扩增。内引物通常位于第一轮 PCR 产物内部，能够进一步特异性地扩增目标片段。

（5）产物检测：通过电泳、测序或其他方法检测第二轮 PCR 产物，确认目的 DNA 片段的扩增情况。

3. nPCR 的特点与优势

nPCR 具有高特异性，由于使用了两套引物进行两轮 PCR 扩增，nPCR 能够特异性地扩增目标 DNA 片段，减少非特异性扩增和污染的可能性。nPCR 能够扩增微量 DNA 样本，提高检测的灵敏度。这对于低拷贝数 DNA 的检测具有重要意义。在第一轮 PCR 扩增后，通过产物纯化去除未扩增的 DNA 模板和引物，可以减少第二轮 PCR 中的污染风险。nPCR 可以与 M-PCR 技术结合，同时检测多个目标 DNA 片段。这有助于在有限的样本中同时获取多种信息。

4. nPCR 的应用

nPCR 在分子生物学研究中具有广泛的应用，包括但不限于以下 5 个方面。

nPCR 可用于检测病毒、细菌、真菌等病原体的 DNA 或 RNA。通过设计针对病原体特异性序列的引物，可以实现对病原体的快速、准确检测。这对于传染病的诊断和治疗具有重要意义。

nPCR 可用于检测遗传性疾病相关的基因突变或缺失。通过扩增目标基因片段并进行测序分析，可以确定是否存在基因突变或缺失，为遗传性疾病的诊断提供有力证据。

nPCR 在法医鉴定中具有重要意义。通过扩增特定的 DNA 片段，如 STR（短串联重复序列）位点，可以进行个体识别和亲子鉴定。这有助于解决刑事案件和民事纠纷中的身份问题。

nPCR 可用于研究生物多样性和物种分布。通过扩增特定物种的 DNA 片段并进行测序分析，可以了解物种间的遗传关系和进化历史。这对于保护生物多样性、维护生态平衡具有重要意义。

nPCR 可用于检测食品中的有害微生物和转基因成分。通过设计针对有害微生物或转基因成分的特异性引物，可以实现对食品的快速、准确检测。这有助于保障食品安全和消费者权益。

5. nPCR 的实验设计

在进行 nPCR 实验设计时，引物的设计是 nPCR 实验的关键。外引物和内引物应该分别位于目标 DNA 片段的两侧和内部，且长度、碱基组成和退火温度等参数需要合理设计。引物的特异性越高，扩增的特异性就越好。

模板 DNA 的质量对 nPCR 的扩增效果具有重要影响。模板 DNA 应该具有高纯度、无降解和适当的浓度。如果模板 DNA 质量不佳，可能会导致扩增效果不佳或失败。PCR 反应条件包括退火温度、延伸时间和循环次数等参数。这些参数需要根据引物的特性和模板 DNA 的浓度进行合理调整。适当的 PCR 反应条件可以提高扩增的特异性和灵敏度。

在第一轮 PCR 扩增后，需要进行产物纯化以去除未扩增的 DNA 模板和引物。产物纯化的方法包括凝胶电泳纯化、磁珠纯化等。选择合适的纯化方法可以提高第二轮 PCR 的特异性和灵敏度。产物检测是 nPCR 实验的重要环节。常用的检测方法包括电泳、测序和 RTFQ-PCR 等。这些方法可以确认目的 DNA 片段的扩增情况，并评估扩增的特异性和灵敏度。

6. nPCR 的实验操作注意事项

在进行 nPCR 实验操作时，需要注意事项大概有以下 5 个方面。

（1）防止污染：PCR 实验过程中容易受到污染的影响，如 DNA 模板污染、引物污染和试剂污染等。因此，在实验过程中需要采取严格的防污染措施，如使用无菌操作技术、戴手套和口罩、定期更换实验服等。

（2）引物质量控制：引物的质量对 nPCR 的扩增效果具有重要影响。引物应该具有高纯度、无降解和适当的浓度。如果引物质量不佳，可能会导致扩增效果不佳或失败。因此，在实验前需要对引物进行质量控制和检测。

（3）模板 DNA 浓度调整：模板 DNA 的浓度对 nPCR 的扩增效果具有重要影响。如果模板 DNA 浓度过高或过低，可能会导致扩增效果不佳或失败。因此，在实验前需要对模板 DNA 进行浓度调整和检测。

（4）PCR 反应条件优化：PCR 反应条件需要根据引物的特性和模板 DNA

的浓度进行合理调整。适当的 PCR 反应条件可以提高扩增的特异性和灵敏度。因此，在实验过程中需要对 PCR 反应条件进行优化和调整。

（5）产物纯化与检测：在第一轮 PCR 扩增后，需要进行产物纯化以去除未扩增的 DNA 模板和引物。产物纯化的方法需要选择合适且有效的纯化方法。同时，在第二轮 PCR 扩增后，需要对产物进行检测以确认目的 DNA 片段的扩增情况。常用的检测方法包括电泳、测序和 RTFQ-PCR 等。

本实验通过 nPCR 技术成功检测了病毒在感染细胞中的存在情况。实验结果表明，nPCR 技术具有高度的特异性和灵敏度，能够用于病毒等病原体的快速、准确检测。

7. nPCR 与常规 PCR、RTFQ-PCR 的比较

RTFQ-PCR 相比，nPCR 更侧重于提高扩增的特异性和灵敏度，而不是实时监测和定量。RTFQ-PCR 通常用于定量分析目标 DNA 片段的浓度，而 nPCR 则更适用于需要高特异性和灵敏度的扩增场景。

nPCR 具有极高的特异性和灵敏度。由于第二套引物位于第一轮 PCR 产物内部，非目的片段包含两套引物结合位点的可能性极小，因此 nPCR 可以有效避免非特异性扩增的污染。常规 PCR 特异性和灵敏度适中。适用于一般的 DNA 扩增需求。M-PCR 特异性和灵敏度可能受到引物间相互作用的影响。需要优化引物设计和反应条件以确保多个目标 DNA 片段的同时扩增。RTFQ-PCR 特异性和灵敏度较高，但受限于荧光染料或探针的选择和性能。适用于定量分析目标 DNA 片段的浓度。

nPCR 常用于临床检验、病毒检测、肿瘤基因扩增等需要高灵敏度和特异性的场景。如在 HIV、梅毒螺旋体、肿瘤基因等检测中广泛应用。常规 PCR 适用于一般的 DNA 扩增需求，如遗传病诊断、致病病原体检测等。M-PCR 适用于多种病原微生物、遗传病及癌基因的同时检测或鉴定。如在肝炎病毒感染检测、核酸检测、肿瘤检测等领域应用广泛。RTFQ-PCR 适用于定量分析目标 DNA 片段的浓度，如 mRNA 检测、基因型分析、转基因生物检测等。

nPCR 操作相对复杂，需要两轮 PCR 扩增和两对引物的设计。但由于高特异性和灵敏度，对于某些应用场景来说是值得的。常规 PCR 操作简便，只需一轮 PCR 扩增和一对引物的设计。适用于一般的 DNA 扩增需求。M-PCR 操作相对复杂，需要优化引物设计和反应条件以确保多个目标 DNA 片段的同

时扩增。

但可以同时检测多个目标基因，提高了检测效率。RTFQ-PCR 操作相对简便，但需要特定的荧光染料或探针以及实时监测系统。适用于定量分析目标 DNA 片段的浓度。

nPCR 与其他 PCR 技术相比具有独特的优势和适用范围。在选择 PCR 技术时，需要根据具体的应用场景、目标 DNA 片段的特性以及实验条件等因素进行综合考虑。

二、核酸等温扩增技术

核酸等温扩增技术是一种基于恒温扩增的新型核酸扩增技术，它可以在恒定的温度下通过添加不同活性的酶和各自特异性引物来达到快速核酸扩增的目的。

等温扩增技术利用一种特殊的 DNA 聚合酶，该酶具有内切酶活性和 DNA 依赖 DNA 聚合酶活性。在等温条件下，该酶能够识别 DNA 的特定序列，在该序列上切割 DNA 链，并且在切割的 DNA 链上进行 DNA 依赖的 DNA 聚合反应。这样就能够在等温条件下实现 DNA 的无限扩增。

具体来说，等温扩增技术的原理包括以下几个步骤：将待扩增的 DNA 样品与含有特定引物的混合物共同加入反应体系中。引物是一种短的寡核苷酸序列，它们能够与待扩增的 DNA 序列互补结合。在等温条件下，引物能够与 DNA 序列结合形成引物—模板复合物。特殊的 DNA 聚合酶开始作用于引物—模板复合物。该酶能够在引物的引导下，在复合物的 DNA 模板上进行 DNA 依赖的 DNA 合成，合成新的 DNA 链。同时，该酶还具有内切酶活性，能够在 DNA 链上特定的序列处进行切割。切割产生的 DNA 链上的 3′端和 5′端分别与引物结合，形成新的引物—模板复合物。这样就形成了一个循环，原来的 DNA 模板被不断地复制和切割，从而实现了 DNA 的扩增。

等温扩增技术整体扩增反应可以在 30~60 min 内完成，扩增出 10^{10} 倍靶序列拷贝，比传统 PCR 技术更加快速和高效。扩增反应的全过程均在同一温度下进行，对仪器的要求简化，反应时间大幅缩短，可通过加热模块、水浴槽等简单的，甚至是非专业的设备完成反应。能够检测到极低浓度的核酸样本，适用于微量样本的检测。通过设计特异性引物，可以实现对特定 DNA 或

RNA 片段的扩增，避免了非特异性扩增的干扰。

等温扩增技术包括多种不同的方法，如环介导的等温扩增（loop-mediated isothermal amplification，LAMP）、依赖解旋酶的等温扩增（helicasedependent amplification，HDA）、重组酶聚合酶扩增（recombinase polymerase amplification，RPA）等。这些方法都是通过在恒温条件下进行核酸扩增，避免了传统 PCR 技术中需要反复加热和降温的过程。

等温扩增技术在多个领域都有广泛的应用，等温扩增技术可用于病原体检测、基因突变检测等，为疾病的早期诊断和治疗提供有力支持。等温扩增技术可用于生物样本的快速检测，有助于保障生物安全。等温扩增技术可用于生物芯片的制备和检测，为高通量筛选和快速检测提供技术支持。等温扩增技术可用于食品中病原体、添加剂、过敏原等的快速检测，保障食品安全。等温扩增技术可用于环境中微生物、污染物等的快速检测，为环境保护提供技术支持。

随着技术的不断发展，等温扩增技术将在更多领域得到应用。未来，等温扩增技术可能会朝着更高灵敏度、更高特异性、更简便易操作的方向发展。同时，等温扩增技术与其他技术的结合也将为科学研究和临床应用带来更多新的可能性和机遇。

等温扩增技术是核酸体外扩增技术，其反应过程始终在一个恒定的温度下进行，通过在反应体系中添加不同活性的酶和各种特异性的引物来达到快速扩增的目的。等温扩增技术的种类多样：

LAMP 针对靶基因的 6 个区域设计 4 种特异引物，在链置换 DNA 聚合酶（如 Bst DNA polymerase）的作用下，基因模板、引物、链置换型 DNA 合成酶等在 60~65 ℃进行恒温扩增，60 min 左右即可实现 10^{10} 倍的核酸扩增。操作简单、特异性强、产物易检测。LAMP 扩增后可产生大量具有不同长度、不同数目茎环结构和反向重复序列的 DNA 混合物，且随着扩增反应的不断进行，副产物焦磷酸镁的含量也在不断增加，LAMP 具有极高的灵敏度和特异性，因此可以通过浊度分析、染色检测、电泳、电化学传感器、横向流动试纸条等多种方式对扩增产物进行判定。LAMP 应用于病原微生物检测和传染性疾病诊断等领域，如 SARS、AIV、HIV、COVID-19 等疾病的检测。

RPA 的重组酶与引物结合形成的蛋白质—DNA 复合物能在双链 DNA 中寻

找同源序列。一旦引物定位了同源序列，就会发生链交换反应形成并启动 DNA 合成，对模板上的目标区域进行指数式扩增。被替换的 DNA 链与单链 DNA 结合蛋白（single-stranded DNA-binding protein，SSB）结合，防止进一步替换。反应速度快，一般可在 10 min 之内获得可检出水平的扩增产物；灵敏度高，可达到单分子水平；特异性强，可通过引物的互补配对实现；操作简单，无须特殊仪器或试剂。应用于病原微生物检测、遗传疾病诊断、食品安全检测等。

滚环扩增（rolling circle amplification，RCA）以环状 DNA 为模板，通过一个短的 DNA 引物（与部分环状模板互补），在 phi29 DNA 聚合酶催化下将 dNTPs 转变成单链 DNA，此单链 DNA 包含成百上千个重复的模板互补片段。高效率，指数 RCA 的效率可达到 10^{12} 倍；高灵敏度，可达到单分子水平；高通量，可以在靶目标上形成闭合的环状序列，确保 RCA 产生的信号集中在一点，从而实现原位扩增和载片扩增。应用于病原微生物检测、遗传疾病诊断、SNP 分析、原位杂交检测等。

交叉引物恒温扩增（cross-priming amplification，CPA）针对目的基因 4 或 5 个区域设计 4 或者 5 条特异性引物，利用具有链置换特性的 Bst DNA 聚合酶、甜菜碱，在 63 ℃左右条件下进行高效、快速、高特异地扩增靶序列。扩增效率高、特异性强。用于多种病原微生物的检测。

链置换扩增（strand displacement amplification，SDA）基于酶促反应的 DNA 体外等温扩增技术，主要利用限制性内切酶剪切 DNA 识别位点的能力和 DNA 聚合酶在切口处向 3′延伸并置换下游序列的能力，在等温条件下进行扩增，操作相对简单，可应用于 DNA 的体外扩增。

依赖解旋酶的等温 DNA 扩增技术（helicasedependent amplification，HDA）模拟体内 DNA 复制的自然过程，利用解旋酶在恒温下解开 DNA 双链，再由 DNA 单链结合蛋白稳定已解开的单链为引物提供模板，然后在 DNA 聚合酶的作用下合成互补的双链，继而不断重复上述循环扩增过程，最终实现靶序列的指数式增长。操作简单，无须特殊仪器或试剂；反应快速，30 min 内即可得到结果；成本低廉，只需两种酶和两条引物。但灵敏度和特异性较低，容易发生非特异性扩增和污染；反应温度较高，需要耐高温的酶和引物；反应体系不稳定，易受到抑制剂和杂质的影响。应用于 DNA 靶序列的检测。HDA

模拟体内 DNA 半保留复制过程，该反应在 37 ℃ 左右进行，依赖于解旋酶、SSB、DNA 聚合酶及一对引物。HDA 反应迅速、灵敏度高、全程恒温，可直接用于热处理裂解后的鼻咽拭子样本。

核酸序列依赖扩增（nucleic acid sequence-based amplification，NASBA）技术利用逆转录酶、RNA 复制酶和 RNase H，在 41 ℃ 的恒定温度下，对 RNA 靶序列进行指数级扩增。该技术需要 3 条引物，其中一条引物带有 T7 启动子序列，逆转录酶将 RNA 靶序列转录为 cDNA，RNA 复制酶将 cDNA 转录为多条 RNA，RNase H 将 RNA-DNA 杂合体降解，从而实现扩增。灵敏度高，可达到单分子水平；特异性强，可通过引物的互补配对和 T7 启动子序列实现；可实现多重检测和定量检测。但需要三条引物和三种酶，增加了反应成本和复杂度；反应速度较慢，需要 2 h 以上；反应体系不稳定，易受到抑制剂和杂质的影响。应用于 RNA 靶序列检测、基因表达分析、miRNA 检测等。

切刻内切酶介导恒温扩增技术（nicking enzyme mediated isothermal amplification，NEMA）在核酸切口内切酶切刻形成的裂口处，通过聚合酶的作用以 dNTPs 为原料从裂口处的 3′端聚合延伸，置换出等位的 DNA 链，由此又形成了新的完整的含有切刻酶识别位点的 DNA 序列。这条双链再次被核酸切口内切酶识别切割，进而开始"聚合—切刻"的循环，产生大量被置换下来的 DNA 单链，形成指数级扩增。效率高，可达到 10^9 倍；灵敏度高，可达到单分子水平；特异性强，可通过切刻酶的识别位点和引物的互补配对实现；可实现多重检测和定量检测。但需要切刻酶和 dUTP，增加了反应成本和复杂度；反应速度较慢，需要 1 h 以上；反应体系不稳定，易受到抑制剂和杂质的影响。应用于病原微生物检测、遗传疾病诊断、基因表达分析等。

各种等温扩增技术各有优劣，选择哪一种技术需要根据具体需求和条件来决定。

（一）环介导等温扩增

LAMP 是一种新型的核酸扩增技术，具有高特异性、高效、快速和易于操作等优点，以下是对 LAMP 技术的详细阐述。

1. LAMP 技术的历史背景与基本原理

LAMP 技术由日本学者 Tsugunori Notomi 在 2000 年首次提出，并发表在 Nucleic Acids Research 杂志上。该技术依赖于识别保守序列 DNA 的 6 个特异性片段的 4 条引物（2 条外引物和 2 条内引物）和一种链置换 DNA 聚合酶（Bst DNA polymerase）。LAMP 技术的主要原理是 DNA 在 65 ℃左右可以处于动态平衡状态，在此温度下，利用 4 条特异性引物和一种链置换 DNA 聚合酶，使链置换 DNA 的合成不停地自我循环，从而实现核酸的快速扩增。

2. LAMP 技术的引物设计与反应体系

LAMP 技术的引物设计相对复杂，需要确定目标基因上的 6 个特异性区域（F3、F2、F1、B1、B2、B3），并依据这些区域设计 4 条引物：正向内引物（FIP）、反向内引物（BIP）、正向外引物（F3）和反向外引物（B3）。其中，FIP 和 BIP 由两个部分组成，中间以 TTTT 作为间隔。引物的设计需要特别注意碱基组成、GC 含量、二次结构等问题，以确保扩增的特异性和效率。

LAMP 反应体系一般包括 4 条引物、Bst DNA 聚合酶缓冲液、具有链置换特性的 Bst DNA 聚合酶、dNTP（脱氧核糖核酸三磷酸底物）、模板 DNA、甜菜碱、Mg^{2+} 等。反应过程中，从 dNTP 析出的焦磷酸根离子与反应溶液中的 Mg^{2+} 结合，产生副产物焦磷酸镁，形成乳白色沉淀，这可以作为反应的一个直观指标。

3. LAMP 技术的扩增原理与过程

LAMP 反应可分为复制起始、循环扩增和延伸 3 个阶段。

复制起始阶段，在 65 ℃条件下，双链 DNA 处于动态平衡稳定状态。一条 LAMP 引物（如正向外部引物 F3）可以与双链靶基因中的互补序列结合，利用 DNA 聚合酶的链置换活性启动 DNA 合成，从而取代并释放另一条单链 DNA。随后，正向内部引物 FIP 与释放的单链 DNA 模板结合，启动 DNA 的合成。在 DNA 聚合酶链置换活性作用下，合成了一条与模板 DNA 序列互补的 DNA 链。正向外部引物 F3 再次与目标 DNA 中的互补序列结合，启动链置换 DNA 合成，最终再次形成双链模板 DNA，并释放 FIP 连接的互补链。该互补链的 5′端与 F1 区域互补，形成茎环结构。接着，反向内部引物 BIP 与茎环状 DNA 的单链区结合，启动 DNA 合成。随后，反向外部引物 B3 与互补区域结合，在链置换 DNA 聚合酶的作用下引导双链 DNA 的合成，并释放 BIP 引导合成的哑铃状互补链。该链即为 LAMP 反应进入循环扩增阶段的起始材料。

循环扩增阶段，哑铃状 DNA 链通过 F1 区 3′端自身引导的 DNA 合成迅速转化为茎环结构。FIP 与茎环状 DNA 的单链区结合，开始链置换合成，解离出之前的合成链。这条释放的单链 DNA 由于 3′端存在互补区，也会形成茎环结构。随后，以该链 3′端作为起始位点，继续引导以自身为模板的 DNA 合成，并释放之前 FIP 引导合成的互补链。此次释放的单链 DNA 由于两端分别存在互补区，因此形成哑铃状结构。哑铃状结构迅速以 3′末端的区段为起点，以自身为模板合成 DNA。进而 BIP 与另一区结合，引导链置换 DNA 合成，释放之前由另一引物合成的 DNA 链。随后产生新的结构和哑铃状 DNA。循环往复，实现 DNA 的快速扩增。

延伸阶段，由茎环状 DNA 为模板，BIP 与单链区结合，启动链置换 DNA 合成，形成茎环状 DNA。继而以其 3′端为起始位点，引导以自身为模板的链置换 DNA 合成，产生长短不一的两条新茎环状结构的 DNA。BIP 引物上的另一区域与茎环状 DNA 杂交，启动新一轮扩增，且产物 DNA 长度增加一倍。因此，扩增的最后产物是具有不同个数茎环结构、多环花椰菜样结构的 DNA 的混合物。

4. LAMP 技术的检测方法

LAMP 技术的检测方法多种多样，包括肉眼直接观察法、浊度仪实时定量法、比色法等。

肉眼直接观察法：LAMP 反应能产生大量的扩增产物即焦磷酸镁白色沉淀。这些沉淀可以通过肉眼直接观察，从而判断扩增反应是否发生。这种方法简单快捷，不需要复杂的检测设备。

浊度仪实时定量法：通过浊度仪检测可以实时监控反应过程。浊度仪检测是通过检测沉淀物的生成来达到实时检测的目的。然而，非特异性扩增及二聚体产生也会导致沉淀物的变化，最终导致浊度检测出现偏差。因此，在使用浊度仪进行实时定量时需要注意控制反应条件，避免非特异性扩增的发生。

比色法：比色法是通过添加荧光染料（如 SYBR Green I、EvaGreen 等）或荧光指示剂（如钙黄绿素、羟基萘酚蓝等）来判断扩增反应是否发生。这些染料或指示剂在与 DNA 结合后会发出荧光或改变颜色，从而可以通过观察颜色变化来判断扩增结果。比色法具有灵敏度高、操作简便等优点，但需要注意选择合适的染料或指示剂以及控制反应条件。

5. LAMP 技术的优缺点

（1）技术的优点：恒温扩增，简化设备需求，降低成本。LAMP 技术最显著的特点之一是其恒温扩增的特性，这一特性意味着 LAMP 在扩增阶段不需要像传统 PCR（聚合酶链式反应）那样依赖昂贵的热循环仪进行温度的周期性变化。相反，LAMP 可以在一个恒定的温度下（通常在 60~65 ℃ 之间）进行，这使得它对设备的要求大大降低，不仅减少了实验成本，还简化了实验流程，提高了操作的便捷性。这对于资源有限的实验室或现场快速检测尤为有利，使得 LAMP 技术在基层医疗、偏远地区以及紧急情况下的病原体检测中具有广泛的应用潜力。

视觉直观检测，简化检测流程，提高可及性。LAMP 技术的另一个重要优点是可以通过肉眼直接观察反应结果。在扩增过程中，随着 DNA 双链的不断合成，会产生大量的焦磷酸镁沉淀，形成白色的浑浊现象。这种变化可以通过简单的肉眼观察来判断扩增是否成功，无须依赖复杂的荧光检测设备或电泳分析。这一特性极大地提高了 LAMP 技术的可及性和易用性，使得非专业人员也能快速掌握并应用，特别适合于现场快速筛查和初级诊断。

反应速度快，高效扩增，缩短检测时间。LAMP 技术的扩增效率极高，通常在 15~60 min 内就能实现高达 10^{10} 倍的 DNA 扩增。这一速度优势使得 LAMP 技术成为快速诊断工具的理想选择，尤其是在感染性疾病的早期诊断中，能够迅速提供检测结果，为及时治疗和疫情控制赢得宝贵时间。

敏感性高，多重引物，提高检测准确性。LAMP 技术采用多组引物（通常包括内引物和外引物）进行扩增，这些引物能够特异性地识别目标 DNA 序列的不同区域，从而大大提高了检测的特异性和敏感性。即使在目标 DNA 含量极低的情况下，LAMP 也能有效扩增，准确检测出病原体。这一特性使得 LAMP 技术在微量样本检测和早期感染检测中表现出色，有助于减少漏诊和误诊。

（2）LAMP 技术的缺点：引物设计困难，复杂性增加，技术门槛高。尽管 LAMP 技术具有诸多优点，但其引物设计相对复杂，是制约其广泛应用的主要因素之一。LAMP 引物不仅需要识别目标 DNA 的特定区域，还需要在特定的位置和角度进行配对，以形成适合 LAMP 扩增的哑铃状结构。这种设计要求高度的专业知识和技能，增加了技术门槛。此外，由于 LAMP 引物的复杂性和特异性要求，设计过程往往耗时较长，且成功率不一定高，这在一定程度上限制了 LAMP 技术的普及和应用范围。

产物结构复杂，影响后续分析，纯化难度大。LAMP 扩增产物呈现出高度分支的簇环结构，这种复杂的结构给产物的纯化和后续分析带来了挑战。传统的 DNA 纯化方法可能无法有效去除 LAMP 产物中的杂质，如未反应的引物、引物二聚体等，从而影响后续实验如测序、克隆等的准确性和可靠性。此外，LAMP 产物的复杂结构还可能干扰某些分子诊断技术的应用，如基于荧光探针的定量检测，使得 LAMP 技术在某些高级分析领域的应用受到限制。

不适用于大片段扩增，限制应用范围。LAMP 技术相对适用于短片段的核酸扩增，对于较长片段（通常超过 3000 bp）的扩增效果不佳。这一限制主要源于 LAMP 扩增机制本身的特点，即依赖于引物与目标 DNA 的紧密结合和高效循环扩增。对于大片段 DNA，引物与目标序列的结合位点相对分散，且扩增过程中可能遇到更多的障碍（如二级结构、序列变异等），导致 LAMP 扩增效率降低，甚至无法成功扩增。这一限制使得 LAMP 技术在需要扩增大片段 DNA 的应用场景中（如基因组学研究、基因克隆等）表现不佳。

定量困难，线性关系差，影响结果解读。LAMP 技术的产物数量与起始模板数量之间的线性关系可能较差，这在一定程度上限制了其在定量检测中的应用。传统 PCR 通过荧光信号的变化可以精确计算 DNA 扩增的倍数，从而实现对目标 DNA 的定量分析。然而，LAMP 反应产生的白色浑浊沉淀虽然可以直观地反映扩增是否发生，但难以精确量化产物的数量。这使得 LAMP 技术在需要精确量化目标 DNA 含量的应用场景中（如病原体载量监测、基因表达水平分析等）存在一定的局限性。

部分产物难以区分，干扰结果解释。LAMP 反应产物包括多个簇环结构，这些结构在形态和性质上可能存在差异。在某些情况下，一些非特异性产物可能与目标产物在形态上相似，难以通过简单的视觉观察或常规方法加以区分。这种干扰可能导致假阳性或假阴性结果的出现，影响结果的准确性和可靠性。为了克服这一问题，研究人员需要开发更加敏感和特异性的检测方法或结合其他技术手段进行验证和确认。然而，这些额外的步骤无疑增加了实验的成本和复杂性。

6. LAMP 技术的应用领域

LAMP 技术因其快速、高效、特异等优点而被广泛应用于多个领域。

LAMP 技术可用于快速检测病原菌的 DNA 或 RNA，如 SARS-CoV-2、禽流感、HIV 等疾病的检测。其快速性和高灵敏度使得 LAMP 技术在临床传染病诊断中具有重要价值。LAMP 技术可用于检测环境中的微生物、污染物等。例如，可以检测水体中的细菌、病毒等病原体以及重金属、农药等污染物。这对于环境保护和生态安全具有重要意义。LAMP 技术可用于食品中病原菌、转基因成分等的检测。通过快速检测食品中的病原体或转基因成分，可以确保食品的安全性和质量。遗传学研究 LAMP 技术可用于遗传学研究中的基因多态性、突变等分析。通过扩增目标基因片段并进行测序或分型分析，可以揭示基因的遗传规律和变异情况。LAMP 技术在水产养殖中也有广泛应用。例如，可以检测水产养殖动物中的病害病原体，如虹彩病毒、疱疹病毒等。通过及时检测并采取相应措施，可以有效预防和控制病害的传播和扩散。

为了提高 LAMP 反应的速度和效率，科学家们对 LAMP 技术进行了改良和完善。例如，通过增加结合区域在 F2、F1 之间和 B2、B1 之间的环状引物（LoopF 和 LoopB），可以加快 LAMP 的反应速度并提高检测效率。此外，还可以将 LAMP 技术与其他技术相结合，如逆转录 LAMP（RT-LAMP）等，以扩展其应用范围并提高检测灵敏度。

LAMP 技术作为一种新型的核酸扩增技术，具有高特异性、高效、快速和易于操作等优点。它在临床传染病诊断、环境监测、食品安全、遗传学研究以及水产养殖等领域都有广泛应用。然而，LAMP 技术也存在一些缺点和挑战，如引物设计困难、产物结构复杂、不适用于大片段扩增等。因此，在未来的研究中需要进一步改良和完善 LAMP 技术，以提高其检测灵敏度和准确性，并扩展其应用范围。同时，也需要开发更多的 LAMP 检测试剂盒和仪器设备，以满足不同领域的需求。

（二）重组酶介导等温扩增

重组酶介导等温扩增（recombinase-aided amplification，RAA）技术，是一种新型的在恒温条件下实现核酸快速扩增的一种技术。RAA 技术是它利用从细菌或真菌中获得的重组酶，在常温下与引物 DNA 紧密结合，形成酶和引物的聚合体。当引物在模板 DNA 上搜索到与之完全匹配的互补序列时，在单链 DNA 结合蛋白的帮助下，打开模板 DNA 的双链结构，并在 DNA 聚合酶的作用下，形成新的 DNA 互补链，扩增产物以指数级增长。这种技术具有特异性强、灵敏度高、操作简便、耗时短等优点，特别适用于动物疫病、食品安全、转基因检测等多个领域的快速检测。

1. RAA 技术原理

RAA 技术的核心原理是特异性的上下游引物与重组酶作用形成引物-重组酶复合体。该复合体与靶标 DNA 中的同源序列识别和配对,当同源序列被识别或特异性位点被定位,双链被重组酶解链,引物和 DNA 模板链交换,并启动 DNA 合成反应,进而使特定的目标 DNA 序列进行扩增。为防止新链和母链配对,引物的 3′端被重组酶解离后将被解链置换聚合酶识别,进一步启动扩增反应后复制延伸。

2. RAA 技术特点

RAA 技术可以在 30~42 ℃的常温环境下进行反应,无需复杂的温度控制设备。反应过程一般在 15~25 min 内完成,部分优化后的方法甚至可以在 5~15 min 内得到荧光检测结果,实现了真正意义上的快速检测。RAA 技术的检测结果灵敏度高,扩增产物可达 10^{12} 数量级,能够检测到极低浓度的目标核酸。RAA 技术的检测结果特异性强,与实时荧光定量 PCR 的结果无显著性差异。RAA 技术操作简单,无须专业人员也可完成样本的分子层面检测。同时,采用先进的冻干工艺技术制成的干粉试剂,可直接上机检测,便于运输和操作。RAA 技术检测成本较传统 PCR 技术具有显著优势,降低了操作设备的专业性和复杂性,特别适用于基层兽医临床诊断和资源有限的地区。RAA 技术可以衍生出多种检测形式,如琼脂糖凝胶电泳检测、实时荧光 RAA(fRAA)、与侧向流层析技术结合、与 CRISPR 技术结合衍生的 CRISPR-Cas13a/Cas12a 辅助 RAA 法、逆转录重组酶介导核酸扩增法 RT-RAA 等新技术,极大地增强了 RAA 技术的检测能力和应用范围。

3. RAA 技术的应用领域

RAA 技术已被广泛应用于动物病毒、细菌、寄生虫等病原体的检测。例如,利用 RAA 技术可以快速检测猪附红细胞体、猪肺疫、猪丹毒、禽流感病毒、猪圆环病毒等多种动物疫病。这些检测方法具有特异性强、敏感性高、便捷快速等优点,为动物疫病的防控提供了有力支持。

RAA 技术在食品安全检测中也具有广泛应用。它可以用于检测食品中的有害微生物、转基因成分等。例如,利用 RAA 技术可以快速检测食品中的沙门氏菌、金黄色葡萄球菌等有害微生物,以及转基因作物的外源基因等。这些检测方法有助于保障食品安全和消费者权益。

RAA 技术同样适用于水产病害的检测。例如，可以利用 RAA 技术检测鱼类、虾类等水生动物中的病毒、细菌等病原体，为水产养殖业的健康发展提供技术支持。除了上述领域外，RAA 技术还可以用于检测其他病原微生物，如人类病毒、细菌、真菌等。这些检测方法具有灵敏度高、特异性强等优点，有助于疾病的早期诊断和治疗。

4. RAA 技术的操作流程

RAA 技术的操作流程一般包括样本处理、引物设计、反应体系配制、扩增反应和结果分析等步骤。

（1）样本处理：根据待检样本的类型和性质，选择合适的样本处理方法。例如，对于动物组织样本，可以采用研磨、匀浆等方法提取核酸；对于食品样本，可以采用均质化、离心等方法提取核酸。在提取核酸的过程中，要注意避免交叉污染和样本损失。

（2）引物设计：根据目标核酸的序列信息，设计特异性的上下游引物。引物的长度、序列、浓度等参数对扩增效果有很大影响。因此，在引物设计时要注意遵循一定的原则和技巧，如选择保守区域、避免重复序列、控制引物长度等。

（3）反应体系配制：将提取的核酸、引物、重组酶、DNA 聚合酶等试剂按照一定比例混合均匀，形成扩增反应体系。在配制反应体系时，要注意控制各种试剂的浓度和比例，以确保扩增反应的顺利进行。

（4）扩增反应：将配制好的反应体系置于恒温条件下进行扩增反应。反应过程中要注意观察反应体系的颜色变化、气泡产生等现象，以及时判断扩增反应是否正常进行。同时，要注意控制反应时间和温度等参数，以确保扩增效果的稳定性和可靠性。

（5）结果分析：扩增反应结束后，可以采用琼脂糖凝胶电泳、实时荧光检测、侧向流层析试纸条等方法对扩增产物进行检测和分析。根据检测结果可以判断待检样本中是否存在目标核酸以及目标核酸的浓度等信息。

5. RAA 技术的优势与挑战

（1）RAA 技术的优势：快速高效，缩短检测周期，提升响应速度。RAA 技术以其快速高效的特性，在病原体检测、遗传病筛查及环境监测等多个领域展现出了巨大的应用潜力。RAA 技术能够在短时间内，通常为数分钟至几小时，完成大量样本的检测和分析工作。这种快速响应的能力对于疾病的早期诊断至关重要，能够显著提高治疗的成功率，降低病情恶化的风险。同时，在疫情暴发期间，RAA 技术的快速检测能力能够迅速锁定感染源，为疫情防控提供有力的支持。

灵敏度高，微量样本检测，早期感染发现。RAA 技术的灵敏度极高，能够检测到极低浓度的目标核酸，这对于微量样本的检测以及早期感染阶段的诊断具有重要意义。在疾病初期，病原体载量往往较低，传统检测方法可能难以准确检出。而 RAA 技术凭借其高灵敏度，能够在病原体载量极低的情况下实现有效扩增，从而准确识别感染状态，为早期干预和治疗提供可能。

特异性强，准确识别目标，避免交叉反应。RAA 技术的特异性强，能够准确识别目标核酸序列，并有效避免与其他非目标序列发生交叉反应。这得益于 RAA 技术独特的扩增机制，即利用重组酶和 SSB 等酶类，在恒定温度下实现目标 DNA 的特异性扩增。这种特异性不仅提高了检测的准确性，还降低了误报和漏报的风险，为疾病的精准诊断提供了有力保障。

操作简便，简化流程，降低门槛。RAA 技术的操作简单易行，无须复杂的仪器设备和专业技术人员即可完成检测工作。这使得 RAA 技术特别适合于基层医疗机构和资源有限的地区。通过简单的培训，非专业人员也能快速掌握 RAA 技术的操作流程，从而实现疾病的快速筛查和初步诊断。这一特点极大地拓宽了 RAA 技术的应用范围，使得更多人群能够受益于这项先进的检测技术。

（2）RAA 技术的挑战：引物设计，复杂且经验依赖性强。尽管 RAA 技术具有诸多优势，但引物设计仍然是其面临的一大挑战。RAA 技术的引物设计相对复杂，需要考虑到目标序列的特异性、引物的长度、GC 含量、二级结构等多个因素。同时，引物设计还具有较强的经验依赖性，需要经验丰富的科研人员根据具体情况进行灵活调整。目前，在引物设计上积累的经验还不够多，且专业性不强，这限制了 RAA 技术在某些领域的应用范围。因此，加强引物设计的研究和实践，提高引物的特异性和扩增效率，是 RAA 技术未来发展的关键方向之一。

假阳性问题，优化前处理，建立质控体系。RAA 技术在检测过程中可能会出现假阳性问题,这主要源于检测样品的成分和复杂程度差异以及前期样品处理不当等原因。假阳性结果不仅会导致误诊和误治,还会浪费宝贵的医疗资源和社会资源。为了降低假阳性率,需要从多个方面入手。首先,优化样品前处理程序,确保样品的纯度和完整性;其次,选择合适的检测方法,如结合荧光探针或磁珠分离等技术进行确认;最后,建立有效的质量控制体系,对检测过程进行全程监控和评估。通过这些措施的实施,可以有效降低 RAA 技术的假阳性率,提高检测的准确性和可靠性。

非特异性扩增,优化反应体系,减少干扰。非特异性扩增是 RAA 技术面临的另一个重要挑战。由于目标基因的序列长度较短以及反应体系中某些因素的影响(如引物过剩、引物设计不合理等),RAA 技术在扩增过程中可能会出现非特异性扩增问题。非特异性扩增不仅会影响检测的准确性,还会干扰后续的分析和判断。为了减少非特异性扩增的发生,需要从反应体系的优化入手。首先,选择合适的引物和设计合理的扩增策略,确保引物的特异性和扩增效率;其次,控制反应体系中各成分的比例和浓度,避免引物过剩或不足;最后,优化反应条件,如温度、时间等,确保扩增过程的稳定性和可控性。通过这些措施的实施,可以有效减少非特异性扩增的发生,提高 RAA 技术的特异性和准确性。

成本问题:平衡成本与效益,推动普及应用。虽然 RAA 技术的检测成本较传统 PCR 技术具有显著优势,但在某些情况下仍然需要较高的成本投入(如购买昂贵的仪器设备、试剂等)。这限制了 RAA 技术在某些经济不发达地区的推广应用。为了降低 RAA 技术的成本,需要从多个方面入手。首先,通过技术创新和工艺改进,提高试剂的稳定性和重复性,降低生产成本;其次,推动国产化进程,减少对进口试剂和设备的依赖;最后,加强政府和社会资本的合作,通过政策扶持和资金支持等方式,推动 RAA 技术的普及应用。通过这些措施的实施,可以有效降低 RAA 技术的成本,提高其在基层医疗机构和资源有限地区的可及性和可负担性。

6. RAA 技术的发展前景

随着生命科学和医学领域的不断发展以及人们对健康和安全需求的不断提高,RAA 技术作为一种快速、高效、灵敏且特异的核酸扩增技术具有广阔的发展前景。未来,通过不断改进和优化 RAA 技术的反应体系、引物设计、检测方法等关键环节，进一步提高其检测速度、灵敏度和特异性等方面的性能表现。随着人们对RAA技术认识的不断加深和经验的不断积累，其应用领域将进一步拓展至更多领域和行业（如环境监测、农业病虫害防治等），为更多领域的科学研究和技术创新提供有力支持。RAA技术可以与其他技术（如CRISPR技术、高通量测序技术等）相结合形成新的检测方法和平台，进一步提高其检测能力和应用范围。例如，可以利用CRISPR技术的基因编辑功能对RAA技术进行改进和优化；也可以利用高通量测序技术对RAA扩增产物进行测序和分析等。随着RAA技术的不断发展和应用领域的不断拓展，其标准化和规范化工作也将逐步加强和完善。这将有助于提高RAA技术的准确性和可靠性以及推动其在更多领域和行业的应用和推广。

RAA技术作为一种新型核酸扩增技术具有诸多优点和广阔的应用前景。未来，随着技术的不断优化和应用领域的不断拓展以及标准化和规范化工作的加强和完善，RAA技术有望在更多领域和行业发挥重要作用并为人类社会的健康和安全提供更加有力的技术保障。

（三）重组酶聚合酶扩增

RPA是一种新型的核酸恒温扩增技术，由Piepenburg等在2006年开发出来。该技术利用参与细胞DNA合成的蛋白重组和修复机制，能够在较低的温度下（37~42 ℃）实现快速、高效的核酸扩增，是一种基于重组酶和聚合酶作用的核酸扩增方法。与常规的PCR技术相比，RPA技术具有更高的灵敏度、特异性和便携性，且操作更加简单快捷。RPA技术能够在短时间内（通常10~30 min）将痕量的核酸模板（低至单拷贝）扩增至可以检出的水平，且通常无需进行核酸纯化。此外，RPA技术还能够在恒温条件下进行扩增，摆脱了对昂贵仪器的依赖，使得该技术更加适用于基层和现场即时检测。

1. RPA技术的关键要素

RPA技术的关键要素包括重组酶、SSB和链置换DNA聚合酶。这些酶和蛋白在RPA反应中发挥着至关重要的作用。

重组酶是一种能够结合单链核酸（寡核苷酸引物）的酶。在RPA反应中，重组酶与引物结合形成蛋白质—DNA复合物，并在双链DNA中寻找同源序列。一旦引物定位了同源序列，重组酶就会利用其链置换活性将引物插入同源位点，从而启动DNA合成。

SSB 是一种能够稳定单链 DNA 的蛋白。在 RPA 反应中，被替换的 DNA 链会与 SSB 结合，从而防止其进一步被替换。这样，RPA 反应就能够持续进行，对模板上的目标区域进行指数式扩增。

链置换 DNA 聚合酶是一种能够延长引物的酶。在 RPA 反应中，当引物被插入同源位点后，链置换 DNA 聚合酶就会结合到引物的 3′末端，并开始合成新的 DNA 链。这个过程中，链置换 DNA 聚合酶会不断替换掉原有的 DNA 链，从而实现对目标区域的扩增。

2. RPA 技术的工作原理

RPA 技术的工作原理基于重组酶与引物形成的蛋白质—DNA 复合物在双链 DNA 中寻找同源序列，并启动 DNA 合成的过程。具体来说，RPA 技术的工作原理可以分为以下几个步骤。

（1）引物与重组酶结合：在 RPA 反应开始时，重组酶会与引物结合形成蛋白质—DNA 复合物。这个复合物具有在双链 DNA 中寻找同源序列的能力。

（2）寻找同源序列：蛋白质—DNA 复合物在双链 DNA 中滑动并寻找与引物序列相同的同源序列。一旦找到同源序列，重组酶就会利用其链置换活性将引物插入同源位点。

（3）启动 DNA 合成：当引物被插入同源位点后，链置换 DNA 聚合酶就会结合到引物的 3′末端，并开始合成新的 DNA 链。这个过程中，链置换 DNA 聚合酶会不断替换掉原有的 DNA 链，从而实现对目标区域的扩增。

（4）稳定置换 DNA 链：被替换的 DNA 链会与 SSB 结合，从而防止其进一步被替换。这样，RPA 反应就能够持续进行，对模板上的目标区域进行指数式扩增。

整个 RPA 反应过程非常快速，通常可以在几分钟内达到可检出水平的扩增产物。这使得 RPA 技术成为一种高效、快速的核酸扩增方法。

3. RPA 技术的特点

RPA 技术具有多种特点，使得其在核酸检测领域具有广泛的应用前景。以下是 RPA 技术的主要优点。

高灵敏度，痕量核酸的精准检测。RPA 技术以其卓越的高灵敏度，在复杂样本的核酸检测中表现出色。该技术能够检测复杂样本中的单拷贝 DNA 和低于 10 个拷贝的 RNA，而无须进行烦琐的核酸纯化步骤。这一特点使得 RPA

技术在痕量核酸检测方面具有显著优势，尤其是在病毒载量极低、病原体含量微小的早期感染阶段，RPA 技术能够准确捕捉到目标核酸，为疾病的早期诊断提供有力支持。在肿瘤检测领域，RPA 技术的高灵敏度同样具有重要意义。肿瘤细胞的基因突变、基因重排等异常现象往往以微量形式存在，传统检测方法难以准确检出。而 RPA 技术则能够精准捕捉到这些微量异常，为肿瘤的早期筛查和精准治疗提供可靠依据。

高特异性，复杂样本中的准确识别。RPA 技术的另一个显著优点是高特异性。该技术能够检测和扩增来自多个不同物种的样本复杂基因组中的单个 DNA 分子，而不会与其他非目标序列发生交叉反应。这一特点保证了 RPA 技术在复杂样本中的准确性和可靠性，使得该技术能够在多种生物样本中准确识别目标核酸。在环境监测、食品安全检测等领域，RPA 技术的高特异性同样发挥着重要作用。这些领域的样本往往包含多种生物成分，干扰因素众多。RPA 技术能够准确识别目标核酸，有效排除干扰，为环境污染物的监测、食品中致病菌的检测等提供有力支持。

恒温扩增，摆脱昂贵仪器的束缚。RPA 技术的恒温扩增特性是其区别于传统 PCR 技术的关键所在。传统 PCR 技术需要通过温度循环进行变性、复性和延伸的扩增过程，这一过程需要昂贵的热循环仪来实现。而 RPA 技术则不需要通过温度循环进行扩增，而是在恒温条件下进行反应。这一特点使得 RPA 技术更加简单快捷，且摆脱了对昂贵仪器的依赖。恒温扩增不仅简化了操作过程，还提高了反应效率。RPA 技术的反应时间通常只需几分钟到几小时，远快于传统 PCR 技术的数小时甚至数十小时。这使 RPA 技术在现场即时检测（POCT）方面具有广泛应用前景，尤其是在偏远地区、紧急救援等场景下，RPA 技术能够迅速提供准确的检测结果。

样本包容性高，多种类型样本的灵活处理。RPA 技术的样本包容性高，能够处理多种类型的样本，包括未经核酸纯化的血液、鼻拭子、唾液、土壤、水样等复杂样本。这一特点使得 RPA 技术在样本采集和预处理方面具有更大的灵活性，降低了样本处理难度和成本。在传染病检测领域，RPA 技术的样本包容性尤为重要。传染病患者的样本往往包含多种病原体和干扰成分，传统检测方法需要进行烦琐的样本纯化和预处理步骤。而 RPA 技术则能够直接处理这些复杂样本，无须进行额外的纯化步骤，从而提高了检测效率和准确性。

检测方法多样化，满足不同应用场景的需求。RPA 技术可以与多种检测方法结合使用，包括电泳法、荧光探针法、侧流层析试纸条法等。这一特点使得 RPA 技术在不同应用场景下具有更大的灵活性和适用性。电泳法是一种常用的 RPA 产物检测方法，通过电泳分离和观察 RPA 扩增产物的大小和数量，可以判断目标核酸的存在与否。荧光探针法则通过加入荧光标记的探针来实时监测 RPA 扩增过程，提高了检测的灵敏度和准确性。侧流层析试纸条法则是一种简便易行的 RPA 产物检测方法，通过试纸条上的颜色变化可以直观判断目标核酸的扩增情况。

这些多样化的检测方法使得 RPA 技术能够满足不同应用场景的需求，从实验室研究到现场即时检测，从高通量筛查到单样本分析，RPA 技术都能够提供准确可靠的检测结果。

降低成本，简化操作与引物设计。RPA 技术在降低成本方面同样表现出色。由于 RPA 技术在恒温条件下反应操作简单，无须昂贵的热循环仪和复杂的反应体系，因此可以降低用户仪器成本。此外，RPA 技术的引物设计也相对简单，不需要像 PCR 技术那样进行复杂的引物设计和优化。

引物设计的简化不仅降低了技术门槛，还提高了检测效率。RPA 技术的引物设计通常只需要考虑目标序列的特异性和长度等因素，而无需过多关注引物的二级结构、退火温度等复杂参数。这使 RPA 技术在引物设计和合成方面更加简便快捷，降低了检测成本。

4. RPA 技术的应用领域

RPA 技术由于其独特的优点和广泛的应用前景，在多个领域得到了广泛应用。以下是 RPA 技术的主要应用领域。

RPA 技术可以用于快速、准确地诊断多种疾病。例如，RPA 技术可以用于检测病毒、细菌等病原体的核酸，从而帮助医生进行快速诊断和治疗。RPA 技术可以用于动物疫病的快速检测和诊断。通过检测动物样本中的病原体核酸，可以及时发现并控制疫病的传播。RPA 技术可以用于检测食品中的有害微生物和化学物质残留。这有助于保障食品安全和消费者健康。RPA 技术可以用于监测生物安全领域的潜在风险。例如，通过检测生物样本中的特定基因序列，可以及时发现并预警潜在的生物威胁。RPA 技术可以用于农业研究中的基因检测和分子标记辅助育种。这有助于提高农作物的产量和品质，推动农业可持续发展。

随着科技的不断发展，RPA 技术将在未来得到更广泛的应用和发展。未来，RPA 技术将不断优化和改进，提高检测的灵敏度和特异性。同时，RPA 技术的反应时间和操作复杂度也将进一步降低，使得该技术更加适用于基层和现场即时检测。RPA 技术可以通过在同一反应管中加入多个引物来实现多靶标检测。未来，随着引物设计和优化技术的不断发展，RPA 技术将能够同时检测更多的靶标，提高检测效率和准确性。RPA 技术可以与多种其他技术结合使用，如测序技术、质谱技术等。这将进一步拓展 RPA 技术的应用领域，提高其在复杂样本中的检测能力和准确性。随着便携式检测设备的不断发展，RPA 技术将能够更加便捷地应用于现场即时检测。这将使 RPA 技术在疾病诊断、食品安全检测等领域发挥更大的作用。

5. RPA 技术的挑战与解决方案

尽管 RPA 技术具有多种优点和广泛的应用前景，但在实际应用中也存在一些挑战。以下是 RPA 技术面临的主要挑战及相应的解决方案。

引物设计：RPA 技术的引物设计相对简单，但仍然需要一定的专业知识和经验。为了降低引物设计的难度和复杂度，可以开发更加智能化的引物设计软件或工具，帮助用户快速、准确地设计引物。

样本预处理：虽然 RPA 技术可以处理多种类型的样本，但在某些情况下仍然需要对样本进行预处理。为了简化样本预处理过程，可以开发更加高效的样本预处理方法和试剂，提高样本处理的效率和准确性。

污染控制：RPA 技术在反应过程中容易受到污染的影响，导致假阳性或假阴性结果的出现。为了降低污染的风险，可以采取严格的实验室管理措施和操作规程，如使用无菌操作技术、定期清洁实验室等。此外，还可以开发更加灵敏和特异性的污染检测方法，及时发现并处理污染问题。

RPA 技术作为一种新型的核酸恒温扩增技术，具有高灵敏度、高特异性、恒温扩增、样本包容性高、检测方法多样化等优点。在体外诊断、动物疫病防控、食品安全检测、生物安全监测和农业研究等领域具有广泛的应用前景。未来，随着技术的不断优化和发展，RPA 技术将在更多领域发挥更大的作用。同时，也需要关注 RPA 技术面临的挑战并采取相应的解决方案，以确保其在实际应用中的准确性和可靠性。

（四）单引物等温扩增

单引物等温扩增技术（single primer isothermal amplification, SPIA）是近年来出现的一种新型线性核酸等温扩增技术。其反应体系主要包括嵌合 DNA/RNA 引物，DNA 聚合酶，RNase 酶和链终止序列（blocker）等。该方法只需要一条引物就可以完成反应，减少了非特异性扩增的可能性。然而，SPIA 技术仍需要烦琐的电泳来检测扩增产物，费时费力，需要更进一步的研究来改善这一缺点。

1. SPIA 概述

SPIA 技术的扩增反应是近年报道的新型线性核酸等温扩增技术。该技术主要是通过一条 3′端是 DNA 片段、5′端是 RNA 片段的混合引物、RNase H 及具有强链置换活性的 DNA 聚合酶实现 DNA 的体外线性等温扩增。在扩增反应中，RNase H 不断降解引物与模板 DNA 所形成的 DNA/RNA 杂合链中的 RNA 部分，使未结合的引物能够不断获得结合位点并与模板结合进行链置换合成，并在模板末端或链终止序列结合处终止，最终扩增出大量的具有高度忠实性的 cDNA 单链。SPIA 扩增反应一般在 55~65 ℃进行，全程需要 30 min，产物为单链 cDNA。荧光染料（SYBR Green Ⅱ）与 SPIA 技术相结合，避免了烦琐的电泳，可通过观察荧光信号实时监测反应结果。

SPIA 是首个用于全球基因组 DNA 扩增的方法，此法也可用于特定基因组序列和合成 DNA 序列的扩增。SPIA 通过加入一种转录酶改良为 Ribo-SPIA，后者也可用于全球及特定 RNA 的扩增。由于 Ribo-SPIA 只扩增原始的转录本，而非复制产物，所以其具有高度的保真度，而且其能放大每个 RNA 原始转录本高达万倍。因此，SPIA 可用于不同种类核酸的大量扩增，在临床研究中也常见。

2. SPIA 方法的反应原理

SPIA 实现等温扩增的核心原理是一条混合引物及可以切割 DNA/RNA 杂合链中的 RNA 部分的 RNA 酶（RNase H），该混合引物一般由两部分组成，包括3′端 DNA 部分和5′端 RNA 部分。在反应过程中，RNase H 不断降解引物区 DNA/RNA 双链中的 RNA 部分，暴露模板上与引物 RNA 部分结合位点，然后新引物结合上去进行链置换合成，经过这样的 RNA 降解、新引物结合、链置换的循环过程，实现模板互补序列的快速扩增。

SPIA 技术在反应过程中，通常只有一个引物参与反应，在 DNA 聚合酶催化下引物进行链的延伸得到单链 DNA（ssDNA）。这种扩增方式最大限度地减少了非特异性扩增产物的干扰，具有信号固定性强、操作简便的优点。

3. SPIA 扩增技术的反应过程

SPIA 扩增反应包括引物结合、链延伸、RNA 切割、引物再结合、链置换合成、RNA 再切割、循环扩增等过程。在反应开始时，混合引物和链终止多聚核苷酸分别与单链模板 DNA 相应位置结合；然后在 DNA 聚合酶作用下从引物 3′端开始靶序列互补链的合成；当链延伸到链终止序列结合处时，因无法置换链终止序列，因此链延伸至此终止；在引物结合模板并开始延伸的同时，延伸产物 5′端 RNA 部分，因与模板形成了 DNA/RNA 的杂合双链，故被 RNase H 切割降解；暴露出引物的 RNA 部分结合位点；RNA 结合位点暴露后，新的自由引物通过其 RNA 部分与模板上相应位置结合；因为新引物 DNA 部分带有 3′-OH，与具有链置换活性的 DNA 聚合酶结合后会比原先延伸产物 5′端的 DNA 引物部分对模板更具有亲和力，因此新引物 DNA 部分替代原来引物 DNA 部分与模板结合并开始链置换合成；直到链终止序列结合处置换出上一条完整的与靶序列互补的 DNA 单链；同时新引物与模板 DNA 形成的 DNA/RNA 的杂合双链中的 RNA 部分再次被 RNase H 切割降解；然后重复进行引物结合和链置换合成进入循环过程。最后反应扩增出大量的与靶序列互补的 DNA 单链产物。

4. SPIA 技术的特点

（1）SPIA 技术的优点。

①等温扩增：SPIA 反应无需温度循环，等温条件下即可实现扩增反应，使反应更方便省时。

②设备简单：只需一个简单的恒温器，不需要昂贵的 PCR 和检测设备，特别适用于小型设备的反应。

③高忠实性：每一个扩增产物都是原始模板的直接拷贝，使 SPIA 扩增具有高忠实性的特点。

④高效率：SPIA 扩增具有较高的效率，因为在同一个模板分子上，RNase H 不需要等前一次合成结束即可进行 RNA 切割，新引物可以不断结合引发多

个合成反应同时进行。

⑤有效防污染：扩增产物污染造成假阳性的现象是常规核酸扩增技术（如 PCR）常常出现的问题，但 SPIA 却能有效防止这种污染。这是因为 SPIA 的 DNA 扩增产物缺少 5′端引物区大部分序列，相对应的 RNA 产物缺少 3′端引物区大部分序列，因此这些产物无法与引物结合进行扩增反应，从而有效避免了扩增产物污染的可能性。这种自身防污染的特点使 SPIA 适用于临床开放平台高通量实验。

⑥单个引物：只使用一个引物，避免了使用引物对或多个引物带来的问题，如降低了设计和使用多个引物的成本，减少出现非特异性扩增的可能性。

⑦不受 RNA 干扰：SPIA 独特的依赖 RNase H 的特点，使其对 RNA 序列无直接扩增作用，因此可以在存在大量 mRNA 的情况下特异扩增基因组 DNA 序列，可以用于基因量的准确定量。

⑧单链产物：扩增产物是单链 DNA，容易通过常规的核酸检测方法进行检测，如电泳和探针杂交。

（2）SPIA 技术的缺点。

①引物合成相对复杂：因为 SPIA 的引物为 DNA 和 RNA 组成的混合引物，故在合成时较常规的单纯 DNA 或 RNA 引物合成相对复杂。

②需要碱基修饰：链终止序列需要对碱基进行修饰以增强其与模板的结合力。

③无法进行实时定量分析：SPIA 不能对扩增反应进行实时定量分析，需要对起始模板定量时，只能通过其他方法分析扩增产物，如荧光定量 PCR 等。

第三节　生物传感器快速检测技术

一、电化学生物传感器

电化学生物传感器（electrochemical biosensor，ECBS）作为一种集生物学、化学、物理学、医学、电子技术等多种学科于一体的新型检测技术，近年来在食品检测领域展现出了巨大的应用潜力。其基于电化学原理，利用生物分子与电化学检测相结合，通过检测电化学反应的变化来识别并检测生物分子，具有灵敏度高、选择性好、操作简便、成本低廉等优点。

ECBS 是一类以电极作为体系中的信号灯的转换器，生物中的活性单元为成分（例如：抗原、抗体、酶、微生物或者整个细胞）作为待测物识别原件并以电流、电导或电势变化作为特征检测信号的利用化学反应原理，把有机物质或者无机物质所含的浓度、组成成分等，转换为电信号的一种传感器。

（一）ECBS 的基本原理

ECBS 是一种利用生物分子与电化学检测相结合的传感器，其核心是将生物识别与电化学信号转换相结合，通过检测电化学反应的变化来识别并检测生物分子。具体来说，电化学生物传感器的工作原理可以分为以下几个步骤。

生物识别分析：电化学生物传感器首先选择适当的生物识别分子，如酶、抗体、核酸等，这些识别分子能够与目标物质发生特异性的相互作用。当目标物质存在时，识别分子会与其结合，形成特定的复合物。

电化学反应：在识别分子与目标物质结合后，电化学生物传感器会产生一系列的电化学反应。这些反应包括电荷转移、电流和电位变化等，它们可以被转化为可测量的电信号。

信号放大与处理：这些电信号可以通过电极上的引线传递到检测仪器上，进行信号放大和处理。检测仪器对传递过来的电信号进行分析和处理，通过电化学计量等方法，我们可以得到目标物质的存在和浓度信息。

（二）电化学生物传感器的类型

根据检测原理和应用领域的不同，电化学生物传感器可以分为多种类型，其中在食品检测中常用的类型包括电流生物传感器、电位生物传感器和电导生物传感器等。

电流生物传感器：电流生物传感器是通过测量工作电极上电活性物质（如金、碳、铂等）的氧化还原反应产生的电流信号来检测目标物质的浓度。其工作原理是，当目标物质与生物识别分子结合后，会引起电极表面电流的变化，通过测量这种变化可以间接地测定目标物质的浓度。

电位生物传感器：电位生物传感器是通过测量电极表面电位的变化来检测目标物质的浓度。其工作原理是，当目标物质与生物识别分子结合后，会引起电极表面电位的变化，这种变化与目标物质的浓度成正比。通过测量电位的变化，可以间接地测定目标物质的浓度。

电导生物传感器：电导生物传感器是通过测量溶液电导率的变化来检测目标物质的浓度。其工作原理是，当目标物质与生物识别分子结合后，会引起溶液电导率的变化，这种变化与目标物质的浓度有关。通过测量电导率的变化，可以间接地测定目标物质的浓度。

（三）电化学生物传感器在食品检测中的应用

电化学生物传感器在食品检测中具有广泛的应用前景，可以用于检测食品中的多种有害物质和营养成分。以下是一些具体的应用领域。

食品新鲜度检测：通过在食品表面或内部注入微量的标志物，利用电化学传感器可以检测出食品的新鲜程度。例如，通过检测水果蔬菜中的乙烯浓度，可以判断其是否新鲜。乙烯是植物体内产生的一种气体激素，其浓度与果蔬的成熟度和衰老程度密切相关。通过电化学传感器检测乙烯的浓度，可以间接地评估果蔬的新鲜度和品质。

农药残留检测：电化学传感器在农药残留检测中发挥着重要作用。通过将食品样品浸泡在含有农药的溶液中，利用电化学传感器可以检测出农药的浓度，从而判断食品是否含有农药残留。农药残留是食品中常见的有害物质之一，长期摄入会对人体健康造成危害。电化学传感器具有灵敏度高、选择性好等优点，可以快速准确地检测出食品中的农药残留量。

微生物检测：电化学传感器还可以用于食品中的微生物检测。通过测量微生物代谢产生的电流或电压信号，可以快速准确地判断食品中是否存在致病微生物。微生物是食品中常见的污染源之一，其存在会对食品的品质和安全性造成严重影响。电化学传感器具有响应速度快、操作简便等优点，可以用于实时监测食品中的微生物污染情况。

营养成分检测：电化学传感器还可以用于检测食品中的营养成分，如维生素、矿物质等。这些营养成分是人体维持正常生理功能所必需的，但其含量往往较低且难以直接测定。电化学传感器具有灵敏度高、选择性好等优点，可以用于快速准确地测定食品中的营养成分含量。

（四）电化学生物传感器的优势与挑战

电化学生物传感器在食品检测中具有多种优势，但同时也面临着一些挑战和限制。

(1) 优势。

①灵敏度高：电化学生物传感器能够检测到微量的化学物质，具有较高的灵敏度。

②选择性好：通过选择合适的生物识别分子，电化学生物传感器可以对目标物质进行特异性识别，避免误检和漏检。

③操作简便：电化学生物传感器的操作相对简便，不需要复杂的仪器设备和烦琐的操作步骤。

④成本低廉：与传统的检测方法相比，电化学生物传感器的成本较低，适用于大规模的食品检测。

(2) 挑战。

①稳定性与重复性：电化学生物传感器的稳定性和重复性是其应用中的重要问题。由于生物识别分子的活性和稳定性容易受到环境因素的影响，因此如何提高传感器的稳定性和重复性是当前研究的热点之一。

②灵敏度与选择性的平衡：在提高传感器灵敏度的同时，如何保持其选择性是一个难题。过高的灵敏度可能会导致误检和漏检，而过低的选择性则可能无法准确识别目标物质。

③复杂环境中的应用：食品检测环境往往比较复杂，存在多种干扰物质。如何在复杂环境中准确检测目标物质是当前研究的重要方向之一。

随着科技的不断进步和人们对食品安全意识的提高，电化学生物传感器在食品检测领域的应用将更加广泛。未来，我们期待电化学生物传感器能够应用于更多的食品检测领域，如转基因食品、食品添加剂等，为保障食品安全发挥更大的作用。同时，随着电化学传感器的技术进步，其灵敏度和选择性将进一步提高，为食品安全检测提供更好的工具。

此外，未来的电化学生物传感器将向多功能化、微型化与集成化、智能化与自动化方向发展。通过优化传感器材料、改进电极结构等方法，提高电化学生物传感器的灵敏度和稳定性；通过集成多种传感器和检测技术，实现多功能化检测；通过引入智能化和自动化技术，实现样品的自动预处理、检测和数据分析，降低操作难度和误差。这些技术的发展将进一步推动电化学生物传感器在食品检测领域的应用和发展。

总之，电化学生物传感器作为一种新型的检测工具，在食品检测中具有广泛的应用前景和巨大的发展潜力。通过不断优化和改进技术，我们相信电化学生物传感器将在未来发挥更加重要的作用，为人们的生活带来更多的便利和保障。同时，我们也应看到电化学生物传感器的发展仍面临一些挑战和问题，需要不断深入研究和探索新的材料、技术和方法，以推动其进一步发展。

二、光学生物传感器

光学生物传感器（optical biosensor，OBS）作为一种先进的检测技术，因其高灵敏度、快速响应和高通量检测的特点，在食品安全监测领域展现出巨大的应用潜力。本文将详细介绍光学生物传感器的基本原理、特点及其在食品中的应用，以期为食品安全监测提供新的思路和方法。

（一）OBS 的基本原理

OBS 是一种利用光学信号变化来检测生物识别事件的传感器，它通过将生物识别事件转化为光学信号的变化，实现对化学、生物信息的定量分析。OBS 的工作原理基于光的吸收、荧光、散射等光学现象，以及生物分子与光学元件之间的相互作用。

OBS 通常由光源、光学元件、生物识别元件和信号检测系统等部分组成。当生物识别元件与待测样品中的目标分子结合时，会引起光学元件中光学信号的变化。这种变化可以通过光谱仪、荧光分光光度计等仪器进行检测和分析，从而实现对目标分子的定量或定性分析。

（二）OBS 的特点

高灵敏度：OBS 能够检测极低浓度的目标分子，具有非常高的灵敏度。

快速响应：OBS 的响应速度非常快，能够在短时间内完成样品的检测和分析。

高通量检测：OBS 可以同时对多个样品进行检测，大大提高了检测效率。

非破坏性检测：OBS 在检测过程中不会对样品造成破坏，有利于后续的分析和处理。

易于集成和自动化：OBS 易于与其他技术集成，实现自动化检测和分析。

（三）OBS 在食品中的应用

农药残留是影响食品安全的重要因素之一，OBS 可以通过检测农药分子与生物识别元件之间的相互作用，实现对农药残留的快速检测。例如，基于荧光共振能量转移原理的 OBS 可以检测农药分子对荧光标记的生物分子的影响，从而判断农药残留的含量。

重金属离子污染是食品安全中的另一个重要问题。OBS 可以通过检测重金属离子与生物识别元件之间的相互作用，实现对重金属离子的快速检测。例如，基于表面等离子共振原理的 OBS 可以检测重金属离子对金属薄膜表面等离子共振的影响，从而判断重金属离子的含量。

微生物污染是影响食品安全的关键因素之一，OBS 可以通过检测微生物细胞与生物识别元件之间的相互作用，实现对微生物的快速检测。例如，基于 FISH 原理的 OBS 可以检测微生物细胞中的特定 DNA 序列，从而判断微生物的种类和数量。

食品过敏原是导致食品安全问题的另一个重要因素。OBS 可以通过检测过敏原蛋白与生物识别元件之间的相互作用，实现对食品过敏原的快速检测。例如，基于免疫分析原理的 OBS 可以检测过敏原蛋白与抗体之间的特异性结合，从而判断食品中过敏原的含量和种类。

食品营养成分是评价食品质量的重要指标之一。OBS 可以通过检测食品中营养成分与生物识别元件之间的相互作用，实现对食品营养成分的快速检测。例如，基于近红外光谱技术的 OBS 可以检测食品中蛋白质、脂肪、碳水化合物等营养成分的含量和比例。

（四）OBS 在食品检测中的优势与挑战

（1）优势。

①高灵敏度：OBS 能够检测极低浓度的目标分子，对于食品中微量有害物质的检测具有重要意义。

②快速响应：OBS 的响应速度非常快，能够在短时间内完成样品的检测和分析，有利于及时发现和处理食品安全问题。

③高通量检测：OBS 可以同时对多个样品进行检测，大大提高了检测效率，适用于大规模食品安全监测。

④非破坏性检测：OBS 在检测过程中不会对样品造成破坏，有利于后续的分析和处理，避免了传统检测方法中样品破坏带来的不便。

（2）挑战。

①生物识别元件的选择与制备：生物识别元件是 OBS 的核心部分，其选

择和制备直接影响到传感器的性能和准确性。因此，需要不断探索和优化生物识别元件的制备技术，提高其稳定性和选择性。

②光学信号的干扰与消除：在食品检测过程中，光学信号可能会受到多种因素的干扰，如样品中的杂质、光散射等。因此，需要采取有效的措施来消除这些干扰，提高检测的准确性和可靠性。

③设备的维护与校准：OBS 设备需要定期进行维护和校准，以确保其正常运行和准确性。这增加了设备的维护成本和时间成本，需要制定相应的维护计划和校准标准。

（五）OBS 在食品检测中的发展趋势

微型化与便携化：随着微纳技术的不断发展，OBS 正朝着微型化和便携化方向发展。这将使得传感器更加易于携带和使用，适用于现场检测和远程监测。

多功能化与集成化：未来的 OBS 将更加注重多功能化和集成化设计。通过集成多个检测模块和传感器阵列，可以实现对多种有害物质的同时检测和定量分析，提高检测效率和准确性。

智能化与自动化：随着人工智能和自动化技术的不断发展，OBS 将更加注重智能化和自动化设计。通过引入智能算法和数据处理技术，可以实现对检测数据的自动分析和处理，提高检测效率和准确性。

新材料与新技术的应用：随着新材料和新技术的不断涌现，OBS 将不断引入新的材料和技术来提高其性能和准确性。例如，量子点、纳米线等新型纳米材料的引入将使得传感器的灵敏度和选择性得到进一步提高。

OBS 作为一种先进的检测技术，在食品安全监测领域展现出巨大的应用潜力。通过利用光学信号变化来检测生物识别事件，OBS 能够实现对食品中有害物质的快速、准确检测。同时，OBS 还具有高灵敏度、快速响应、高通量检测和非破坏性检测等优点。未来，随着技术的不断进步和创新，OBS 将在食品安全监测领域发挥更加重要的作用。然而，我们也应该看到 OBS 在食品检测中仍面临一些挑战和问题，如生物识别元件的选择与制备、光学信号的干扰与消除以及设备的维护与校准等。因此，科研人员需要不断努力和创新，推动技术的不断发展和完善。同时，政府和企业也应该加大对 OBS 的投入和支持，推动其在食品安全监测领域的广泛应用和普及。只有这样，我们才能更好地保障食品安全和人民健康。

三、纳米材料在生物传感器中的应用

纳米材料在食品生物传感器中的应用是一个快速发展的领域,这些材料因其独特的物理和化学性质,为食品生物传感器的设计和性能提升带来了革命性的变化。以下是对纳米材料在食品生物传感器中的具体应用。

(一) 纳米材料概述

纳米材料是指其结构单元的尺寸在纳米尺度 (1~100 nm) 范围内的材料。这些材料具有许多独特的性质,如高比表面积、量子尺寸效应、表面效应和宏观量子隧道效应等,这些性质使得纳米材料在传感器领域具有巨大的应用潜力。

(二) 纳米材料在食品生物传感器中的应用

纳米材料可以作为信号转换的媒介,将生物识别事件(如酶反应、抗原—抗体结合等)转化为可测量的信号(如光、电、热等)。

例如,金纳米颗粒因其良好的光学性能和化学稳定性,常被用于构建表面增强拉曼光学传感器,用于检测食品中的农药残留。纳米材料可以显著提高传感器的灵敏度,因为它们可以提供更多的活性位点,从而增强与目标分子的相互作用。石墨烯纳米传感器能够增强农药与纳米传感器之间的相互作用,从而提高检测的灵敏度。纳米材料可以提供稳定的固载平台,保证生物识别元件在传感器中的稳定性和长期性能。通过将生物识别元件固定在纳米材料上,可以防止其在实际应用中受到物理和化学环境的影响而失效。纳米材料可以与多种生物识别元件结合,实现传感器的多功能化。将酶、抗体、DNA 等生物分子与纳米材料结合,可以构建出能够检测多种目标分子的传感器。

(三) 常见的纳米材料及其在食品生物传感器中的应用实例

金属纳米材料:如金纳米颗粒 (AuNPs)、银纳米颗粒 (AgNPs) 等,具有优异的导电性和生物相容性。金纳米颗粒与酶感受器结合制成的纳米生物传感器,可用于检测食品中的农药残留和重金属。

碳纳米材料:如碳纳米管 (CNTs)、石墨烯等,具有高导电性、高热稳定性和大比表面积。石墨烯纳米传感器用于快速、灵敏地检测水果中的农药残留。

金属有机框架材料（MOFs）：具有可调节的孔结构、大比表面积和高孔隙度等特点。MOFs与碳纳米管复合形成的纳米复合材料，用于构建检测卵巢癌生物标志物的免疫传感器。

层状双氢氧化物材料（LDHs）：具有高比表面积、开放的二维平面结构和良好的生物相容性。LDHs与金纳米粒子、二茂铁羧酸等复合形成的多层纳米复合材料，用于稳定、准确地检测糖类抗原125。

（四）纳米材料在食品生物传感器中应用的挑战与前景

纳米材料的毒性和生物安全性问题，纳米材料的制备和加工成本。传感器在实际应用中的稳定性和重现性。随着纳米技术的不断发展和创新，纳米材料在食品生物传感器中的应用将更加广泛。未来的研究将更加注重纳米材料的生物相容性、稳定性和多功能化。纳米材料与其他新技术的结合（如微流控技术、智能传感技术等）将推动食品生物传感器向更高层次的发展。

总之，纳米材料在食品生物传感器中的应用具有广阔的前景和巨大的潜力。通过不断优化纳米材料的性能和制备工艺，以及探索其与新技术的结合方式，我们可以期待未来食品生物传感器在食品安全监测领域发挥更加重要的作用。

第四节 新型快速检测技术

一、表面等离子体共振

表面等离子体共振（surface plasmon resonance，SPR）技术是一种基于光子学和电磁学的生物传感技术，它通过检测生物传感芯片上配位体与分析物之间的相互作用情况，进而探测物质的性质和结构。由于其独特的优势，SPR技术在多个领域展现出广泛的应用前景，特别是在食品安全检测领域，其快速、准确、无须标记的特点使其成为一种理想的新型检测技术。

（一）SPR技术的基本原理

SPR技术的基本原理是光在棱镜与金属膜表面上发生全反射现象时，形成消逝波进入到光疏介质中，而在介质（通常为贵重金属）中又存在一定的等离子波。在基于能量守恒的前提下，两种波段相遇时可能会产生的共振现象。这种共振会导致光的反射率发生显著变化，通过检测这种变化，可以间接测量生物分子间的相互作用。

SPR 生物传感器的光源通常为偏振光，传感芯片表面镀有一层金膜。实验时，先将一种生物分子（靶分子）固定在金膜表面，然后将与之相互作用的分子溶于溶液（或混合液）流过芯片表面。在金膜芯片上的蛋白和流路中的分子结合有解离的过程中，共振角（即 SPR 角）就会随之发生变化。检测器检测到这种变化，并根据此变化曲线作图分析，可得出分子间的结合常数、解离常数或亲和力常数。

（二）SPR 技术的优势

无须标记：SPR 技术无须对样品进行标记，简化了实验步骤，降低了成本。

实时监测：SPR 技术能够实时监测生物分子间的相互作用，提供动态数据，有助于理解反应过程。

高灵敏度：SPR 技术具有高灵敏度，能够检测到微小的生物分子相互作用变化。

高通量：SPR 技术可以同时对多个样品进行检测，提高了检测效率。

所需待测样品量小：SPR 技术所需的待测样品量小，适用于珍贵或稀有的样品。

响应速度快：SPR 技术的响应速度快，能够在短时间内提供检测结果。

（三）SPR 技术在食品中的应用

在食品安全检测领域，SPR 技术被广泛应用于检测食品中的有害物质，如农药残留、重金属污染、添加剂过量等。这些有害物质对人体健康具有潜在危害，因此其快速、准确的检测对于保障食品安全具有重要意义。例如，通过利用特异性抗体或基因片段等生物识别元件，SPR 技术可以实现对食品中农药残留的快速检测。当农药残留与生物识别元件结合时，会引起 SPR 信号的变化，从而实现对农药残留的快速、准确检测。此外，SPR 技术还可以用于检测食品中的重金属污染。重金属离子与生物识别元件结合后，会引起 SPR 信号的变化，从而实现对重金属离子的快速检测。这种方法具有灵敏度高、检测限低等优点，为食品安全监测提供了新的手段。

除了食品安全检测外，SPR 技术还可以用于食品成分分析。通过利用对特定营养成分具有特异性识别的生物识别元件，SPR技术可以实现对食品中营养成分的快速检测。这有助于了解食品的营养价值，为食品的营养标签和质量控制提供支持。例如，SPR技术可以用于检测食品中的维生素、矿物质等营养成分。这些营养成分对于维持人体健康具有重要作用。通过利用对特定营养成分具有特异性识别的生物识别元件，SPR技术可以实现对这些营养成分的快速、准确检测。

SPR技术还可以用于食品品质评估。食品的品质与其成分、结构、新鲜度等因素密切相关。通过利用对特定品质指标具有特异性识别的生物识别元件，SPR技术可以实现对食品品质的快速评估。例如，在乳制品行业中，SPR技术可以用于检测牛奶中的蛋白质含量和脂肪含量。这些指标是衡量牛奶品质的重要指标之一。通过利用对蛋白质和脂肪具有特异性识别的生物识别元件，SPR技术可以实现对牛奶品质的快速、准确评估。

食品过敏原是导致食品过敏的主要原因之一。对于易过敏人群来说，接触过敏原可能导致严重的过敏反应。因此，对食品中的过敏原进行快速、准确的检测对于保障食品安全具有重要意义。SPR技术可以用于检测食品中的过敏原。通过利用对特定过敏原具有特异性识别的生物识别元件，SPR技术可以实现对食品中过敏原的快速检测。这种方法具有灵敏度高、特异性好等优点，为食品过敏原检测提供了新的手段。

尽管SPR技术在食品检测中展现出巨大的应用潜力，但仍面临一些挑战。例如，生物识别元件的制备和稳定性、SPR信号的解析和数据处理等方面的问题需要进一步优化和改进。

未来，随着科技的不断进步和研究的深入，SPR技术在食品检测领域的应用将更加广泛和深入。一方面，可以通过优化生物识别元件的制备和稳定性，提高SPR技术的检测灵敏度和准确性；另一方面，可以结合其他技术（如纳米技术、微流控技术等）进行综合检测，实现对食品中多种有害物质的快速、准确检测。

此外，随着人们对食品安全和健康问题的日益关注，对食品检测技术的要求也越来越高。因此，SPR技术需要不断创新和发展，以适应市场需求和科技进步。例如，可以开发更加灵敏、特异性的生物识别元件；优化SPR传感器的设计和制造工艺；提高数据处理的准确性和速度等。

二、微型化检测技术

随着人们生活水平的提高和食品安全意识的增强，对食品中潜在的有害物质进行快速、准确的检测变得越来越重要。微型化检测快速检测技术作为一种新兴的检测手段，因其高效、便捷、准确的特点，在食品检测领域得到了广泛应用。

（一）微型化检测快速检测技术的概述

微型化检测快速检测技术是一种利用微型化设备或装置进行快速检测的技术。这些微型化设备通常具有体积小、重量轻、操作简单等特点，能够快速完成样品的采集、处理和检测过程。这种技术结合了现代传感技术、微电子技术、生物技术和信息技术，实现了对食品中有害物质的实时监测和快速预警。

微型化检测快速检测技术的核心在于其高效的检测速度和准确性。通过采用高灵敏度的传感器和先进的检测技术，可以在短时间内对食品中的有害物质进行定量或定性分析。同时，这种技术还具有成本低、易于携带和普及等优点，为食品安全监测提供了更加便捷和高效的手段。

（二）微型化检测快速检测技术的特点

高效性：微型化检测快速检测技术能够在短时间内完成样品的采集、处理和检测过程，大大提高了检测效率。

准确性：采用高灵敏度的传感器和先进的检测技术，能够准确检测食品中的有害物质，确保检测结果的可靠性。

便携性：微型化设备体积小、重量轻，易于携带和使用，适用于现场检测和远程监测。

低成本：相较于传统的检测方法，微型化检测快速检测技术具有更低的成本，有利于推广和普及。

实时性：能够实时监测食品中的有害物质，及时发现潜在的安全风险，为食品安全预警提供有力支持。

（三）微型化检测快速检测技术在食品中的应用

农药残留是影响食品安全的重要因素之一。微型化检测快速检测技术可以实现对农药残留的快速检测。例如，采用基于纳米材料的传感器，可以实现对农药分子的高灵敏度检测。这种传感器具有响应速度快、选择性好等优点，能够在短时间内准确判断食品中农药残留的含量。

此外，还有基于酶抑制法的快速检测技术，通过测定农药对酶的抑制作用来间接测定农药残留量。这种方法具有操作简便、成本低廉等优点，适用于现场检测和大量样品的筛查。

重金属污染是食品安全中的另一个重要问题。微型化检测快速检测技术可以实现对重金属离子的快速检测。例如，采用电化学传感器或荧光传感器等微型化检测装置，可以实现对重金属离子的高灵敏度检测。这些传感器具有响应速度快、选择性好、检测下限低等优点，能够在短时间内准确判断食品中重金属离子的含量。

此外，还有基于免疫分析法的快速检测技术，通过测定重金属离子与抗体的特异性结合来间接测定重金属含量。这种方法具有灵敏度高、特异性强等优点，适用于对重金属污染进行精确定量分析。

微生物污染是影响食品安全的关键因素之一。微型化检测快速检测技术可以实现对微生物的快速检测。例如，采用基于 PCR 技术的微型化检测装置，可以实现对食品中致病微生物的快速扩增和检测。这种方法具有操作简便、检测速度快等优点，能够在短时间内准确判断食品中致病微生物的种类和数量。

此外，还有基于生物传感器的快速检测技术，通过测定微生物代谢过程中产生的特定物质来间接测定微生物含量。这种方法具有灵敏度高、特异性强等优点，适用于对微生物污染进行实时监测和预警。

食品过敏原是导致食品安全问题的另一个重要因素。微型化检测快速检测技术可以实现对食品过敏原的快速检测。例如，采用基于免疫分析法的微型化检测装置，可以实现对食品中过敏原蛋白的特异性识别和高灵敏度检测。这种方法具有操作简便、检测速度快等优点，能够在短时间内准确判断食品中过敏原蛋白的含量和种类。

此外，还有基于基因芯片技术的快速检测技术，通过测定食品中过敏原基因的特异性表达来间接测定过敏原含量。这种方法具有高通量、高灵敏度等优点，适用于对多种过敏原进行同时检测和定量分析。

营养成分是评价食品质量的重要指标之一。微型化检测快速检测技术可以实现对食品营养成分的快速检测。例如，采用基于近红外光谱技术的微型化检测装置，可以实现对食品中蛋白质、脂肪、碳水化合物等营养成分的快速测定。这种方法具有操作简便、检测速度快等优点，能够在短时间内准确判断食品中营养成分的含量和比例。

此外，还有基于电化学传感器的快速检测技术，通过测定食品中营养成分与传感器的相互作用来间接测定营养成分含量。这种方法具有灵敏度高、选择性好等优点，适用于对食品营养成分进行实时监测和定量分析。

（四）微型化检测快速检测技术的发展趋势与挑战

随着人工智能技术的不断发展，微型化检测快速检测技术将向智能化方向发展。通过引入智能算法和数据处理技术，可以实现对检测数据的自动分析和处理，提高检测效率和准确性。

未来微型化检测快速检测技术将更加注重集成化设计。通过将多个检测模块集成在一起，可以实现对多种有害物质的同时检测和定量分析，提高检测效率和准确性。

随着微纳技术的不断进步，微型化检测快速检测技术的设备将越来越小型化、便携化。这将使检测过程更加便捷和高效，适用于现场检测和远程监测。

目前微型化检测快速检测技术还存在一些技术上的挑战，如传感器的稳定性和灵敏度、检测下限的降低等。这些问题的解决需要科研人员不断努力和创新。

随着微型化检测快速检测技术的不断发展，需要建立相应的标准和规范来确保检测结果的准确性和可靠性。这将有助于推动技术的普及和应用。

虽然微型化检测快速检测技术具有低成本的优势，但在实际应用中仍需要考虑到设备的维护和更新成本。因此，降低设备成本和提高设备的使用寿命是未来发展的关键。

微型化检测快速检测技术作为一种新兴的检测手段，在食品检测领域具有广阔的应用前景。通过采用高灵敏度的传感器和先进的检测技术，这种技术能够实现对食品中有害物质的快速、准确检测。同时，微型化检测快速检测技术还具有高效性、准确性、便携性、低成本和实时性等优点，为食品安全监测提供了更加便捷和高效的手段。未来，随着技术的不断进步和创新，微型化检测快速检测技术将在食品安全监测领域发挥更加重要的作用。

然而，我们也应该看到微型化检测快速检测技术目前还存在一些挑战和问题，如技术成熟度、标准化和成本问题等。因此，科研人员需要不断努力和创新，推动技术的不断发展和完善。同时，政府和企业也应该加大对微型化检测快速检测技术的投入和支持，推动其在食品安全监测领域的广泛应用和普及。只有这样，我们才能更好地保障食品安全和人民健康。

参考文献

［1］程俊嘉，陈源，刘冬梅．酶联免疫吸附法在畜产品快速检测中的应用［J］．中国动物保健，2024，26（5）：115-116.

［2］肖韦华，买娜，王旭峰，等．酶联免疫吸附法在植物性食品安全检测中的应用［J］．食品科学，2006，27（12）：4.

［3］周宏琛，闫秋成，田晓林，等．动物源性食品安全快速检测及酶联免疫吸附方法的应用．肉类研究，2006（3）：4.

［4］邢玮玮．酶联免疫吸附法在食品安全检测中的应用综述［J］．柳州职业技术学院学报，2018，18（1）：121-125.

［5］古丽娜孜·海如拉，库来汗·巴依多拉．酶联免疫吸附法在饲料安全检测中的应用［J］．养殖与饲料，2022，21（3）：66-68.

［6］范莉．酶联免疫吸附法在食品检验中的实践应用研究［J］．食品安全导刊，2021（27）：135-136.

［7］郭姜里，杜娟，李宗双，等．免疫磁分离技术在食源性致病菌前处理中的应用进展［J］．食品安全质量检测学报，2023，14（21）：97-106.

［8］林吉恒，黄朱梁，彭志兰，等．免疫磁珠分离技术在食源性致病菌检测中的应用［J］．食品安全质量检测学报，2019，10（18）：5998-6005.

［9］易勇，敬华．免疫磁珠分离技术在医学检验中的应用［J］．总装备部医学学报，2010，12（4）：239-241.

［10］申孟，杨宏苗，刘杨，等．食源性致病菌快速检测研究进展［J］．粮食与油脂，2020，33（1）：23-25.

［11］黄自然．基于免疫磁珠富集培养组学技术分离结直肠癌粪便样本中致病共栖菌的研究［D］．贵阳：贵州医科大学，2023.

［12］张世凯，朱辉煌，李家吉，等．铜绿假单胞菌快速检测胶体金免疫层析试纸的制备［J］．中国生物制品学杂志，2023，36（8）：941-946，954.

［13］王寅彪，刘肖，李青梅，等．免疫层析试纸检测技术研究进展［J］．河南科技大学

学报（医学版），2017，35（3）：236-240.

[14] 黄小林，李倩影，吴雨豪，等．多重免疫层析试纸辅助食品安全快速检测的研究进展［J］．食品与生物技术学报，2021，40（11）：12-21.

[15] 洪文艳，杨瑞馥，唐博恒．纳米颗粒在免疫层析试纸检测技术中的应用［J］．医学综述，2011，17（13）：2017-2019.

[16] 刘畅．磁性免疫层析试纸的制备及其在喹诺酮快速检测中的应用［D］．天津：天津农学院，2021.

[17] 王智辉，黎巍，罗逸龙，等．PCR技术及PCR仪校准方法概述［J］．工业计量，2024，34（S1）：1-4.

[18] 陆金虎，管玉雯，李晓静，等．食品微生物快速检测技术的现状及应用［J］．中国食品工业，2024（19）：79-81.

[19] 冯鲜萱．PCR技术在食品微生物检测中的应用［J］．现代食品，2024，30（18）：221-223.

[20] 王柏旺．微生物检验技术在精准医疗中的应用［N］．甘肃科技报，2024-11-28.

[21] 谢新华．PCR实验室环境监测及污染防治措施［J］．继续医学教育，2024，38（10）：158-161.

[22] 王苑，刘婧．PCR技术在食品微生物检测中的应用分析［J］．中国食品工业，2024（21）：110-112.

[23] 王淋．分子生物学技术在医学检验中的应用进展［J］．临床检验杂志（电子版），2020，9（1）：243.

[24] 强秉利，马统雄，魏薇，等．浅谈PCR技术在分子生物学中的应用［J］．名医，2024（8）：48-50.

[25] 刘小荣，张笠，王勇平．实时荧光定量PCR技术的理论研究及其医学应用［J］．中国组织工程研究与临床康复，2010，14（2）：329-332.

[26] 桂明明，于武华，冯露，等．数字聚合酶链式反应技术在食品安全核酸检测中的研究进展［J］．食品安全导刊，2024（32）：153-157，161.

[27] 梁子英，刘芳．实时荧光定量PCR技术及其应用研究进展［J］．现代农业科技，2020（6）：1-3，8.

[28] 程晓甜，阿地力·沙塔尔，张伟，等．SYBR Green实时荧光PCR快速鉴定枣实蝇技术［J］．林业科学，2014，50（4）：60-65.

[29] 李玉玉，陈文，王凤华，等．抗酸染色法、PCR-反向点杂交法和PCR-荧光探针法在结核分枝杆菌诊断中的研究［J］．现代生物医学进展，2024，24（23）：4439-4443，4544.

[30] 孙华伟, 张敬峰. 猪蓝耳病在荧光 PCR 检测中的常见问题与分析 [J]. 猪业科学, 2024, 41 (11): 35-36.

[31] 李海平, 葛辉, 温凭, 等. 白斑综合征病毒和对虾内参基因双重荧光定量 PCR 检测方法的建立 [J]. 渔业研究, 2024, 46 (6): 572-579.

[32] 梁海, 夏茹楠, 赵欢欢, 等. 荧光定量 PCR 染料法在 HLA-B*5801 等位基因检测中的性能评价及应用 [J]. 药物分析杂志, 2022, 42 (12): 2092-2100.

[33] 王雪容, 张宇, 张海森, 等. 奶牛乳房炎 5 种致病菌多重 PCR 检测方法的建立与应用 [J]. 动物医学进展, 2025, 46 (1): 48-55.

[34] 李雪艳, 魏彩姣, 王庄舒, 等. 多重 PCR 检测技术和传统培养法在食源性致病菌检测中的应用分析 [J]. 质量与认证, 2025 (1): 96-98.

[35] 赵迎峰, 马畅, 刘彪, 等. 三种小鼠肠道病毒多重 PCR 检测方法的建立和初步应用 [J]. 实验动物科学, 2024, 41 (5): 36-41.

[36] 向婧姝, 周倩, 周黎, 等. 三种多重 PCR 技术检测食源性致病菌的对比研究 [J]. 微量元素与健康研究, 2024, 41 (5): 59-62.

[37] 尚少乾. PRV、PCV2 及 PRRSV TaqMan 多重实时荧光定量 PCR 方法的构建和效果评价 [D]. 东北农业大学, 2022.

[38] 张晓曼, 张爱兵. 基于多重 PCR 技术的高通量测序在植食性昆虫食谱鉴定中的潜在应用 [J]. 植物保护学报, 2023, 50 (4): 858-865.

[39] 范一强, 王玫, 高峰, 等. 液滴微流控系统在数字聚合酶链式反应中的应用研究进展 [J]. 分析化学, 2016, 44 (8): 1300-1307.

[40] 张晴. 基于多重 PCR 靶向捕获测序技术的中国汉族人群 CYP2C9 基因多态性研究 [D]. 北京: 北京协和医学院, 2023.

[41] 段鑫冰. 两种假单胞菌巢式 PCR 检测方法构建及大黄鱼内脏白点病病原检测应用 [D]. 舟山: 浙江海洋大学, 2024.

[42] 彭霞, 赵乾明, 王凌云, 等. 新疆部分地区规模化猪场猪囊等孢球虫的套式 PCR 检测及感染情况分析 [J]. 畜牧与饲料科学, 2022, 43 (6): 124-128.

[43] 董兵. 鹿感染人五毛滴虫巢式 PCR 检测方法的建立与应用 [D]. 长春: 吉林大学, 2015.

[44] 吴伟怀, 刘宝慧, 汪全伟, 等. 咖啡叶锈病菌单管巢式 PCR 检测体系的建立与应用 [J]. 特产研究, 2023, 45 (5): 1-7, 15.

[45] 赵莉. 一步法巢式实时荧光定量 PCR 检测呼吸道病毒方法的建立及应用 [D]. 石家庄: 河北医科大学, 2019.

[46] 马红霞, 孙华, 郭宁, 等. 基于 PCR 和巢式 PCR 技术的玉米南方锈病早期检测

[J]．中国农业科学，2023，56（9）：1686-1695．

[47] 钟鸣．禽腺病毒血清4型巢式PCR和环介导等温扩增检测方法建立及应用［D］．哈尔滨：东北农业大学，2019．

[48] 施科达，徐民生，李艳，等．非洲猪瘟病毒一步法巢式锁核酸荧光定量PCR方法的建立［J］．中国农学通报，2023，39（11）：143-151．

[49] 肖航，王小燕，邓兆佳，等．核酸等温扩增技术在病毒检测中的应用［J］．高等学校化学学报，2024，45（7）：135-151．

[50] 费悦，李建新，王迪，等．分子即时检测研究进展［J］．计量科学与技术，2023，67（5）：3-8．

[51] 管昭巍，齐丽娟，张玉，等．等温核酸扩增技术在食品安全中的应用研究进展［J］．分析化学，2023，51（7）：1077-1085．

[52] 陈文静，董章勇，宋汉达，等．环介导等温扩增技术在植物病原物检测中的应用［J］．仲恺农业工程学院学报，2024，37（4）：48-54．

[53] 贾辉，胡兰，马晓威．依赖解旋酶DNA等温扩增技术的研究进展［J］．新农业，2015（9）：9-10．

[54] 郭铭静．基于重组酶聚合酶技术快速检测核酸标志物方法的构建［D］．重庆：中国人民解放军陆军军医大学，2022．

[55] 由佳恩，谭盈盈，阳鸿旅，等．滚环扩增技术在肿瘤检测及药物递送方面的应用［J］．肿瘤，2024，44（3）：306-318．

[56] 蒋淑萍，刘昌伟，李斌，等．交叉引物恒温扩增技术在初诊疑似肺结核患者诊断中的应用价值［J］．中国防痨杂志，2022，44（8）：844-848．

[57] 杨彩萍．一种基于目标介导核酸链置换扩增反应的电化学传感器用于赭曲霉毒素A的检测研究［J］．分析科学学报，2023，39（2）：188-194．

[58] 朱桐祎．依赖解旋酶的等温PCR对几种病原体检测方法的建立［D］．长春：长春理工大学，2023．

[59] 王纪东，王小慧，李媛，等．切刻内切酶介导恒温扩增技术条件优化［J］．军事医学，2012，36（1）：65-69．

[60] 刘培海，王凯，雷质文，等．环介导等温扩增技术在致病性弧菌检测中应用的研究进展［J］．食品安全质量检测学报，2024，15（12）：10-19．

[61] 安红玉，陶泽，陈晨，等．环介导等温扩增技术在食品安全检测领域的研究进展［J］．食品与发酵工业，2024，50（21）：388-396．

[62] 穆嘉明．布鲁氏菌鉴别型LAMP检测方法的建立［D］．呼和浩特：内蒙古农业大学，2021．

[63] 石磊, 王曼, 时国强, 等. 环介导等温扩增技术研究进展 [J]. 河北大学学报（自然科学版）, 2021, 41（5）: 565-571.

[64] 叶健强, 吴学婧, 毛从剑, 等. 重组酶介导等温扩增技术在动物疫病检测中的应用 [J]. 养殖与饲料, 2024, 23（8）: 101-105.

[65] 杨森, 李桂梅, 滕新栋. 等温扩增技术在呼吸道病毒检测方面的研究进展 [J]. 中国人兽共患病学报, 2024, 40（3）: 264-269.

[66] 张娟, 綦艳, 严家俊, 等. 重组酶介导扩增技术在生物安全检测中的应用研究 [J]. 中国酿造, 2022, 41（11）: 14-19.

[67] 毛迎雪, 刘蒙达, 张皓博, 等. 重组酶介导等温扩增技术（RAA）在病原微生物检测中的应用进展 [J]. 中国动物检疫, 2024, 41（1）: 60-66.

[68] 秦爱, 刘明明, 邓方进, 等. 重组酶介导等温核酸扩增技术在食源性致病菌检测中的应用 [J]. 食品安全质量检测学报, 2023, 14（10）: 278-286.

[69] 王帅, 杨艳歌, 吴占文, 等. 重组酶聚合酶扩增、重组酶介导等温扩增及酶促重组等温扩增技术在食源性致病菌快速检测中的研究进展 [J]. 食品科学, 2023, 44（9）: 297-305.

[70] 王晓庆, 张海韵, 高晗, 等. 重组酶聚合酶扩增技术在食源性致病菌检测中的应用 [J]. 现代食品, 2023, 29（1）: 11-14.

[71] 沈方园, 葛萧, 张晓宇, 等. 重组酶聚合酶扩增技术的研究进展 [J]. 微生物学通报, 2024, 51（5）: 1495-1511.

[72] 廖川, 韦贵将. 重组酶聚合酶扩增技术的研究进展与应用 [J]. 检验医学与临床, 2022, 19（22）: 3145-3149.

[73] 李爽. 猪场常见呼吸道细菌性病原重组酶聚合酶扩增（RPA）快速检测方法的建立与应用 [D]. 洛阳: 河南科技学院, 2024.

[74] 梁海燕, 刘文鑫, 杨志刚. 等温核酸扩增技术进展 [J]. 中国医学创新, 2017, 14（16）: 145-148.

[75] 明若阳, 张蕴哲, 杨倩, 等. 实时荧光单引物等温扩增技术检测牛乳中的金黄色葡萄球菌 [J]. 食品科技, 2018, 43（8）: 325-329.

[76] 窦国霞. 生物传感器在食品质量安全检测中的应用研究进展 [J]. 食品安全质量检测学报, 2024, 15（22）: 181-187.

[77] 郭红莲, 路小欢, 李琪琳, 等. 新型电化学传感器在生物分子检测中的研究进展 [J]. 中国生物工程杂志, 2024, 44（5）: 99-107.

[78] 白拓男, 梁新义. 基于电化学生物传感器检测食源性致病菌的研究进展 [J]. 现代食品, 2024, 30（9）: 22-26.

[79] 郭红莲，路小欢，李琪琳，等．新型电化学传感器在生物分子检测中的研究进展［J］．中国生物工程杂志，2024，44（5）：99-107．

[80] 黄惠杰，赵永凯，黄立华，等．光学生物传感器．光电产品与资讯，2010，1（8）．

[81] 李莎莎．基于功能核酸与等温信号放大技术的新型光学生物传感器研究［D］．济南：济南大学，2020．

[82] 俞静，姚志豪，何开雨，等．基于纳米材料的光学生物传感器在中药真菌毒素检测中的应用［J］．分析化学，2023，51（4）：472-488．

[83] 苏丹丹．便携式光学生物传感器的构筑及其在农药检测中的应用研究［D］．长春：吉林大学，2022．

[84] 李冬贤．金纳米颗粒光学生物传感器研究及其在农业中的应用［D］．郑州：河南农业大学，2021．

[85] 李想．基于纳米材料和核酸适配体的高灵敏度光学生物传感器研究［D］．新乡：河南师范大学，2014．

[86] 金培燕．基于纳米金的光学生物传感器的应用［D］．长沙：湖南大学，2011．

[87] 来倩倩．基于纳米材料的新型光学生物传感器的研究［D］．温州：温州大学，2015．

[88] 屈丽思，彭宇彦，俞泽涛，等．基于表面等离子体共振的外泌体PD-L1蛋白检测技术［J］．中国生物化学与分子生物学报，2024，40（9）：1300-1307．

[89] 刘小锐，邱娉，刘倩，等．基于SPR的重金属离子检测技术研究进展［J］．光学仪器，2024，46（4）：1-13．

[90] 罗世闻，武利庆，杨彬，等．表面等离子体共振技术及其在蛋白质活性浓度绝对定量中的应用［J］．计量学报，2023，44（11）：1770-1775．

[91] 闫枫蕾，娄婷婷，王淞，等．基于分子印迹的表面等离子共振传感器在食品安全检测中的应用［J］．食品研究与开发，2023，44（18）：205-211．

[92] 秦莉．3D磁泳分离和磁标记辅助下的病毒微型化检测研究［D］．武汉：武汉纺织大学，2021．

[93] 李顺基，肖育劲，陈鹏，等．微流控芯片技术在体外诊断领域中的应用进展［J］．分析科学学报，2020，36（5）：639-645．

[94] 朱婧旸，董旭华，张维宜，等．微流控技术在食品安全快速检测中的应用［J］．化学试剂，2021，43（5）：632-639．

[95] 黄子鸣，刘明，周露萍，等．液滴微流控分析技术在细菌快速检测中的应用［J/OL］．微生物学通报，1-19［2025-02-10］．

[96] 张鑫，彭俊平．微流控芯片技术在传染病诊断中的应用进展［J/OL］．中国科学：生命科学，2025，55（2）：335-346．

第四章　粮食类中有害微生物的快速检测

第一节　粮食类中常见有害微生物的来源及预防措施

在粮食生产和储存过程中，有害微生物的污染是一个不可忽视的问题。这些微生物不仅影响粮食的品质和口感，还可能对人体健康构成威胁。了解有害微生物的来源，是采取有效措施防止其污染的前提。以下是对常见有害微生物来源的详细分析。

一、土壤中的微生物

土壤，作为地球上生命体系的基础组成部分，不仅是植物生长不可或缺的基质，也是微生物繁衍生息的主要栖息地。在这个复杂而微妙的生态系统内，微生物种群多样且功能各异，它们在维持生态平衡、促进植物生长、调节土壤肥力等方面发挥着不可替代的作用。细菌、放线菌、酵母菌和霉菌等微生物群体，通过分解有机物质、转化营养元素、抑制病害发生等机制，深刻影响着土壤的结构与功能，进而对粮食作物的生长周期及产量质量产生深远影响。

细菌是土壤中最丰富的微生物群体之一，参与氮、磷、硫等元素的循环过程，部分种类具有固氮能力，能直接增加土壤中的氮素含量，促进植物营养吸收。放线菌主要分解纤维素和木质素，有助于土壤有机质的降解，同时产生抗生素类物质，对土壤病害有一定的抑制作用。酵母菌虽然不如细菌和放线菌普遍，但在某些特定条件下（如水果发酵），能显著促进植物残体的分解和养分的释放。霉菌包括许多有益和有害种类，有益霉菌参与腐殖质的形成，有害霉菌则可能导致粮食霉变，影响食品安全。

土壤微生物的分布与数量受到多种环境因子的综合影响，不同类型的土壤（如沙土、壤土、黏土）因其质地、水分含量、pH等差异，为微生物提供了不同的生存条件。温度、湿度、降水等气候因素直接影响微生物的活性与繁殖速度，例如，温暖湿润的环境有利于霉菌的生长。化肥和有机肥的使用会改变土壤的理化性质，影响微生物群落结构，有机肥的施用往往能增加土壤微生物多样性。耕作、轮作、连作等农业管理措施也会影响微生物群落，例如，轮作有助于维持土壤微生物多样性，减少病虫害。

微生物从土壤到粮食上的传播是一个复杂的过程，涉及多种自然因素和生物活动。风力是自然界中微生物长距离传播的主要动力之一，特别是在干燥季节，霉菌孢子等轻质微生物易于被风携带，随风飘散至远处，包括落在成熟的粮食籽粒上。这种传播方式具有随机性和不确定性，但能够在较短时间内实现微生物的大范围扩散。土壤中的昆虫，如蚜虫、甲虫等，在觅食、迁徙过程中，体表和消化道内会携带大量微生物，当这些昆虫接触到粮食作物时，无论是觅食还是产卵，都可能将微生物传播至粮食表面或内部。昆虫作为微生物的"搬运工"，不仅加速了微生物的传播速度，还扩大了传播范围。降雨过程中，雨滴对土壤的冲刷作用会将土壤中的微生物（尤其是那些附着在土壤颗粒上的微生物）带入水体中，这些含微生物的水体若用于灌溉，则可能直接将微生物带入作物根系或叶片，甚至通过渗透作用进入粮食内部。此外，洪水等极端天气事件还能加剧这一过程，导致更大范围的微生物污染。粮食入库后，仓库环境为害虫和螨类提供了适宜的生存条件。这些生物以粮食为食，同时也以霉菌孢子为次要食物来源。在取食过程中，它们不仅直接携带孢子传播给其他粮食，其排泄物中也富含活孢子，成为新的污染源。仓库内的温湿度条件若适宜，这些孢子会迅速繁殖，导致粮食霉变，严重影响粮食质量和储存安全。

鉴于微生物传播对粮食安全的潜在威胁，采取以下有效防控措施至关重要。合理施肥，增加有机肥比例，改善土壤结构，促进有益微生物的生长；实施轮作、深松等农业措施，减少病原菌积累；利用天敌和生物农药控制害虫数量，减少昆虫传播微生物的风险。收获时选择晴朗天气，避免雨天作业，减少雨水对粮食的直接污染；使用清洁的收割工具和运输车辆，防止交叉污染；入库前对粮食进行干燥处理，降低水分含量，创造不利于微生物生长的环境条件。加强仓库卫生管理，定期清扫、消毒，减少害虫和螨类的滋生；采用气调储藏、低温储藏等技术，创造不利于微生物生存的环境；定期检查粮食状态，及时发现并处理霉变粮食，防止病害扩散。利用现代生物技术，如基因测序、微生物组学研究，深入了解土壤微生物群落结构及其功能，开发针对性的微生物防控技术和产品；应用物联网、大数据等信息技术，实现粮食储藏环境的精准监控，提高防控效率。

土壤中的微生物在粮食生产中扮演着双刃剑的角色，既对土壤健康和作物生长至关重要，又可能成为粮食污染的源头。通过综合运用农业管理措施、科技手段和创新思维，可以有效控制微生物的传播，保障粮食质量和食品安全，促进农业可持续发展。

二、空气中的微生物

空气，作为地球上无处不在的自然介质，不仅是生命呼吸的必需品，也是微生物传播的重要媒介。空气中微生物的来源极为广泛，它们来自土壤、水体、动植物表面以及人类活动的各个角落。这些微生物随着气流飘散，能够轻松穿越建筑屏障，进入生产车间、仓库、医院、家庭等封闭或半封闭环境，对食品、药品、医疗器械乃至人类健康构成潜在威胁。特别是在粮食制品的生产过程中，空气微生物的污染问题尤为突出，因此，深入了解空气中微生物的来源、传播机制及其对粮食制品的影响，并采取有效的防控措施，对于保障食品安全至关重要。

土壤是空气中微生物的重要来源之一，尤其是霉菌孢子，它们轻而小，易于被风携带至空中。水体中的微生物，如细菌、病毒等，也可通过水雾、飞沫等形式进入空气。此外，植物叶片、花朵等表面附着的微生物，在风吹或昆虫活动时也可能被释放到空气中。动物体表、呼吸道、排泄物等含有大量微生物，这些微生物在动物活动时可能进入空气。人类活动，如呼吸、说话、打喷嚏、咳嗽等，都会释放大量微生物到空气中，包括细菌、病毒、真菌等。此外，人类在日常生活中产生的垃圾、污水等，也是空气中微生物的重要来源。在粮食制品的生产车间内，空气微生物的来源更加复杂。操作人员通过呼吸、说话等活动释放的微生物，设备表面和缝隙中滋生的微生物，原材料在加工过程中产生的粉尘和碎屑携带的微生物以及周围环境中的微生物，都可能通过空气传播至车间内部，污染粮食制品。

空气微生物的传播主要依赖于气流和颗粒物的携带。当微生物附着在微小的颗粒物（如尘埃、飞沫）上时，它们可以随着气流的运动而飘散。这些颗粒物可以是大气中的自然尘埃，也可以是人类活动产生的污染物。微生物在空气中的传播距离和范围取决于多种因素，包括气流速度、方向、温度、湿度以及微生物本身的性质（如大小、重量、稳定性等）。在粮食制品的生产车间内，空气微生物的传播更加复杂。由于车间内通常存在大量的粉尘和碎屑，这些颗粒物为微生物提供了良好的附着点。当操作人员、设备或原材料产生运动时，这些颗粒物会随之飘散，将微生物带到车间的各个角落。此外，车间的通风系统也可能成为微生物传播的通道。如果通风系统设计不合理或维护不当，就可能导致微生物在车间内部循环传播。

微生物在空气中的传播可能导致粮食制品被污染。这些微生物可能来自土壤、水体、动植物表面或人类活动产生的污染物。当它们附着在粮食制品上时，会破坏食品的卫生质量，甚至引发食品安全问题。某些微生物在粮食制品上生长繁殖时，会产生各种酶和代谢产物，导致食品变质或缩短食品的保质期。空气中的某些微生物是致病菌或病毒，它们可以通过空气传播至人体呼吸道、消化道等部位，引发疾病。在粮食制品的生产过程中，如果操作人员没有采取适当的防护措施，就可能将这些致病菌或病毒带入食品中，从而引发食品安全事件。

为了防止空气微生物对粮食制品的污染，保持生产车间的良好通风是减少空气微生物污染的关键。通过开窗换气或使用空气净化设备，可以降低车间内的微生物浓度。同时，应定期对通风系统进行清洁和维护，确保其正常运行。操作人员是车间内空气微生物的重要来源之一。因此，应严格控制操作人员的个人卫生习惯，要求操作人员佩戴口罩、勤洗手、穿戴整洁的工作服等，以减少微生物的传播。此外，还应定期对操作人员进行健康检查，确保他们不携带致病菌或病毒。对设备和原材料进行定期清洁和消毒是减少微生物滋生的有效方法。使用合适的清洁剂和消毒剂，可以杀灭附着在设备和原材料表面的微生物，降低其传播至粮食制品的风险。通过优化生产流程，可以减少微生物在粮食制品生产过程中的传播机会。例如，将原材料处理、加工、包装等工序分开进行，减少交叉污染的可能性；使用自动化设备代替人工操作，减少人员与粮食制品的直接接触。为了及时了解车间内空气微生物的污染情况，应定期进行微生物监测和评估。通过采集空气样本并检测其中的微生物种类和数量，可以评估车间的卫生状况并采取相应的防控措施。同时，应定期对粮食制品进行抽样检测，确保其符合食品安全标准。

空气微生物对粮食制品的污染是一个复杂而严重的问题。为了保障食品安全和消费者的健康权益，需要采取一系列有效的防控措施来减少空气微生物的传播和污染。通过加强通风与空气净化、控制操作人员个人卫生、清洁与消毒、优化生产流程以及加强监测与评估等措施的综合运用，可以有效地降低空气微生物对粮食制品的污染风险，保障食品的质量和安全。

三、水源中的微生物

水源，作为生命之源，其质量直接关系到人类健康与生态平衡。在粮食加工和清洗过程中，水源扮演着不可或缺的角色。然而，水源一旦受到污染，其中的微生物将严重威胁粮食制品的安全与卫生。

水源中微生物的来源广泛，主要包括自然因素和人为因素两大类。自然界中的水体，如河流、湖泊、地下水等，本身就含有一定量的微生物。这些微生物包括细菌、病毒、真菌、原生动物和藻类等，它们在水中自然繁殖，形成一定的生物群落。然而，当水体受到外界环境的干扰，如气候变化、地质变动等，微生物群落可能发生变化，导致水质恶化。人为因素是导致水源污染的主要原因。工业废水排放、农业面源污染、生活污水排放等，都是水源中微生物污染的重要来源。

工业生产过程中产生的废水，往往含有大量有毒有害物质和微生物。这些废水未经处理或处理不彻底直接排入水体，会严重污染水源。农业生产过程中使用的农药、化肥等化学物质，以及畜禽养殖产生的粪便等有机污染物，通过径流、渗透等方式进入水体，导致水源污染。同时，农业灌溉过程中也可能将土壤中的微生物带入水体。人类日常生活中产生的污水，含有大量细菌、病毒、寄生虫等微生物。这些污水未经处理直接排入水体，会成为水源中微生物污染的重要来源。

水源中的微生物污染机制复杂多样，主要包括生物富集、生物转化、生物传播等过程。微生物在水中繁殖并可能形成生物膜，附着在水体中的悬浮物、沉积物或管道内壁等表面。这些生物膜不仅为微生物提供了生存和繁殖的场所，还可能通过水流、风力等自然因素或人类活动进行传播，进一步扩大污染范围。

当受污染的水源用于粮食清洗、烹饪或加工过程中时，微生物会直接污染粮食制品。这些微生物可能包括细菌、病毒、寄生虫等，它们在水中繁殖并可能通过食品进入人体，引发食品安全问题。在粮食加工过程中，如果不同批次或不同类型的粮食使用同一水源进行清洗或烹饪，微生物可能在不同粮食制品之间发生交叉污染。这种交叉污染不仅会影响食品的质量和安全，还可能导致食品中毒等严重后果。水源中的微生物在粮食制品中繁殖时，会产生各种酶和代谢产物，导致食品变质。这些微生物可能破坏食品的营养成分和感官品质，缩短食品的保质期。水源中的某些微生物是致病菌或病毒，它们可以通过食品进入人体消化道、呼吸道等部位，引发疾病。这些疾病可能包括细菌性痢疾、伤寒等肠道传染病，以及病毒性肝炎等病毒性疾病。

为了保障水源的安全和卫生，防止微生物对粮食制品的污染，政府应加强对水源地的保护和监管力度，制定和实施严格的水资源保护政策。禁止在水源地附近进行可能污染水体的活动，如排放工业废水、倾倒垃圾等。同时，应建立水源地保护区，限制人类活动对水源地的干扰。对于工业废水和生活污水等污染源，应实施严格的废水处理和排放标准。要求企业建设和完善废水处理设施，确保废水在排放前达到国家或地方规定的排放标准。同时，政府应加强对废水处理设施的监管和检查力度，确保其正常运行和达标排放。为了及时了解水源的水质状况，应定期对水源进行监测和检测。通过采集水样并检测其中的微生物种类和数量等指标，可以评估水源的卫生状况并采取相应的防控措施。同时，应建立水质监测网络和信息共享机制，提高水质监测的准确性和时效性。在粮食加工和清洗过程中，应推广使用经过净化处理的水。通过建设水处理设施或使用水处理设备对水源进行净化处理，可以去除水中的微生物、化学物质等有害物质，提高水的质量和安全性。同时，应加强对水处理设施的维护和保养力度，确保其正常运行和净化效果。政府和企业应加强对食品安全意识的教育和培训力度。通过举办讲座、培训班等活动，提高粮食加工企业和消费者的食品安全意识水平。同时，应加强对食品安全法律法规的宣传和普及力度，增强企业和消费者的法律意识和责任感。

为了应对水源突发污染事件对粮食制品安全的威胁，应建立应急预案与响应机制。制定详细的应急预案和处置流程，明确各部门和单位的职责和任务。同时，应定期组织应急演练和培训活动，提高应急响应能力和水平。在发生水源污染事件时，能够迅速启动应急预案并采取相应的处置措施，最大限度地减少污染对粮食制品安全的影响。

水源中微生物的污染问题对粮食制品的安全与卫生构成了严重威胁。为了保障水源的安全和卫生以及粮食制品的质量与安全水平，需要政府、企业和消费者共同努力，采取一系列有效的防控措施来减少水源中微生物的污染风险。通过加强水源地保护、实施废水处理与排放标准、加强水质监测与检测、推广使用净化水、加强食品安全意识教育以及建立应急预案与响应机制等措施的综合运用，我们可以有效地保障水源的安全和卫生以及粮食制品的质量与安全水平。

四、设施上的微生物

在粮食仓储与加工行业中，设施作为粮食处理、储存和转运的核心元素，其表面的微生物污染问题不容忽视。从机器设备、包装材料、生产器材到运输工具，每一处都可能成为微生物滋生的温床。这些微生物不仅影响粮食制品的卫生质量，还可能对消费者健康构成潜在威胁。因此，深入理解设施上微生物的来源、污染机制及防控措施，对于保障粮食安全具有重要意义。

设施上的微生物来源多样，空气中悬浮的微生物粒子，如细菌、真菌孢子、病毒等，可通过气流进入仓库和加工厂内部，附着在设施表面。特别是在通风不良或存在污染源（如附近工厂排放、动物饲养场等）的情况下，空气中微生物含量可能更高。工作人员是微生物传播的主要媒介之一，他们的衣物、皮肤、头发等可能携带大量微生物，特别是在未采取适当个人卫生措施（如洗手、穿戴防护服）的情况下，微生物容易被带入工作区域并污染设施。进入仓库和加工厂的粮食原材料本身可能携带微生物，尤其是当原料来自受污染的环境或未经过充分清洁和消毒时。这些微生物在加工过程中可能转移到设施表面，进一步扩散至其他产品或环境中。设施维护不善，如清洁不彻底、润滑剂使用不当、设备老化等，都可能为微生物提供滋生条件。特别是设备缝隙、死角和难以触及的区域，容易积累灰尘、碎屑和残留物，成为微生物滋生的温床。适宜的温度、湿度和营养物质（如破碎粮粒的淀粉、蛋白质等）为微生物的繁殖提供了理想条件。在仓库和加工厂内部，这些因素往往难以完全控制，特别是在潮湿、通风不良的环境中，微生物繁殖速度更快。

设施上的微生物污染机制复杂，一旦微生物在设施表面定殖，它们可能形成一层难以清除的生物膜。这层生物膜不仅保护微生物免受外界环境的侵害，还可能增强微生物的耐药性，使得常规的清洁和消毒措施难以奏效。此外，生物膜内的微生物还可能通过释放胞外聚合物等方式，促进微生物间的相互作用和协同作用，进一步加剧污染问题。

为了防止设施上的微生物污染，保障粮食制品的卫生质量和消费者健康，应定期清洁与消毒，建立并执行严格的清洁和消毒计划，是防控设施上微生物污染的基础。应使用合适的消毒剂和清洁工具，针对不同类型的设施（如金属、塑料、玻璃等）选择适宜的清洁方法和消毒剂。清洁时应特别注意设备缝隙、死角和难以触及的区域，确保彻底清除微生物及其生物膜。消毒后，应使用洁净的水或空气吹干设施表面，避免残留物成为新的污染源。提高工作人员的卫生意识和操作技能，是防控设施上微生物污染的关键。应定期对员工进行食品安全培训，包括个人卫生习惯、清洁消毒操作规范、微生物基础知识等。同时，应建立严格的个人卫生管理制度，如要求员工在进入工作区域前更换工作服、鞋帽，洗手消毒等。对于从事直接接触食品的员工，还应进行定期的健康检查和微生物监测。

对进入仓库和加工厂的原材料进行严格的检验和监测，是防控微生物污染的第一道防线。应检查原材料的卫生质量，确保其符合国家或地方的食品安全标准。对于疑似受污染的原材料，应立即隔离并进行进一步的检验和处理。同时，对成品也应进行抽样检验，确保其符合食品安全要求。在检验过程中，应特别注意微生物指标的检测，如细菌总数、大肠菌群、霉菌和酵母菌等。

优化仓库和加工厂内部的环境条件，是防控设施上微生物污染的重要手段。应保持适宜的温湿度条件，避免过高或过低的温度和湿度导致微生物繁殖加速。同时，应加强通风换气，减少空气中的微生物含量。对于易受潮的粮食制品，还应采取防潮措施，如使用干燥剂、安装除湿机等。

定期对设备进行维护和更新，是确保设施卫生质量的关键。应定期检查设备的运行状况，及时更换磨损或损坏的部件。对于易滋生微生物的区域，如设备缝隙、死角等，应特别关注并采取预防措施。同时，应定期更新设备，采用更先进的、易于清洁和消毒的设计和技术。

为了应对突发的微生物污染事件，应建立应急预案并定期组织演练。应急预案应包括污染源的识别与隔离、受影响产品的处理、清洁消毒程序的启动、员工的健康监测与隔离等措施。通过演练，可以检验应急预案的有效性和可操作性，提高员工的应急响应能力和水平。

防控设施上微生物污染是一项长期而艰巨的任务。通过实施定期清洁与消毒、加强人员培训与管理、原材料与成品检验、环境控制、设备维护与更新以及建立应急预案等综合防控策略，并应对实践中的挑战与问题，我们可以有效减少设施上的微生物污染风险，保障粮食制品的卫生质量和消费者健康。

五、人为因素

在粮食生产和储存的复杂流程中，人为因素无疑扮演着至关重要的角色，不仅影响生产效率和质量，还直接关系到微生物污染的风险。从操作人员的个人卫生习惯、操作规范，到设备的维护和清洁程度，每一个细节都可能成为微生物污染的源头。因此，深入探讨人为因素导致的微生物污染，并提出有效的防控策略，对于保障粮食制品的卫生安全具有重要意义。

操作人员的个人卫生习惯是微生物污染的首要人为因素。在粮食生产和储存环境中，操作人员作为直接参与者，其身体表面、衣物、头发等都可能携带大量微生物。这些微生物可能通过空气传播、直接接触等方式污染粮食制品。

若操作人员不遵守基本的卫生规定，如不勤洗手、不佩戴口罩和手套，就会将手上的细菌、病毒等微生物带入生产环境。这些微生物在接触粮食制品时，极易造成污染。在操作过程中，如果操作人员直接用手接触食品，或使用未经消毒的工具和设备，都会增加微生物污染的风险。此外，若操作人员在处理不同批次或种类的粮食制品时未进行必要的清洁和消毒，也可能导致交叉污染。操作人员在工作中若粗心大意，如未及时发现和处理设备上的残留物，或未按规定时间进行设备清洁和消毒，都可能为微生物提供滋生环境，进而污染粮食制品。

为了减少人为因素导致的微生物污染，需要采取一系列措施，从提高操作人员的卫生意识和操作技能，到建立健全的卫生管理制度和操作规程，全面防控微生物污染。加强操作人员培训和管理，提高操作人员的卫生意识和操作技能是减少微生物污染的关键。应通过定期的培训和教育，使操作人员了解微生物污染的危害、个人卫生习惯的重要性以及正确的操作规范。同时，应建立健全的卫生管理制度和操作规程，明确操作人员的职责和要求，确保各项卫生措施得到有效落实。企业应建立完善的卫生管理制度，明确微生物污染防控的目标、措施和责任。制度应涵盖生产环境的清洁和消毒、操作人员的个人卫生管理、设备的维护和清洁等方面。同时，应定期对卫生管理制度的执行情况进行检查和评估，及时发现和纠正问题。

为了减少人为因素导致的微生物污染，应加强跨部门之间的协作和信息共享。例如，生产部门、质量控制部门、设备维护部门等应密切合作，共同制定和执行微生物污染防控措施。同时，应建立信息共享平台，及时分享微生物污染防控的最新技术、方法和经验，提高整体的防控水平。

人为因素在粮食生产和储存过程中的微生物污染中扮演着重要角色。通过加强操作人员的培训和管理、建立健全的卫生管理制度和操作规程，可以有效减少人为因素导致的微生物污染。未来，随着科技的不断进步和人们对食品安全意识的不断提高，相信会有更多的新技术和新方法被应用于微生物污染防控领域，为粮食制品的卫生安全提供更加有力的保障。同时，企业也应不断加强内部管理和外部合作，共同推动微生物污染防控工作的深入开展。

六、害虫和螨类传播

仓库内的害虫和螨类不仅是粮食储存过程中的一大威胁，还是霉菌孢子传播的重要媒介。这些微小的生物通过爬行、啃食等方式，将霉菌孢子传播到粮食制品上，为粮食的霉变提供了条件。深入探讨害虫和螨类的传播机制、影响因素以及防控策略，对于保障粮食储存安全具有重要意义。

仓库内的害虫和螨类种类繁多，它们的生活环境与粮食制品紧密相连。这些生物在爬行、觅食的过程中，会不断地接触并携带霉菌孢子。霉菌孢子是一种微小的生殖细胞，具有很强的生存能力和传播能力。当害虫和螨类在粮食制品上活动时，它们身上的霉菌孢子就会随之附着在粮食制品上。

一旦仓库内的环境条件适宜（如温度适中、湿度较高），这些霉菌孢子就会迅速繁殖。霉菌的生长和繁殖会导致粮食变质，不仅降低粮食的品质，还可能产生有毒有害物质，对人类健康构成威胁。因此，害虫和螨类作为霉菌孢子的传播媒介，对粮食储存安全构成了严重威胁。

害虫和螨类的传播风险受到多种因素的影响，这些因素相互作用，共同决定了仓库内霉菌孢子传播的程度和范围。仓库的卫生状况是影响害虫和螨类滋生和传播的重要因素。如果仓库清洁不彻底，存在垃圾、灰尘等杂物，就会为害虫和螨类提供滋生和繁殖的温床。这些生物在垃圾和灰尘中寻找食物和栖息地，同时也会携带并传播霉菌孢子。因此，保持仓库的清洁和卫生是减少害虫和螨类传播风险的关键措施之一。

储存条件是影响害虫和螨类滋生和传播的另一重要因素。仓库内的温度、湿度等环境条件对害虫和螨类的生长和繁殖具有重要影响。如果仓库内的温度过高或湿度过大，就会为害虫和螨类提供适宜的生长环境，促进它们的滋生和繁殖。同时，这些环境条件也有利于霉菌孢子的生长和繁殖，从而增加了粮食霉变的风险。

不同种类的害虫和螨类具有不同的传播能力和特点。一些害虫和螨类具有较强的传播能力，能够在短时间内将大量霉菌孢子传播到粮食制品上，而另一些害虫和螨类则可能主要影响粮食的品质和口感，对霉菌孢子的传播影响较小。此外，害虫和螨类的数量也是影响传播风险的重要因素。如果仓库内害虫和螨类的数量过多，就会增加霉菌孢子传播的风险。

为了减少害虫和螨类传播的风险，需要采取一系列措施。这些措施包括加强仓库的卫生管理、严格控制储存条件、定期进行害虫和螨类的防治工作等。

加强仓库的卫生管理是减少害虫和螨类传播风险的基础措施。首先，要定期对仓库进行清洁和消毒，清除垃圾、灰尘等杂物，减少害虫和螨类的滋生环境。其次，要保持仓库的通风和干燥，降低湿度和温度，为害虫和螨类的生长和繁殖创造不利条件。此外，还要定期对仓库进行巡查和监测，及时发现并处理害虫和螨类的问题。

严格控制储存条件是减少害虫和螨类滋生和传播的重要手段。仓库内的温度、湿度等环境条件对害虫和螨类的生长和繁殖具有重要影响。因此，要根据粮食的种类和特性，合理设置仓库内的温度、湿度等参数。例如，对于易受潮的粮食，要降低仓库内的湿度；对于易受热的粮食，要控制仓库内的温度。同时，还要定期对仓库内的环境条件进行监测和调整，确保储存条件符合粮食储存的要求。

定期进行害虫和螨类的防治工作是减少害虫和螨类传播风险的有效措施。防治工作可以采用物理、化学和生物等多种方法。物理方法包括使用捕虫器、黏虫板等工具捕捉害虫和螨类；化学方法包括使用杀虫剂、杀菌剂等化学物质杀灭害虫和螨类；生物方法则包括利用天敌、微生物等生物因素控制害虫和螨类的滋生和繁殖。在选择防治方法时，要根据害虫和螨类的种类、数量以及仓库的实际情况进行选择，确保防治效果的同时减少对环境的影响。

加强粮食入库前的检验和筛选是减少害虫和螨类传播风险的预防措施。在粮食入库前，要对粮食进行严格的检验和筛选，去除其中的杂质、破损粒和病虫害粒等。这样可以减少害虫和螨类的滋生环境产生，降低它们对粮食的侵害和传播风险。同时，还可以根据检验结果对粮食进行分类储存和管理，提高储存效率和质量。

建立完善的监测和预警机制是及时发现和处理害虫和螨类问题的重要手段。仓库内应设置监测设备，实时监测仓库内的环境条件、害虫和螨类的滋生情况等。一旦发现异常情况或害虫和螨类问题，应立即启动预警机制，采取相应措施进行处理。这样可以及时发现并控制害虫和螨类的滋生和传播风险，避免对粮食储存造成严重影响。

培训员工提高防控意识是减少害虫和螨类传播风险的重要保障。仓库管理人员和工作人员应接受相关的培训和教育，了解害虫和螨类的危害、传播机制以及防控措施等。这样可以提高员工的防控意识和能力，确保各项防控措施得到有效执行。同时，还可以鼓励员工积极参与防控工作，共同维护仓库的卫生和安全。

加强与其他部门的合作与信息共享是减少害虫和螨类传播风险的有效途径。仓库管理部门可以与农业、环保等部门加强合作与交流，共同研究害虫和螨类的防控策略和技术手段。同时，还可以建立信息共享机制，及时获取最新的害虫和螨类防控信息和技术动态。这样可以提高防控工作的针对性和实效性，共同应对害虫和螨类对粮食储存的挑战。

综上所述，害虫和螨类作为霉菌孢子的传播媒介对粮食储存安全构成了严重威胁。为了减少害虫和螨类的传播风险，需要采取一系列措施，包括加强仓库的卫生管理、严格控制储存条件、定期进行害虫和螨类的防治工作等。同时还需要加强与其他部门的合作与信息共享以及培训员工提高防控意识等。通过这些措施的实施可以有效地降低害虫和螨类的滋生和传播风险保障粮食储存的安全和质量。

七、交叉污染：粮食制品安全与卫生的重大挑战

交叉污染是食品安全领域的一个重要问题，尤其在粮食制品的加工和运输过程中，其影响尤为显著。交叉污染指的是不同食材或食品之间微生物的传播，这种传播可能源于直接接触、共用设备工具而未进行适当清洁消毒，或者通过空气、水等媒介间接传播。微生物的交叉污染不仅影响食品的品质和口感，更重要的是可能引发食品安全事件，对人类健康造成严重威胁。因此，深入探讨交叉污染的风险因素、影响机制以及防控策略，对于保障粮食制品的安全与卫生具有重要意义。

交叉污染的危害不容忽视。一方面，微生物的传播可能导致食品变质，降低食品的品质和口感；另一方面，某些微生物还可能产生有毒有害物质，对人类健康构成严重威胁。例如，沙门氏菌、大肠杆菌等细菌可引起食物中毒，而黄曲霉毒素等真菌毒素则具有致癌作用。因此，有效防控交叉污染是保障粮食制品安全与卫生的关键。

粮食制品中常见有害微生物的来源广泛且复杂多样，包括土壤、空气、水源、设施以及人为因素等。这些微生物通过直接接触、空气传播、水源传播、害虫和螨类传播以及交叉污染等途径污染粮食制品。为了保障粮食制品的安全质量，需要采取综合性的措施来控制和预防微生物污染的发生，包括建立严格的卫生管理制度、加强消费者教育和食品安全意识、强化食品监管和政策制定等方面的工作，同时还需要加强对新技术和新方法的研究和应用以提高粮食制品的安全性和可靠性。

第二节　粮食类中有害微生物的快速检测方法

一、常见有害微生物的种类

（一）细菌类

大肠埃希氏菌：这是一种常见的致病菌，其存在可能表明食品受到了粪便污染。大肠埃希氏菌可以通过食物链传播，引发腹泻、呕吐等食物中毒症状。在粮食制品的生产和加工过程中，如果操作不规范或卫生条件不佳，就可能导致大肠杆菌的污染。

沙门氏菌：这种细菌是一种引起肠道感染的常见病原体，常见于生肉和生蛋中。沙门氏菌对热敏感，但在低温下可以存活较长时间。一旦消费者食用了被沙门氏菌污染的食品，可能会出现发热、腹泻、腹痛等症状。

金黄色葡萄球菌：这是一种耐热的致病菌，常引发食物中毒。金黄色葡萄球菌产生的肠毒素非常稳定，即使经过高温处理也难以完全破坏。该菌可以在食品加工环境中广泛存在，通过接触传播到粮食制品上，导致食物中毒事件的发生。

肉毒杆菌：这是一种厌氧菌，能够在缺氧的环境中生长繁殖。肉毒杆菌产生的肉毒素是目前已知的最毒的物质之一，少量摄入即可导致严重的健康问题甚至死亡。在粮食制品的密封包装破损或储存不当的情况下，可能会给肉毒杆菌的生长提供有利条件。

志贺氏菌：这种细菌主要通过食物和水源传播，可引起细菌性痢疾等疾病。志贺氏菌对酸敏感，但在碱性环境中能够存活较长时间。在粮食制品的生产过程中，如果使用了受污染的水源或原料，就可能导致志贺氏菌的污染。

（二）霉菌类

黄曲霉：这是一类重要的储粮霉菌，其代谢产物黄曲霉毒素具有强烈的致癌性，对人畜健康构成严重威胁。黄曲霉在温暖潮湿的环境中容易生长繁殖，因此在粮食的收获、储存和加工过程中要特别注意防止黄曲霉的污染。

青霉：青霉属真菌大多分布于自然界各类基质上，部分种类是中草药的重要组成部分，但也有一些青霉菌会产生有害的代谢产物。例如，展青霉能产生展青霉毒素，该毒素对人和动物都有一定的危害。

镰刀菌：这类霉菌在土壤中广泛存在，也是粮食作物上的重要致病菌之一。镰刀菌可以侵染多种农作物，引起病害，并且在粮食储存过程中也可能继续生长繁殖，产生有毒的代谢产物，如脱氧雪腐镰刀菌烯醇（DON）等真菌毒素。

交链孢霉：交链孢霉是一种常见的霉菌，存在于空气、土壤和各种植物材料上。它可以产生一种称为交链孢酚单端孢霉烯的毒素，这种毒素对人体有一定的危害，可引起过敏反应和呼吸道疾病等。

（三）病毒类

肝炎病毒：1973 年 Feinslone 首先用免疫电镜技术在急性期患者的粪便中发现甲型肝炎病毒（HAV），为小 RNA 病毒科嗜肝病毒属。人类感染 HAV 后，大多表现为亚临床或隐性感染，仅少数人表现为急性甲型肝炎。一般可完全恢复，不转为慢性肝炎，亦无慢性携带者。肝炎病毒是一组体积较小、结构较简单的核酸病毒，主要侵犯肝脏并引起炎症反应。虽然肝炎病毒的传播途径主要是血液传播、母婴传播和性接触传播，但在食品生产和加工过程中，如果员工患有肝炎并且卫生意识不强，就有可能通过接触将病毒传播到粮食制品上。

诺如病毒：诺如病毒是一种引起非细菌性急性胃肠炎的主要病原之一，它是一组形态相似、抗原性略有不同的病毒颗粒。诺如病毒感染性腹泻在全世界范围内均有流行，全年均可发生感染，感染对象主要是成人和学龄儿童，寒冷季节呈现高发。美国每年在所有的非细菌性腹泻暴发中，60%~90%是由诺如病毒引起。荷兰、英国、日本、澳大利亚等发达国家也都有类似结果。在中国 5 岁以下腹泻儿童中，诺如病毒检出率为 15%左右，血清抗体水平调查表明中国人群中诺如病毒的感染也十分普遍。诺如病毒具有较强的传染性和致病性。诺如病毒可以通过食物、水源、接触等途径传播，在集体食堂或聚餐场合容易引起暴发流行。如果粮食制品在加工或运输过程中受到污染，就可能导致诺如病毒的传播。

粮食制品作为人类日常饮食的重要组成部分，其安全性直接关系到消费者的健康。有害微生物的污染是粮食制品安全的主要威胁之一，因此，快速、准确地检测这些微生物对于保障食品安全具有重要意义。近年来，随着分子生物学、免疫学、传感器技术以及传统方法的不断改进，粮食制品中有害微生物的快速检测方法取得了显著进展。

二、粮食类中有害微生物的快速检测方法

（一）分子生物学技术

PCR 技术自 1983 年被发明以来，已成为分子生物学领域中最具革命性的技术之一。它通过体外酶促反应，利用耐热 DNA 聚合酶在变性、延伸和复性的循环过程中，迅速扩增特定的 DNA 片段。在粮食制品中有害微生物的快速检测中，PCR 技术具有极高的灵敏度和特异性。

nPCR 通过两轮 PCR 扩增，进一步提高了检测的特异性。在第一轮 PCR 中，使用一对较为宽泛的引物扩增包含目标序列的 DNA 片段；在第二轮 PCR 中，使用针对第一轮 PCR 产物中特定区域的另一对引物进行扩增。这种方法可以有效减少非特异性扩增和污染的可能性。

随机扩增多态性 DNA 分析（randomly amplified polymorphic DNA，RAPD），RAPD-PCR 则利用一系列随机引物对 DNA 进行扩增，产生一系列多态性条带，这些条带的存在与否或数量的差异可以用于鉴定微生物的种类或菌株。RAPD-PCR 技术具有操作简便、成本低廉的优点，但在实际应用中，其结果的稳定性和重复性可能受到多种因素的影响。

基因芯片技术是一种高通量的检测方法，它将大量基因探针固定在微小的芯片上，通过检测系统扫描芯片，可以确定样品中是否存在特定的微生物基因序列。这种技术可以在一次实验中同时检测多种病原体，大大提高了检测效率。

在粮食制品有害微生物检测中，基因芯片技术可以用于快速鉴定食品中的沙门氏菌、大肠杆菌 O157∶H7、金黄色葡萄球菌等常见致病菌。此外，通过不断更新和完善基因芯片上的探针库，还可以实现对新出现病原体的快速响应。然而，基因芯片技术的成本较高，且对实验条件和操作技术要求较高，限制了其在某些场合的应用。

（二）免疫检测技术

ATP（三磷酸腺苷）是生物体内能量的主要来源，也是微生物细胞内的基本成分。ATP 生物发光技术利用 ATP 与荧光素酶、荧光素和氧气反应产生

光的原理,通过检测样品中 ATP 的含量来间接反映微生物的数量。这种方法具有快速、灵敏、无须培养等优点,适用于粮食制品中有害微生物的现场快速检测。

然而,ATP 生物发光技术也存在一些局限性。例如,它无法区分不同种类的微生物,只能反映微生物的总体数量;此外,某些非微生物物质(如死亡的微生物细胞、植物细胞等)也可能含有 ATP,从而干扰检测结果。

乳胶凝集反应是一种基于抗原—抗体特异性结合的免疫检测方法。在反应体系中加入人工合成的大分子乳胶颗粒,这些颗粒表面包裹着针对特定微生物抗原的抗体。当样品中存在与抗体特异性结合的抗原时,乳胶颗粒会发生凝集反应,形成肉眼可见的沉淀物。这种方法具有操作简便、结果直观等优点,常用于粮食制品中某些特定微生物的快速筛查。

然而,乳胶凝集反应的灵敏度和特异性可能受到多种因素的影响,如抗体质量、乳胶颗粒大小、反应条件等。因此,在实际应用中需要严格控制实验条件,以确保检测结果的准确性。

(三) 传感器快速检测技术

基因传感器是一种基于 DNA 序列识别原理的生物传感器。它利用固定在传感器表面的 DNA 探针与样品中的目标 DNA 序列进行杂交反应,通过检测杂交信号来识别微生物的种类或数量。基因传感器具有检测速度快、灵敏度高、操作简便等优点,特别适用于粮食制品中有害微生物的现场快速检测。

常见的基因传感器包括石英晶体振荡器基因传感器、光纤基因传感器等。这些传感器通过不同的物理原理将杂交信号转化为可测量的电信号或光信号,从而实现对微生物的快速识别。然而,基因传感器的成本较高,且对探针的设计和合成技术要求较高,限制了其在某些场合的应用。

生物传感器是一种利用生物活性物质(如酶、抗体、细胞等)作为敏感元件的传感器。在粮食制品有害微生物检测中,生物传感器通常利用被测物中的分子与生物接收器上的敏感材料相结合产生的化学反应或物理效应来检测微生物的存在。这些效应可以通过离子强度、pH、颜色变化等参数进行测量和分析。

生物传感器具有灵敏度高、特异性强、响应速度快等优点,适用于粮食制品中有害微生物的实时监测。然而,生物传感器的稳定性和重复性可能受到多种因素的影响，如生物活性物质的稳定性、反应条件的变化等。因此，在实际应用中需要定期校准和维护传感器，以确保其准确性和可靠性。

（四）传统计数改良方法

尽管分子生物学、免疫学和传感器技术在粮食制品有害微生物检测中取得了显著进展，但传统计数方法仍然在某些场合具有不可替代的作用。为了克服传统方法培养时间长、操作烦琐、误差大等缺点，研究者们对传统方法进行了改良和优化。

培养基改良法通过优化培养基的组成和条件，提高了微生物的生长速度和繁殖能力，从而缩短了培养时间并提高了检测的准确性。滤膜法和纸片法则利用滤膜或纸片作为微生物的载体和收集器，通过过滤或擦拭样品将微生物富集在滤膜或纸片上，然后进行培养和计数。这些方法简化了操作过程并减少了误差来源，提高了检测效率。

综上所述，粮食制品中有害微生物的快速检测方法多种多样，各有优缺点和适用范围。在选择检测方法时，需要根据实际情况和需求进行综合考虑和选择。未来，随着科学技术的不断进步和创新，粮食制品中有害微生物的快速检测技术将更加高效、准确和智能化。例如，通过结合人工智能和大数据技术，可以实现对微生物检测数据的实时分析和预测；通过开发新型的生物传感器和基因传感器，可以进一步提高检测的灵敏度和特异性；通过优化和改进传统方法，可以进一步缩短检测时间并降低成本。这些技术的发展和应用将为保障粮食制品的安全性和促进食品产业的可持续发展提供有力支持。

第三节　案例分析

真菌毒素是真菌的有毒代谢产物，为确保国家粮食安全，不能忽视真菌毒素对人类健康、经济作物等造成的不利影响。王镱睿系统梳理了粮食中常见的真菌毒素种类及其限量标准、现行有效的检测标准，为相关检测机构提供科学依据。黄曲霉毒素是迄今发现的真菌毒素中毒性最强的一类，是公认的I类致癌物，在粮食、坚果、油脂、乳及其制品等多种食品中均有发现。因此，研究出准确、快速、便捷的检测方法对保障食品安全和人类健康具有重要意义。荧光免疫分析法具有灵敏度高、准确性好、检测速度快、操作简单等优势,适合现场高通量快速筛查,近年来被广泛地用于检测食品中的黄曲霉毒素。

一、核酸探针级联荧光信号免疫检测技术快速测定黄曲霉毒素 B_1

黄曲霉毒素 B_1（AFB_1）主要是在农作物的生长、储存和加工等过程中,由于处于不当的环境中受到黄曲霉菌和寄生曲霉菌污染而产生的一种有剧毒的次生代谢产物,具有强致癌性,即使低剂量摄入都能够对人类和动物的身体健康构成威胁,而食品基质又是复杂多样的,如何通过检测控制被黄曲霉毒素污染的食品被食用是当前的急需。因此,研发具有快速、特异、高灵敏和精确的 AFB_1 检测方法对确保食品安全和消费者的身体健康具有重要意义。基于抗体—抗原特异性识别的免疫分析方法具有特异性好、灵敏度高、速度快和操作简便等优点而被广泛应用于食品中 AFB_1 的检测。酶联免疫吸附测定法（ELISA）是经典的免疫分析方法,但是也存在不足,如食品基质对分析结果的干扰和灵敏度有待提高等,无法满足基质复杂的食品样品中 AFB_1 痕量检测的要求。

李亚楠等以葡萄糖氧化酶（GOx）催化 Ag^+/Cys 介导的富 G-ssDNA/Tb^{3+} 核酸探针体系引发荧光强度变化为方法学基础,开发了一种新型 ELISA 双重级联荧光信号放大系统,对葡萄糖氧化酶具有灵敏度高（0.05 ng/g AFB_1）,检测限宽（0.05~50 ng/g）。将此体系与对 GOx 负载的纳米微球为信号探针的磁分离免疫体系相结合,建立了一种用于食品中 AFB_1 的高灵敏的双重级联信号放大的荧光免疫检测方法。该方法对 AFB_1 的检出限为 0.05 ng/mL,在加标的玉米和大米样品中,添加回收实验结果表明,AFB_1 的回收率在 85.09%~105.2%,变异系数（CV）值为 6.8%~15.7%。这种新型 ELISA 双重级联荧光信号放大系统,操作简便（借助外磁场就可从复杂的食品基质中分离出免疫结合物,节约时间和免去离心设备的使用）和荧光信号的抗干扰能力好（磁分离分析体系和 Tb^{3+} 大的斯托克斯 Stocks 位移）等优点,该检测方法检测玉米和大米样品中 AFB_1 准确性高,检测结果与 ELISA 试剂盒的检测结果有良好的一致性,该方法成功应用于玉米粉质控样品中 AFB_1 的检测,具有良好的应用前景。

二、荧光免疫分析技术快速检测 AFB$_1$

近年来，食品中真菌毒素污染成为重要的食品安全问题。AFB$_1$ 是毒性最强的真菌毒素之一，对人和动物具有多种毒性作用。ELISA 是一种广泛用于真菌毒素检测的方法，然而传统 ELISA 依赖酶催化底物获得比色信号，难以满足痕量检测的需求。荧光信号具有灵敏度高且重现性好等优势，开发基于荧光信号的改良型 ELISA 有望进一步提高检测结果的灵敏度与重现性。张冬以 ELISA 为基础，结合核酸适配体（Aptamer, Apt）特异性识别的优势，开发了两种新型荧光免疫分析法，实现了 AFB$_1$ 的定量检测。实际样品的检测结果均与商业化 ELISA 试剂盒基本一致，说明此方法具有较高的准确性及实际应用性。

AFB$_1$ 毒性大，致癌性强，理化性质稳定而不易被除去，污染广泛且严重，对粮食农作物、食品、动物饲料和中药材均可污染，低剂量长期暴露就能产生严重的慢性毒性，AFB$_1$ 的污染问题已得到了世界范围内的广泛关注，在欧盟标准，食品中 AFB$_1$ 可接受的水平为 2 ng/g（ng/mL）。AFB$_1$ 在食品样品中痕量存在，食品样品基质又复杂多样，因此，快速和精准的检测 AFB$_1$ 对保障消费者的身体健康和国内外贸易的顺利开展具有重要意义。

在 AFB$_1$ 检测方法中，液相和气相为基础的色谱检测方法虽然精确度和灵敏度高，但也存在检测成本高，需要体积大的仪器和复杂的样品制备过程，检测时间长，需要配备训练有素的技术人员，检测过程中使用大量的有毒有害的有机化学试剂等缺点。由于标记在抗体上的 HRP 数量有限，传统的 ELISA 方法检测限无法满足日益增长的检测要求。因此，随着检测需求的日益增长，传统的 ELISA 方法的灵敏度和稳定性有待进一步提高。为了提高灵敏度，降低检测限，增加稳定性，可以从开发效率高的信号传导标志物和寻求良好的信号传导方式两个方面着手。

李亚楠等以 AFB$_1$ 为研究对象，构建了一种"Turn on"型磁分离荧光免疫分析方法。信号探针（AFB$_1$-OVA-PPs-GOx）和目标分析物 AFB$_1$ 共同特异性竞争结合 AFB$_1$ 抗体偶联的单分散聚苯乙烯磁性微球构成的捕获探针（MMPMs-AFB$_1$ antibody），通过磁分离后，得到免疫结合物（MMPMs-AFB$_1$ antiboby-AFB$_1$-OVA-PPs-GOx），其免疫结合物上的 GOx 能够通过芬顿反应—硫磺素T（ThT）荧光核酸探针体系进行灵敏的检测。随着分析体系中目标分析物AFB_1浓度的增加，捕获探针结合的信号探针的量逐渐减少，G-四链体/ThT荧光探针的荧光强度逐渐增加，进而实现对目标物AFB_1灵敏的检测。

该方法具有宽的分析范围（0.05~50 ng/mL），高的灵敏度（0.027 ng/mL）和不易受外界环境干扰（"Turn on"型荧光检测和磁分离体系）等优点，该免疫检测方法检测植物源性食品中AFB_1准确性高，检测结果与ELISA试剂盒的检测结果具有良好的一致性。在AFB_1的添加浓度为1 ng/g（ng/mL）、5 ng/g（ng/mL）、20 ng/g（ng/mL）、200 ng/g（ng/mL）的加标植物源性食品样品中，AFB_1的回收率良好，为81.6%~112.1%，变异系数值为1.2%~15.8%，成功应用于玉米粉质控样品中，由此可看出，该方法在植物源性食品中AFB_1的检测方面具有良好的实用性和明显的优势，是一种在复杂的食品基质中可以准确、灵敏、特异性好地分析AFB_1的方法。

参考文献

[1] 李月，李荣涛. 谈储粮微生物的危害及控制 [J]. 粮食储藏, 2009, 38 (2): 16-19.

[2] 张令夫. 粮油带毒来源及预防浅析 [J]. 粮食科技与经济, 2002 (1): 49-50, 52.

[3] 宋苪欣, 高菲, 黄露平, 等. 粮食仓储过程中有害物质的检测及清除技术研究进展 [J]. 粮油仓储科技通讯, 2024, 40 (5): 51-55.

[4] 莫秋华, 谭华, 安胜利, 等. 基于随机扩增多态性DNA分析的霍乱弧菌分子分型方法的建立 [J]. 中国国境卫生检疫杂志, 2012, 35 (1): 1-5.

[5] 胡娜. 基因芯片技术在黄曲霉毒素生物合成相关基因检测中的应用研究 [D]. 南昌: 南昌大学, 2006.

[6] 朱文娟. 食品工程中ATP生物发光技术的应用分析 [J]. 中外食品工业, 2024 (13): 66-68.

[7] 孙殿钢. 水貂阿留申病乳胶凝集试验抗体检测方法的建立及应用 [D]. 长春: 吉林大学, 2018.

[8] 王丽思, 黄郅郯, 周娟, 等. 基于石墨炔—金复合材料修饰电极的电化学基因传感器对大肠杆菌特征序列的检测 [J]. 海南师范大学学报（自然科学版）, 2024, 37 (3): 307-312.

[9] 覃浩, 鲍蕾. 食品安全快速检测方法研究进展 [J]. 食品安全质量检测学报, 2024,

15（24）：3-9.

[10] 王镱睿. 粮食中常见的真菌毒素及其限量标准、检测方法 [J]. 山西农经, 2019（6）：119-121.

[11] 左晓维, 雷琳, 刘河冰, 等. 荧光免疫分析法检测食品中黄曲霉毒素的研究进展 [J]. 食品与发酵工业, 2019, 45（1）：236-245.

[12] 李亚楠, 解立斌, 陈佳, 等. Ag^+/Cys 介导的核酸探针级联荧光信号免疫检测法测定玉米和大米中黄曲霉毒素 B_1 [J]. 中国粮油学报, 2024, 39（8）：74-81.

[13] 张冬. 新型荧光免疫分析检测黄曲霉毒素 B_1 的方法研究 [D]. 湖南农业大学, 2021.

[14] 李亚楠, 韩爱云, 解立斌, 等. 基于硫磺素 T 核酸探针级联信号体系的荧光免疫分析方法用于食品中黄曲霉毒素 B_1 的检测 [J]. 食品与发酵工业, 2024（2）.

第五章　乳制品类中有害微生物的快速检测

第一节　乳制品类中常见有害微生物来源及其污染途径

乳及乳制品作为营养丰富、易于消化吸收的食品，在全球饮食文化中占据着举足轻重的地位。然而，这些食品在生产、加工、运输和储存过程中的安全性问题，尤其是微生物污染，一直是食品安全领域的关注焦点。了解乳及乳制品中常见有害微生物的来源及其污染途径，对于保障消费者健康、预防食品中毒事件具有重要意义。

一、乳制品类中常见有害微生物的来源

乳及乳制品中的有害微生物来源广泛，主要包括动物体内污染、挤乳过程中的污染、贮藏加工运输过程中的污染以及原料乳的污染。这些污染源的存在，使得乳及乳制品在生产加工过程中面临着严峻的微生物挑战。

乳畜（如奶牛、奶羊等）作为乳及乳制品的源头，其体内的微生物状况直接影响着乳汁的质量。乳畜的消化道、上呼吸道和体表总是存在一定类群和数量的微生物，这些微生物在正常情况下对乳畜并无害处，但在某些情况下，如乳畜受到病原微生物感染时，就可能成为乳及乳制品中的污染源。例如，当乳畜感染沙门氏菌、布氏杆菌、炭疽杆菌等病原微生物时，这些病原体可能通过血液循环进入乳腺组织，进而在乳汁中繁殖。此外，乳畜患有乳腺炎、乳房创伤等疾病时，也可能导致乳汁受到污染。这些病原微生物在乳汁中的存在，不仅会影响乳及乳制品的品质和口感，还可能对人类健康造成威胁。

挤乳是乳及乳制品生产过程中的关键环节，也是微生物污染的高发环节。挤乳过程中，如果挤乳用具（如奶桶、奶杯、过滤器等）没有彻底清洗和消毒，就可能残留有上一批次乳汁中的微生物。此外，挤乳员如果没有穿好工作服、双手没有进行清洗消毒，就可能将外界的微生物带入乳汁中。挤乳环

境的不卫生也是导致乳汁污染的重要原因。例如，挤乳舍内空气不流通、地面潮湿、粪便未及时清理等，都可能为微生物的滋生提供有利条件。此外，挤乳时间不当也可能导致乳汁污染。如果乳房未完全排空就挤奶，可能导致乳汁在乳腺内滞留时间过长，从而增加受到污染的风险。

乳及乳制品在贮藏、加工、运输过程中，如果环境条件不卫生、设备设施不干净、包装材料不合格或操作人员不遵守卫生规定，就可能受到各种微生物的污染。这些污染源可能来自空气、水、土壤等自然环境，也可能来自加工设备、包装材料、运输工具等人为因素。例如，贮藏温度过高或过低都可能导致微生物的繁殖或死亡速度发生变化。湿度过大则可能促进霉菌等微生物的生长。包装破损则可能使乳及乳制品直接暴露于微生物的污染中。此外，加工设备的不彻底清洗和消毒、操作人员的卫生习惯不良等也可能导致微生物的交叉污染。

原料乳是乳及乳制品的主要原料，其质量直接影响最终产品的安全性。原料乳在采集、运输、储存等过程中，如果受到污染，就可能将有害微生物带入后续的生产加工环节。例如，原料乳在采集过程中可能受到土壤、水源、空气等自然环境的污染；在运输过程中可能因车辆不卫生、温度控制不当等因素导致污染；在储存过程中可能因储存条件不当（如温度过高、湿度过大）导致微生物繁殖。

二、乳制品类中常见有害微生物的污染途径

乳及乳制品中的有害微生物污染途径多种多样，主要包括直接接触污染、间接接触污染和空气传播污染等。这些污染途径的存在，使得乳及乳制品在生产加工过程中难以完全避免微生物的污染。

直接接触污染是指有害微生物通过直接接触乳及乳制品而进入其中的污染方式。这种污染方式通常发生在挤乳、加工、包装等环节中。例如，挤乳员在挤奶过程中，如果双手未进行清洗消毒，就可能将手上的微生物带入乳汁中；在加工过程中，如果设备或工具未进行彻底清洗和消毒，就可能残留有上一批次产品中的微生物；在包装过程中，如果包装材料受到污染，就可能将微生物带入最终产品中。

间接接触污染是指有害微生物通过接触与乳及乳制品相关的物品或环境

而进入其中的污染方式。这种污染方式通常发生在贮藏、运输等环节中。例如，在贮藏过程中，如果贮藏环境不卫生，就可能存在大量的微生物；在运输过程中，如果运输工具或包装材料受到污染，就可能将微生物带入乳及乳制品中。此外，原料乳在采集、运输、储存等过程中也可能受到间接接触污染。

空气传播污染是指有害微生物通过空气流动而进入乳及乳制品中的污染方式。这种污染方式通常发生在加工、包装等环节中。例如，在加工过程中，如果车间内空气不流通或存在污染源，就可能导致空气中的微生物数量增加；在包装过程中，如果包装材料未进行密封处理或密封不严，就可能使空气中的微生物进入产品中。此外，原料乳在采集、运输等过程中也可能受到空气传播污染的影响。

乳及乳制品作为营养丰富、易于消化吸收的食品，在全球饮食文化中占据着举足轻重的地位。然而，这些食品在生产、加工、运输和储存过程中，却面临着微生物污染的严峻挑战。了解乳及乳制品中有害微生物的污染途径，对于制定有效的防控措施、保障食品安全具有重要意义。

（一）水、空气等自然环境的污染

乳及乳制品在生产、加工、运输和储存过程中，不可避免地要与水、空气等自然环境接触。这些环境因素如果受到污染，就可能成为乳及乳制品中有害微生物的来源。

水是乳及乳制品生产过程中不可或缺的资源，但水源的污染却是一个不容忽视的问题。工业废水、生活污水、农业废水等未经处理或处理不彻底就排入水体，可能导致水源受到各种有害微生物的污染。当这些受污染的水用于原料乳的清洗、加工设备的冷却或产品的清洗时，就可能将微生物带入乳及乳制品中。此外，水源中的微生物还可能通过灌溉、雨水等方式进入农田，污染牧草等饲料作物，进而通过食物链进入乳畜体内，最终在乳及乳制品中造成污染。

空气中的微生物也是乳及乳制品污染的重要来源。空气中的微生物可能来自自然环境中的土壤、水体、植被等，也可能来自人类活动产生的废气、尘埃等。这些微生物可能通过通风系统、门窗缝隙等途径进入乳及乳制品的生产车间，从而污染产品。特别是在一些工业发达、人口密度高的地区，空气中的微生物含量可能更高，对乳及乳制品的污染风险也更大。

（二）设备设施的污染

乳及乳制品的生产设备设施是产品加工过程中的关键组成部分。然而，这些设备设施如果清洗不彻底或消毒不到位，就可能成为有害微生物的滋生地。

生产设备如搅拌器、均质机、灌装机等在乳及乳制品的加工过程中起着至关重要的作用。然而，这些设备在使用过程中可能残留原料乳、产品残渣等，为微生物的生长提供了有利条件。如果设备清洗不彻底或消毒不到位，就可能残留有害微生物。这些微生物在后续的生产过程中可能繁殖并污染乳及乳制品。

除了生产设备外，乳及乳制品的生产车间还可能配备有冷却塔、空调系统、排水系统等辅助设施，这些设施如果维护不当或清洗不彻底，也可能成为有害微生物的滋生地。例如，冷却塔中的冷却水可能受到污染，空调系统可能吹送带有微生物的空气，排水系统可能排放带有微生物的废水等。

（三）包装材料的污染

乳及乳制品的包装材料是保护产品免受外界污染的重要屏障。然而，如果包装材料质量不合格或未经过彻底的清洗消毒，就可能成为有害微生物的载体。

包装材料的选择对于乳及乳制品的微生物污染防控至关重要。一些质量不合格的包装材料可能含有有害物质或微生物残留，对产品的安全性构成威胁。因此，在选择包装材料时，应优先考虑其安全性、耐用性和可回收性等因素。

在使用包装材料之前，应对其进行彻底的清洗消毒，这不仅可以去除材料表面的污垢和微生物残留，还可以提高材料的卫生质量。然而，在实际操作中，一些企业可能忽视了对包装材料的清洗消毒工作，导致产品受到污染的风险增加。

在包装过程中，如果操作不当或设备不卫生，也可能导致乳及乳制品受到污染。例如，如果包装机械未经过彻底的清洗消毒，就可能将微生物带入产品中；如果包装材料在运输和储存过程中受到污染，也可能将微生物带入产品中。

(四) 人员操作的污染

乳及乳制品的生产加工过程中，人员操作是不可或缺的环节。然而，如果操作人员不遵守卫生规定或操作不当，就可能将外界的微生物带入生产环境中，导致产品污染。

操作人员的个人卫生习惯对于乳及乳制品的微生物污染防控至关重要。如果操作人员不戴口罩、不洗手、不穿工作服等，就可能将外界的微生物带入生产环境中。此外，如果操作人员患有传染病或皮肤疾病等，也可能通过接触产品将微生物带入其中。

操作人员的操作技能水平也直接影响乳及乳制品的微生物污染风险。如果操作人员对生产流程不熟悉或操作不当（如用手直接接触产品、使用不干净的器具等），就可能导致产品受到污染。因此，企业应加强对操作人员的培训和管理，提高他们的操作技能水平和卫生意识。

(五) 原料乳的二次污染

原料乳是乳及乳制品的主要原料，其质量直接影响最终产品的安全性。然而，原料乳在采集、运输、储存等过程中，如果受到外界微生物的污染，就可能导致二次污染。

原料乳的采集过程中，如果挤乳用具未经过彻底的清洗消毒或挤乳员操作不当（如用手直接接触乳房等），就可能将微生物带入乳汁中。此外，如果乳畜患有传染病或乳房受到损伤等，也可能导致乳汁受到污染。

原料乳在运输过程中，如果运输工具未经过彻底的清洗消毒或运输条件不当（如温度过高、湿度过大等），就可能导致微生物的繁殖和生长。此外，如果运输过程中发生泄漏或破损等情况，也可能使原料乳受到外界微生物的污染。

三、乳制品类中有害微生物的防控措施

为了保障乳及乳制品的安全性，减少和消除有害微生物的污染，必须采取一系列科学、系统且严格的防控措施。这些措施涵盖原料乳的质量控制、生产加工环境的优化、包装材料的选择、产品质量检测以及食品安全管理体系的建立等多个方面。以下是对这些防控措施的详细探讨。

(一) 加强原料乳的质量控制

原料乳作为乳及乳制品生产的起点，其质量直接决定了最终产品的安全性。因此，加强对原料乳的质量控制是防控有害微生物污染的首要任务。

健康的乳畜是生产高质量原料乳的基础。应选择无传染病、遗传疾病和乳房疾病的乳畜，并定期进行健康检查和疫苗接种。同时，应建立乳畜健康档案，记录其健康状况、饲养管理和用药情况等信息，以便及时发现和处理潜在的健康问题。

挤乳是原料乳生产的重要环节，也是有害微生物污染的主要来源之一。因此，应提高挤乳卫生水平，包括定期对挤乳用具进行清洗和消毒、使用一次性或可重复使用的无菌挤乳手套、避免用手直接接触乳房等。此外，还应定期对挤乳员进行卫生培训，提高其卫生意识和操作技能。

原料乳在储存和运输过程中容易受到外界微生物的污染。因此，应加强原料乳的储存和运输管理，包括选择干净、卫生、无污染的储存容器和运输工具，控制储存和运输过程中的温度和湿度，避免原料乳长时间暴露在高温、高湿或阳光直射的环境中。同时，还应定期对储存和运输设施进行清洗和消毒，确保其卫生质量。

(二) 优化生产加工环境

乳及乳制品的生产加工环境对产品的安全性至关重要。为了防控有害微生物的污染，应优化生产加工环境，包括定期清洁和消毒生产设备设施、保持车间空气流通、控制车间温度和湿度等。

生产设备设施是乳及乳制品生产加工的核心部分，也是有害微生物滋生的主要场所。因此，应定期对生产设备设施进行清洁和消毒，包括搅拌器、均质机、灌装机等关键设备。清洁和消毒工作应遵循科学的操作程序，使用合适的清洁剂和消毒剂，并确保清洁和消毒效果符合相关标准和要求。

车间空气流通是减少有害微生物污染的有效手段之一，应保持车间内空气的新鲜和流通，定期开窗换气或安装通风设备。同时，应避免车间内存在过多的尘埃和异味，以减少微生物的滋生和传播。

车间温度和湿度是影响微生物生长的重要因素，应根据乳及乳制品的生产工艺和产品特性，合理控制车间温度和湿度。一般来说，车间温度应保持在适宜的范围内，避免过高或过低；车间湿度应适中，避免过于潮湿或干燥。

生产人员是乳及乳制品生产加工过程中不可或缺的一部分。为了防控有害微生物的污染，应加强对生产人员的卫生培训和管理。培训内容包括个人卫生习惯、食品安全知识、操作技能等方面。同时，应建立严格的卫生管理制度，规范生产人员的行为举止，确保其遵守卫生规定。

（三）选用合格的包装材料

乳及乳制品的包装材料也是防控有害微生物污染的重要环节，应选用质量合格、符合相关标准和要求的包装材料，并在包装过程中确保包装材料的清洁和消毒。

包装材料的质量直接影响乳及乳制品的安全性，应选用符合国家或行业标准的包装材料，如塑料袋、纸盒、玻璃瓶等。这些材料应具有良好的密封性、阻氧性、阻光性和防潮性等特性，以保护产品免受外界微生物的污染。

在包装过程中，应确保包装材料的清洁和消毒，包括定期对包装材料进行清洗和消毒，去除表面的污垢和微生物残留。同时，还应避免使用过期或损坏的包装材料，以减少微生物污染的风险。

（四）加强产品质量检测

乳及乳制品在生产加工过程中应定期进行质量检测，以确保产品质量符合相关标准和要求，包括检测产品的微生物指标、理化指标和感官指标等。

微生物指标是衡量乳及乳制品安全性的重要指标之一，应定期对产品进行微生物检测，包括菌落总数、大肠菌群、霉菌和酵母菌等指标的测定。对于不合格的产品，应及时采取措施进行处理，避免其流入市场。

理化指标是反映乳及乳制品品质的重要指标之一，应定期对产品进行理化检测，包括脂肪、蛋白质、乳糖、灰分等指标的测定。这些指标的测定有助于了解产品的营养成分和品质状况，为产品的质量控制提供依据。

感官指标是衡量乳及乳制品口感和风味的重要指标之一，应定期对产品进行感官检测，包括色泽、香气、滋味和口感等方面的评价。这些指标的检测有助于了解产品的感官品质，为消费者提供优质的食用体验。

（五）建立完善的食品安全管理体系

乳及乳制品企业应建立完善的食品安全管理体系，包括制定食品安全管理制度、建立食品安全追溯体系、加强食品安全风险监测和评估等。通过体系的建立和实施，可以进一步提高乳及乳制品的安全性水平。

食品安全管理制度是乳及乳制品企业保障食品安全的基础，应制定包括原料采购、生产加工、包装储存、销售运输等方面的管理制度，明确各个环节的责任和要求。同时，还应建立食品安全应急预案，以应对可能出现的食品安全问题。

食品安全追溯体系是乳及乳制品企业实现产品追溯和召回的重要手段，应建立完善的食品安全追溯体系，包括原料采购记录、生产加工记录、产品检验记录和销售记录等。这些记录应真实、准确、完整，以便在出现问题时能够迅速追溯到问题的源头并采取相应的措施。

食品安全风险监测和评估是乳及乳制品企业防控食品安全风险的重要措施，应定期对原料乳、生产加工环境、包装材料和成品等进行监测和评估，了解食品安全风险的状况和发展趋势。同时，还应根据监测和评估结果制定相应的防控措施和应急预案，以应对可能出现的食品安全问题。

综上所述，乳及乳制品中有害微生物的防控措施涉及原料乳的质量控制、生产加工环境的优化、包装材料的选择、产品质量检测以及食品安全管理体系的建立等多个方面。只有采取科学、系统且严格的防控措施，才能确保乳及乳制品的安全性水平，为消费者提供优质的食用体验。

第二节 乳制品类中有害微生物的快速检测方法

乳及乳制品作为人们日常饮食中的重要组成部分，其安全性备受关注。有害微生物的存在不仅会影响产品的品质，还可能对人体健康构成威胁。因此，快速、准确地检测乳及乳制品中的有害微生物对于保障食品安全具有重要意义。随着科技的进步，多种快速检测方法应运而生，为乳及乳制品中有害微生物的检测提供了有力支持。

一、分子生物学方法

近年来，随着人们物质生活水平的不断丰富，对于乳及乳制品质量和乳及乳制品安全提出了更高要求。为了做好乳及乳制品保障安全工作，各类分子生物学方法用于乳及乳制品中病原性微生物的检测，在乳及乳制品安全微生物检测中有着广泛的应用前景，提升了乳及乳制品微生物的检测效率，为乳及乳制品安全保驾护航。但在应用各类分子生物学方法进行乳及乳制品中有害微生物检测时，需要严格控制实验条件，确保结果的可靠性。

荧光原位杂交（FISH）技术是一种利用荧光标记的探针与目标 DNA 或 RNA 序列杂交的方法。在乳及乳制品中有害微生物的检测中，FISH 技术具有直观、准确、灵敏度高等优点。通过设计针对有害微生物的特异性探针，可以实现对目标微生物的快速识别和定位。FISH 技术不仅可以在显微镜下直接观察微生物的形态和分布，还可以通过荧光信号的强度来判断微生物的数量。此外，FISH 技术还可以与其他技术结合，如与流式细胞术结合，实现更高效的微生物检测。然而，FISH 技术的成本相对较高，且需要专业的操作人员和仪器设备。因此，在应用 FISH 技术进行乳及乳制品中有害微生物检测时，需要综合考虑成本效益和实验条件。

二、免疫学方法

ELISA 是一种利用抗原与抗体特异性结合的原理进行定性或定量检测的方法。在乳及乳制品中有害微生物的检测中，ELISA 技术具有操作简便、灵敏度高、特异性强等优点。通过制备针对有害微生物的特异性抗体，可以实现对目标微生物的快速检测。ELISA 技术不仅可以检测微生物的抗原或抗体，还可以通过测定反应体系中酶的活性来判断微生物的数量。此外，ELISA 技术还可以与其他技术结合，如与电化学发光免疫分析结合，进一步提高检测的灵敏度和准确性。然而，ELISA 技术也存在一些局限性，如抗体制备的复杂性、交叉反应的可能性等。因此，在应用 ELISA 技术进行乳及乳制品中有害微生物检测时，需要选择合适的抗体和试剂，确保结果的准确性。

免疫磁珠分离技术是一种利用抗体与磁珠结合的原理进行目标微生物分离的方法。通过将特异性抗体与磁珠结合，再利用磁场将目标微生物从样品中分离出来，从而实现快速检测。在乳及乳制品中有害微生物的检测中，免疫磁珠分离技术具有分离效率高、操作简便等优点。通过结合其他检测技术，如 PCR、FISH 等，可以进一步提高检测的灵敏度和准确性。然而，免疫磁珠分离技术的成本相对较高，且需要专业的操作人员和仪器设备。因此，在应用免疫磁珠分离技术进行乳及乳制品中有害微生物检测时，需要综合考虑成本效益和实验条件。

三、生物化学方法

生化试验是一种利用微生物在特定条件下的代谢活动来检测其种类和数

量的方法。通过观察微生物在特定培养基上的生长情况、代谢产物的产生等，可以判断乳及乳制品中是否存在有害微生物。生化试验具有操作简便、成本低等优点，但检测时间较长。为了提高检测效率，可以采用自动化生化分析仪等设备，实现快速、准确的微生物检测。然而，生化试验的灵敏度相对较低，对于微量目标微生物的检测可能不够敏感。因此，在应用生化试验进行乳及乳制品中有害微生物检测时，需要结合其他快速检测方法，以提高检测的准确性和灵敏度。

色谱技术是一种利用不同物质在固定相和流动相之间的分配系数差异进行分离的方法。常见的色谱技术包括气相色谱、液相色谱等。在乳及乳制品中有害微生物的检测中，色谱技术具有灵敏度高、分离效果好等优点。通过将乳及乳制品中的微生物进行提取、衍生化等处理后，利用色谱技术可以快速检测其中的有害微生物。然而，色谱技术的操作相对复杂，需要专业的仪器设备和操作技能。此外，色谱技术的成本也相对较高。因此，在应用色谱技术进行乳及乳制品中有害微生物检测时，需要综合考虑成本效益和实验条件。

四、其他方法

电子鼻技术是一种利用气体传感器阵列对样品中的挥发性成分进行识别和分析的方法。在乳及乳制品中有害微生物的检测中，电子鼻技术具有操作简便、灵敏度高、检测速度快等优点。通过将乳及乳制品中的挥发性成分与气体传感器阵列接触，利用电子鼻技术可以快速检测其中的有害微生物。电子鼻技术不仅可以用于定性分析，还可以通过建立模型实现定量分析。然而，电子鼻技术的准确性受到多种因素的影响，如传感器阵列的选择、数据处理方法等。因此，在应用电子鼻技术进行乳及乳制品中有害微生物检测时，需要选择合适的传感器阵列和数据处理方法，确保结果的准确性。

纳米技术是一种利用纳米材料或纳米结构进行物质检测和分离的方法。在乳及乳制品中有害微生物的检测中，纳米技术具有灵敏度高、特异性强等优点。通过将纳米材料与目标微生物结合，利用纳米技术可以快速检测乳及乳制品中的有害微生物。此外，纳米技术还可以用于微生物的分离和富集，提高检测的灵敏度和准确性。然而，纳米技术目前仍处于研究和开发阶段，其应用前景广阔但需要进一步验证和优化。在应用纳米技术进行乳及乳制品中有害微生物检测时，需要关注纳米材料的生物安全性和环境影响等问题。

综上所述，乳及乳制品中有害微生物的快速检测方法多种多样，各有优缺点。在实际应用中，应根据具体需求和条件选择合适的检测方法。随着科学技术的不断发展，新的快速检测方法不断涌现，如基于人工智能的图像识别技术、基于微流控芯片的微生物检测技术等，这些新技术将为乳及乳制品中有害微生物的检测提供更加准确、快速和便捷的手段。未来，乳及乳制品中有害微生物的检测将更加注重方法的集成和优化，以实现更高效、更准确的检测。同时，也需要加强对新检测技术的研发和应用，以满足不断增长的食品安全需求。

第三节　案例分析

一、RTFQ-PCR技术快速检测阪崎克罗诺杆菌

阪崎克罗诺杆菌是人和动物肠道内寄生的一种革兰氏阴性无芽孢杆菌，属肠杆菌科。阪崎克罗诺杆菌是条件致病菌，阪崎克罗诺杆菌于2002年被国际食品微生物标准委员会列为"严重危害特定人群生命或慢性实质性后遗症或长期影响"的致病菌，是一种危害严重的食源性致病菌，尤其是对婴幼儿，主要引起新生儿脑膜炎、坏死性结肠炎和败血症等疾病，并伴随有严重的神经系统后遗症和发育障碍等，死亡率高达50%以上。目前婴幼儿奶粉被认为是携带阪崎克罗诺杆菌的主要食品种类。该菌自2007年成为中国食源性监测网重点监测对象。研究表明，中国乳制品阪崎克罗诺杆菌检出情况为1.20%~66.67%。广东省2010—2013年采集婴幼儿食品1140份，阪崎克罗诺杆菌的总检出率为3.2%，每年均检出。因而建立阪崎克罗诺杆菌快速、灵敏、简便的检测方法，是目前婴幼儿食品的迫切需求，也是各级检验检疫部门在应对突发事件所必备的技术手段。

GB 4789.40—2010是中国婴幼儿配方、乳和乳制品中阪崎克罗诺杆菌检测的国标方法，该方法以分离培养和生化鉴定为主，检测周期长，而且菌落观察存在主观因素的影响，特异性和灵敏度均不高。SN/T 1632.3—2013规定

了奶粉中阪崎克罗诺杆菌（克罗诺杆菌属）的荧光 PCR 检测方法，在鉴定是阴性结果的前提下至少需要 3 d，如若为阳性，还需进一步进行生化验证。根据庞杏林等建立的常规 PCR 和 RTFQ-PCR 两种方法，对 32 份奶粉样品进行阪崎克罗诺杆菌的鉴定，比较两种 PCR 方法的符合率，结果阳性率均为 6.25%，结果相符。李雪玲等以阪崎克罗诺杆菌 zpx 基因为靶基因，以人的 MICA 基因片段为扩增内标，建立扩增内标存在条件下阪崎克罗诺杆菌 RTFQ-PCR 快速检测体系，不仅可以提高准确率，还可有效地排除假阴性结果。

在王金凤等研究《基于内参系统的阪崎肠杆菌实时荧光定量 PCR 检测方法的建立》中，提出基于内参系统的 RTFQ-PCR 技术快速检测阪崎克罗诺杆菌的意义。此建立基于内参的阪崎克罗诺杆菌 RTFQ-PCR 方法具有快速、准确、结果可靠的优点，非常适合于大批量样品的快速检测，相对于传统的培养方法可以大大提高工作效率和检出率，具有一定的推广价值。同时，该方法的建立为研究其他致病菌的分子生物学检测提供了新参考。

二、改良 LAMP 技术快速检测阪崎克罗诺杆菌

目前对阪崎克罗诺杆菌的检测方法主要有 FDA 推荐的传统检测方法、免疫学方法和各种 PCR 方法。传统检测方法操作烦琐，检测时间长，而且灵敏度较低；免疫学方法的特异性和灵敏度也不理想；PCR 方法敏感、快速，但由于需要昂贵的仪器设备、烦琐的电泳过程以及对检测人员较高的技术要求，而使其难以在基层普及和推广。

LAMP 是 Notomi 等在 2000 年开发的种新颖的恒温核酸扩增方法，其原理是针对目的基因的 6 个区域设计 4 条特异引物，利用一种链置换 DNA 聚合酶（Bst DNA polymerase）在等温 65 ℃左右，几十分钟即可实现核酸的高效扩增。4 条引物对靶序列的 6 个特异序列区域的识别，保证了 LAMP 扩增的高度特异性。LAMP 不需要模板的热变性，长时间温度循环，在等温条件下扩增，不会因温度改变而造成时间的浪费。有无肉眼可见的焦磷酸镁的白色沉淀，成为判断核酸是否扩增的最简单的方法。LAMP 将成为可以替代 PCR 的核酸扩增的新技术。增加环引物的环介导等温扩增方法，使反应速度可提高 1/2～1/3。

从胡连霞等研究改良环介导等温扩增技术快速检测婴儿配方奶粉中的阪崎克罗诺杆菌中可以看到，改良的 LAMP 方法检测灵敏度是常规的 PCR 的 1000 倍，许多研究表明 LAMP 技术可检测到 10 个拷贝数甚至更低的靶标，在检测灵敏度上具有更大的优势。而且 LAMP 方法操作简单，反应快速，不需要昂贵的仪器设备、烦琐的电泳过程，尤其适合在基层医疗单位和食品检测部门推广和应用。

三、PMA-RTFQ-LAMP 技术快速检测活的非可培养状态阪崎克罗诺杆菌

阪崎克罗诺杆菌作为一种食源性病原体，它是一种兼性厌氧无芽孢革兰氏阴性菌细菌。2008 年，根据联合国粮食及农业组织、联合国和世界卫生组织，可以看到 120 多例阪崎克罗诺杆菌相关疾病，其中大多数是危及生命的感染。并且许多疫情暴发与食用受阪崎克罗诺杆菌污染的婴儿配方奶粉有关，导致大量召回和诉讼。2011 年，美国疾病控制与预防中心报告称，感染阪崎克罗诺杆菌的婴儿人数增加了两倍并且还在继续增加。在模拟奶粉生产加工的条件（1/10 TSA、不锈钢管道输送）下，阪崎克罗诺杆菌被诱导进入了"活的非可培养状态"（viable but nonculturable state，VBNC）。在奶粉冲调温度下部分阪崎克罗诺杆菌菌株处于 65 ℃ 以下的冲调温度环境时能够保持一定的活性，可能进入 VBNC。已有相关研究表明巴氏杀菌、寡营养、低温、干燥等胁迫因素，可能诱导阪崎克罗诺杆菌被进入 VBNC，VBNC 可以避开传统的检测方法，无法通过传统的平板培养方法检测，但仍具有可测量的代谢活性，能够进行转录和翻译，进而产生毒力和致病性，对公共健康造成威胁。

乳及乳制品中致病菌的 VBNC 发现使得微生物安全问题愈加不容忽视。胡连霞等针对婴儿配方奶粉的阪崎克罗诺杆菌污染问题，建立了阪崎克罗诺杆菌活菌的 PMA-RTFQ-LAMP 检测方法，PMA 结构中带有一个叠氮基团（—N_3），使死细胞 DNA 不能发生扩增反应，而又不影响活菌 DNA 的扩增反应。采用 PMA 处理过的婴儿配方乳粉，再经阪崎克罗诺杆菌活菌 DNA 提取，PMA-RTFQ-LAMP 检测，消除了死菌 DNA 干扰，不会造成基于核酸的检测方法中高估样品中活菌的水平，使检测结果与平板计数符合率更高。

PMA-RTFQ-LAMP 扩增与检测，采用一管一步完成，无须对扩增产物进行开盖检测，直接读取荧光曲线或观察荧光颜色，即可准确、简便和快速判断检测结果，不会造成扩增产物的污染。有 S 型扩增曲线为阳性，无 S 型扩增曲线为阴性。同时 RTFQ-LAMP 反应中，添加的 SYBR Green I 染料在游离状态下，颜色为橘黄色，发出微弱的荧光，结合 dsDNA 时发出绿色荧光，即产生绿色荧光为阳性，仍保持橘黄色为阴性。还可根据荧光曲线 Ct 值，判定婴儿奶粉中阪崎克罗诺杆菌污染程度，为预警机制正常、有效运行提供了技术保障。

阪崎克罗诺杆菌 gyrB 基因单拷贝 PMA-RTFQ-LAMP 检测方法的建立物种特异性序列设计引物具有很强的特异性和高灵敏度。它可以准确进行活阪崎肠杆菌的定量测定，获得比传统培养更准确的活菌检测结果。这是一种特定、灵敏、准确和可靠的检测方法。PMA-RTFQ-LAMP 显示出作为一种检测巴氏消毒生牛奶中阪崎肠杆菌的特异性和可靠方法的潜力，从而提供了一种指示 PIF 潜在污染的预警系统。

四、RTF-SPIA 技术快速检测阪崎克罗诺杆菌

FAO/WHO 在 2004 年召开了两次国际相关会议，倡导采用国际通用的分子生物学方法来检测阪崎克罗诺杆菌，以弥补传统方法的局限性。

SPIA 是近年报道的一种新型线性核酸等温扩增技术，该技术主要是通过一条 3′端是 DNA 片段、5′端是 RNA 片段的组合引物、RNase H 及具有强链置换活性的 DNA 聚合酶实现 DNA 的体外线性等温扩增。在扩增反应中，RNase H 不断降解引物与模板 DNA 所形成的 DNA/RNA 杂合链中 RNA 部分，使未结合的引物能够不断获得结合位点并与模板结合进行链置换合成，并在模板链末端或链终止序列（blocker）结合处终止，最终扩增出大量的具有高度忠实性 cDNA 单链。SPIA 技术具有操作设备简单、高忠实性、高效率和有效防污染等优点。

外膜蛋白 A（ompA）是革兰阴性菌的主要外膜蛋白之一，其主要作用是维持外膜的完整，具有高度保守性，能够很好地将阪崎克罗诺杆菌与肠杆菌科其他属、种区分。

李静等以阪崎克罗诺杆菌 ompA 基因序列为靶序列，设计 RNA-DNA 组合

引物和链终止序列，在普通 SPIA 的基础上，采用加入特异性结合单链 DNA 的荧光染料 SYBER Green Ⅱ，利用荧光仪进行实时监测扩增情况，建立了实时荧光 SPIA 检测方法。本方法可省去烦琐的凝胶电泳检测过程，比 PCR 技术省时省力，成为可以替代 PCR 的核酸扩增新技术。同时这是第一个应用实时荧光 SPIA 检测婴儿配方奶粉中的阪崎克罗诺杆菌的研究，探索了一种更为特异、敏感的分子检测实际样品中阪崎克罗诺杆菌的新技术。团队建立的实时荧光 SPIA 法检测方法，其反应时间仅为 40 min，对阪崎克罗诺杆菌纯培养的灵敏度为每反应 1 copies/μL，在检测婴儿配方奶粉模拟污染样品时其检出限是 1.5 CFU/100 g，与环介导等温扩增方法的灵敏度相当，具有特异性强、灵敏度高、快速简便的优点。

阪崎克罗诺杆菌实时荧光 SPIA 方法具有很好的敏感性和特异性，同时对模板 DNA 要求较低，因此能够用于检测效果明显、成本低廉的检测体系的建立。随着对 SPIA 技术研究的不断深入，将不断完善、发展这种新型的技术，使之在食源性致病菌检测方面发挥更大的优势，得到更全面的应用。

五、RT-LAMP 技术快速检测荧光假单胞菌

荧光假单胞菌（*Pseudomonas fluorescens*，*P. fluorescens*）是一种革兰氏阴性嗜冷细菌，属于假单胞菌科假单胞菌属，它可以在低温环境中生长和繁殖，广泛存在于水和土壤中，是生牛奶的重要污染细菌，可以在冷藏的生牛奶中快速繁殖。荧光假单胞菌携带的耐热碱性蛋白酶（TAP）是在储存过程中降低质量和破坏牛奶和乳制品的主要因素。即使在超高温瞬时灭菌（137 ℃，4 s）后，荧光假单胞菌仍含有 10% TAP 保持活性。这些残留的酶在储存过程中分解牛奶和乳制品中的蛋白质，导致一系列质量缺陷，如牛奶黏度增加、凝集和乳清沉淀。因此，应尽快鉴定原料奶中的污染细菌和酶，并在生产过程中采取相应的灭菌和酶杀措施，以确保乳制品的良好质量。荧光假单胞菌是一种典型的机会性病原体，它可引起先天性和获得性免疫缺陷患者的化脓性炎症。此外，在进入血液后，它可能会导致严重的后果，如败血症、感染性休克和血管内凝血。由于荧光假单胞菌对许多现有抗生素不敏感，感染荧光假单胞菌的人的死亡率非常高。因此，需要一种特异、灵敏、快速和简单的方法来检测携带荧光假单胞菌的 TAP。

胡连霞设计了两组针对荧光假单胞菌 gyrB 和 aprX 基因的引物，优化了检测系统和条件，并开发了一种实时 LAMP（Real-time LAMP，RT-LAMP）方法，用于在两个单独的反应管中同时检测携带荧光假单胞菌的 TAP。通过 RT-LAMP 在 3 h 内检测了 200 个生牛奶样本中是否存在携带荧光假单胞菌的 TAP，结果与使用传统方法（需要 5~7 d）获得的结果一致率为 100%。RT-LAMP 将是一种实用有效的方法，用于准确快速鉴定生牛奶中携带荧光假单胞菌的 TAP。

六、RTF-LAMP 技术快速检测生鲜牛奶中的浅黄色假单胞菌

浅黄色假单胞菌（*Pseudomonas lurida*，*P. lurida*）是假单胞菌属的一种新的荧光菌种，与草的叶层有关，于 2007 年由 Behrendt 等首次分离出来。浅黄色假单胞菌是一种非芽孢、荧光、革兰氏阴性和植物病原细菌。据报道，它在柑橘叶片和茎中表现出致病性和破坏性特征。此外，它被认为是一种嗜冷细菌，产生耐热碱性蛋白酶和脂肪酶，破坏牛奶和乳制品。因此，监测和控制浅黄色假单胞菌产生的耐热碱性蛋白酶对于确保原料奶和乳制品的高质量至关重要。

张树飞等研究建立了实时荧光 LAMP（RealAmp）技术，在 LAMP 系统中添加 SYBR Green I 染料，这使得数据可以根据扩增曲线和 Ct 值进行定量分析。基于浅黄色假单胞菌的 gyrB 基因设计引物，并优化 RealAmp 反应体系和条件。该方法快速检测和分析了全年从三个牧场采集的生鲜乳样本中浅黄色假单胞菌的污染情况。这种 RealAmp 反应系统，用于早期快速检测生鲜牛奶中的浅黄色假单胞菌，为企业及时识别和控制污染源提供了科学依据，以确保牛奶和乳制品的质量。

七、FCM 快速检测牛奶和乳制品中的微生物

流式细胞术（flow cytometry，FCM）最初主要应用于科学研究和临床检验，在微生物学方面的应用则发展相对较晚。近 20 年来，国内外专家学者使用 FCM 在微生物学上做了不少的研究和应用工作，已经成为高水平病原微生物研究中不可缺少的技术，可用于微生物基因组及功能基因组学、生理生化学、临床微生物学、抗感染免疫学、药物学等领域。实际上，微生物学，尤

其是细菌学当前面临的一些问题，特别是需要对大数量细菌进行逐个的快速多参数精确测量时，FCM 很适合解决此类问题。已发表的论文多数是针对酵母菌和各类细菌的测量与分析。酵母菌的测量在技术上比较简单，酵母菌自身体积大，其 DNA 含量约为人类二倍体细胞 DNA 含量的 1/200。在工业中，FCM 可用于快速微生物鉴定，如对饮用水及原油中的微生物学鉴定与控制。因此，FCM 在液态商品的微生物检测方面的应用越来越受到人们的关注。近年来，FCM 与荧光染料的联合运用可判断细菌的活力和功能状态，由于检测速度快、周期短，已经被应用于食品加工业、化妆品加工业、制药业和水质监测等行业。

目前，在乳制品加工过程中，FCM 主要应用于生乳中微生物指标的检测和 UHT 奶的无菌监测。生乳（raw milk）是从健康奶畜挤下的常乳，仅经过冷却，可能经过过滤，但未经过任何杀菌处理。生乳中微生物数量会影响产品的质量、货架期及生产流程的安全性。用 FCM 法代替应用最广泛的平皿计数法，极大地缩短了检测时间，而且 FCM 可以区分具有生命活力的细菌和已经死亡的细菌，并可以同时进行多个样品的处理，能够满足大量样品在线检测的要求。UHT 奶、巴氏奶、软饮料、矿物质水、果汁及水果浓缩汁等液体饮料富含营养成分，一旦被微生物污染，极易腐败变质，因此在最终产品出厂之前，对其在生产过程中进行快速实时无菌监测，使生产过程中微生物的污染得到及时有效控制。另外，在酸奶的生产工程中，FCM 方法还被应用于检测其中添加的有益的乳酸菌的数量。

参考文献

[1] 丁晓贝，谢志梅，裴晓方. 乳及乳制品中微生物污染及其控制 [J]. 中国乳业，2009（6）：52-53.

[2] 王雪妮. 乳制品中腐败微生物检测及污染途径研究 [J]. 食品安全导刊，2020（15）：51.

[3] 彭嘉琪. 微生物污染对乳制品安全的影响及防控措施研究 [J]. 食品安全导刊，2024（25）：41-43.

[4] 董悦洋. 食品中有毒微生物的快速检测方法研究 [J]. 中国食品，2024（22）：93-95.

［5］ 李平. 食品安全微生物检测中的分子生物学方法及应用前景［J］. 食品安全导刊, 2023（29）: 169-171.

［6］ 祁岩, 游春苹. 流式细胞术在乳品微生物检测中的应用［J］. 食品与机械, 2023, 39（2）: 221-226, 235.

［7］ 利志锋. 酶联免疫吸附法（ELISA）在乳制品检测中的应用［J］. 食品安全导刊, 2020（12）: 187.

［8］ 盛跃颖, 陈敏. 免疫磁珠分离技术在病原微生物检测中的应用［J］. 中国食品卫生杂志, 2011, 23（5）: 478-481.

［9］ 黄立波. 探讨全自动微生物分析仪与细菌微量生化管鉴定细菌的结果分析［J］. 中国医疗器械信息, 2021, 27（4）: 37-38.

［10］ 杨柳. 变性高效液相色谱技术在快速检测食品微生物中的应用研究［J］. 现代食品, 2019（10）: 84-86, 94.

［11］ 刘小花, 周彬静, 彭菁, 等. 基于电子鼻和高光谱成像技术的冷鲜牛肉微生物的生长模型构建［J］. 南京农业大学学报, 2023, 46（3）: 595-605.

［12］ 王金凤, 王建昌, 胡连霞, 等. 基于内参系统的阪崎肠杆菌实时荧光定量PCR检测方法的建立［J］. 食品与机械, 2016, 32（6）: 68-72.

［13］ 庞杏林, 张健, 张颖. 婴幼儿配方奶粉中阪崎肠杆菌分子检测方法探讨［J］. 中国卫生检验杂志, 2008, 18（2）: 209-210.

［14］ 李雪玲, 樊成, 陈勇, 等. 扩增内标在阪崎肠杆菌实时荧光定量PCR检测方法中的应用［J］. 食品工业, 2013, 34（11）: 227-229.

［15］ 胡连霞, 张伟, 张先舟, 等. 改良环介导等温扩增技术快速检测婴儿配方奶粉中的阪崎肠杆菌［J］. 微生物学报, 2009, 49（3）: 378-382.

［16］ Lianxia Hu, Shufei Zhang, Yuling Xue, et al. Quantitative Detection of Viable but Nonculturable Cronobacter sakazakii Using Photosensitive Nucleic Acid Dye PMA Combined with Isothermal Amplification LAMP in Raw Milk［J］. Foods, 2022, 11（17）: 2653-2653.

［17］ 李静, 段永生, 王建昌, 等. 实时荧光单引物等温扩增检测阪崎克罗诺杆菌方法的建立［J］. 中国食品卫生杂志, 2015, 27（5）: 524-530.

［18］ Lianxia Hu, Shufei Zhang, Yuling Xue, et al. Rapid Identification of Pseudomonas fluorescens Harboring Thermostable Alkaline Protease by Real-time Loop-mediated Isothermal Amplification.［J］. Journal of food protection, 2021, 272.

［19］ Shufei Zhang, Lianxia Hu, Yuling Xue, et al. Development of a real-time loop-mediated isothermal amplification method for monitoring Pseudomonas lurida in raw milk throughout the year of pasture.［J］. Frontiers in microbiology, 2023, 141133077-1133077.

[20] 夏天爽. 流式细胞术在食品微生物检测领域的研究进展 [J]. 食品安全导刊, 2019 (34): 62-64.

[21] 张峻峰, 刘道亮, 赵占民, 等. 流式细胞术在微生物快速检测领域的研究进展 [J]. 食品工程, 2010 (3): 19-22.

第六章 肉类中有害微生物的快速检测

第一节 肉类中常见有害微生物来源及其污染途径

在肉及肉制品的生产、加工、储存和运输过程中,有害微生物的污染是一个不容忽视的问题。这些微生物不仅会影响肉制品的品质和口感,更重要的是,它们可能对人体健康构成严重威胁。以下是对肉类中常见有害微生物来源的详细分析,以及这些来源的常见有害微生物对肉制品安全的具体影响。

一、原料污染

原料污染是肉制品中有害微生物污染的主要来源之一。肉类在屠宰过程中,由于与多种环境和物体接触,极易受到微生物的污染。

如果屠宰场的卫生条件不达标,如地面、墙壁、设备等存在污垢和残留物,这些都会成为微生物的滋生地。当肉类与这些受污染的表面接触时,就会受到污染。操作人员在屠宰过程中,如果手部没有彻底清洁和消毒,就会将手上的微生物带到肉类上,这些微生物可能包括细菌、病毒等,对肉制品的安全性构成威胁。如果动物本身患有疾病或携带病原体,这些病原体就会通过血液和淋巴系统传播到肌肉组织中,例如,患有口蹄疫、猪瘟等疾病的动物,其肉制品就可能携带这些疾病的病原体。

原料污染对肉制品安全的影响是显而易见的。受污染的原料在加工过程中,微生物会不断繁殖和扩散,导致肉制品的腐败变质。此外,这些微生物还可能产生毒素,对人体健康造成危害。

二、加工设备污染

加工设备是肉制品生产过程中不可或缺的工具,但如果设备没有经过彻底清洗和消毒,就容易成为微生物繁殖的温床。

在肉制品的加工过程中，刀具、砧板等设备会频繁接触肉类。如果这些设备在使用前后没有彻底清洗和消毒，就会残留大量的微生物。当新的肉类与这些受污染的设备接触时，就会受到污染。当同一设备用于处理生肉和熟食时，交叉污染的风险更高。生肉中可能携带大量的有害微生物，如果与熟食接触，就会将这些微生物传播到熟食中，导致食品安全问题。

加工设备污染对肉制品安全的影响同样严重。受污染的设备不仅会导致肉制品的腐败变质，还可能引发食品安全事故。因此，在肉制品加工过程中，必须定期对设备进行清洗和消毒，确保设备的卫生状况。

三、包装材料污染

肉制品的包装材料如果不洁净或者含有有害物质，也可能成为微生物污染的来源。

塑料包装袋是肉制品常用的包装材料之一。然而，如果包装袋在生产过程中没有彻底清洁和消毒，就可能残留有化学物质或微生物，这些污染物可以通过接触传递到肉制品上，对肉制品的安全性构成威胁。纸质包装材料也可能受到微生物的污染，如果纸质材料在生产过程中使用了受污染的原料或水源，或者没有经过彻底的消毒处理，就可能携带大量的微生物。

包装材料污染对肉制品安全的影响不容忽视。受污染的包装材料不仅会影响肉制品的品质和口感，还可能将微生物带入产品中，导致食品安全问题。因此，在选择和使用包装材料时，必须确保其洁净度和安全性。

四、储存和运输污染

肉制品在储存和运输过程中，由于温度控制不当、包装破损等原因，容易受到微生物的侵害。

肉制品在储存和运输过程中需要保持适当的温度。如果温度过高或过低，都会导致微生物的繁殖和扩散。特别是在夏季高温季节，肉制品更容易变质。如果肉制品的包装在储存和运输过程中发生破损，就会暴露在外界环境中。这时，微生物就会通过破损的包装进入肉制品中，导致污染。

储存和运输污染对肉制品安全的影响是长期的。受污染的肉制品在储存和运输过程中，微生物会不断繁殖和扩散，导致肉制品的腐败变质。此外，这些微生物还可能产生毒素，对人体健康造成危害。因此，在储存和运输肉制品时，必须严格控制温度和湿度，确保包装完好无损。

五、人为因素污染

操作人员的健康状况、个人卫生习惯以及工作态度都会影响肉制品的安全性。

如果操作人员患有皮肤病或其他传染性疾病，就可能将微生物带入产品中。这些微生物可能通过手部接触、飞沫传播等方式进入肉制品中。操作人员的个人卫生习惯对肉制品的安全性也有重要影响。如果操作人员没有按照规定佩戴手套、口罩等防护用品，或者在工作过程中频繁触摸面部、头发等易污染部位，就可能将微生物带入产品中。操作人员的工作态度也会影响肉制品的安全性。如果操作人员对工作不负责任，没有严格按照操作规程进行操作，就可能导致微生物污染的发生。

人为因素污染对肉制品安全的影响是可控的。通过加强操作人员的培训和管理，提高其健康意识和个人卫生习惯，可以有效降低人为因素导致的微生物污染风险。

六、环境因素污染

生产场所的空气、水质、土壤等环境条件也会影响肉制品的微生物状况。

空气中的尘埃、水滴等可能携带微生物进入产品。如果生产场所的空气质量不达标，就可能增加微生物污染的风险。水源如果受到污染，也会直接影响产品的安全。例如，如果水源中含有大量的细菌、病毒等微生物，就可能通过加工过程进入肉制品中。如果生产场所的土壤受到污染，也可能对肉制品的安全性构成威胁。例如，土壤中的重金属、农药等有害物质可能通过植物吸收进入动物体内，进而传递到肉制品中。

环境因素污染对肉制品安全的影响是复杂的。由于环境因素难以完全控制，因此需要采取多种措施来降低其影响。例如，加强生产场所的通风换气、定期检测水质和土壤质量等。

七、食物链传播

某些微生物可以通过食物链从一个生物转移到另一个生物。

牲畜食用了受污染的饲料后，其体内可能会积累大量的微生物，这些微生物可能通过肉制品的加工和食用过程进入人体，对人体健康造成威胁。环境中的微生物也可能通过食物链进入肉制品中，例如，土壤、水源等环境中的微生物可能污染饲料或原料，进而进入肉制品中。

食物链传播对肉制品安全的影响是深远的，它涉及多个环节和多个生物体，因此难以完全控制和预防。为了降低这种传播方式的风险，需要加强对饲料和原料的监管和检测力度。

八、昆虫媒介传播

一些昆虫（如苍蝇、蚊子等）可以作为微生物的传播媒介。

昆虫在吸取了含有微生物的食物残渣后，会将这些微生物带到新的宿主身上，当它们落在肉制品上时，就可能将微生物带入产品中。昆虫在飞行或爬行过程中会排泄粪便，这些粪便中可能含有各种微生物，当它们落在肉制品上时，就会造成污染。

昆虫媒介传播对肉制品安全的影响是随机的，由于昆虫的活动难以预测和控制，因此它们可能在不知不觉中污染肉制品。为了降低这种传播方式的风险，需要加强对生产场所的清洁和消毒力度，以及采取适当的防虫措施。

九、动物媒介传播

家畜、家禽等动物也可能是微生物的传播者。

动物在活动过程中可能会将体表或体内的微生物散布到周围环境中，当这些微生物与肉制品接触时，就会造成污染。动物的排泄物中可能含有各种微生物，当这些排泄物与肉制品接触时，就会造成污染。此外，排泄物还可能污染水源和土壤等环境，进而通过食物链进入肉制品中。

动物媒介传播对肉制品安全的影响是复杂的。由于动物的活动范围和习性难以控制，因此它们可能在不知不觉中成为微生物的传播者。为了降低这种传播方式的风险，需要加强对动物的饲养管理和疾病防控力度。

十、其他来源

除了上述主要来源外，还有一些特殊的情况会导致肉制品受到微生物的污染。

自然灾害如洪水、地震等可能导致食品加工厂受损，进而引发食品安全问题。例如，洪水可能淹没食品加工厂，导致设备、原料等受到污染；地震可能导致设备损坏、包装破损等，增加微生物污染的风险。人为破坏如故意投毒等也是一种极端情况。这种污染方式具有隐蔽性和难以预测性，对肉制品的安全性构成严重威胁。

其他来源对肉制品安全的影响是难以预测的。为了降低这些风险，需要加强食品安全监管和应急响应机制的建设，确保在发生突发事件时能够及时采取措施保障食品安全。

肉制品中有害微生物的来源多种多样，包括原料污染、加工设备污染、包装材料污染、储存和运输污染、人为因素污染、环境因素污染以及其他特殊来源。这些来源对肉制品安全的影响是复杂的，需要采取多种措施来降低风险。为了保障肉制品的安全性，需要加强食品安全监管和应急响应机制的建设，提高操作人员的健康意识和个人卫生习惯，加强生产场所的环境卫生管理，以及严格控制储存和运输过程中的温度和湿度等条件。通过这些措施的实施，可以有效降低肉制品中有害微生物的污染风险，保障消费者的健康和安全。

第二节　肉类中常见有害微生物的快速检测方法

肉制品作为人们日常饮食中的重要组成部分，其安全性直接关系到消费者的健康和安全。然而，肉制品在生产、加工、储存和运输过程中，极易受到各种有害微生物的污染，这些微生物包括细菌、病毒、真菌和寄生虫等。

一、肉类中常见的有害微生物及其危害

肉制品中的有害微生物种类繁多，它们可能通过污染的原料、加工设备、包装材料或储存条件等多种途径进入产品中，对消费者的健康构成严重威胁。以下是对几种主要的有害微生物及其危害的详细分析。

沙门氏菌是一种革兰氏阴性杆菌，广泛存在于动物肠道中，是肉制品中常见的有害微生物之一。它可以引起食物中毒，症状通常包括腹泻、发热、

腹痛等，严重时可能导致败血症甚至死亡。沙门氏菌的传播途径多样，包括通过受污染的食物、水或接触受感染的动物等。在肉制品中，沙门氏菌可能通过污染的原料肉、加工过程中的交叉污染或储存条件不当而存活和繁殖。因此，对于肉制品的生产和加工过程，必须严格控制原料质量，加强加工设备的清洁和消毒，以及优化储存条件，以降低沙门氏菌的污染风险。

大肠杆菌是人和动物肠道中的正常菌群之一，但某些致病性大肠杆菌（如O157：H7）却具有极高的致病性，可以引起严重的食物中毒。症状包括剧烈腹痛、血便、发热等，严重时可能引发肾脏衰竭甚至死亡。致病性大肠杆菌主要通过受污染的食物和水传播给人类。在肉制品中，如果原料肉受到污染，或者在加工、储存过程中未能有效杀灭这些细菌，就可能导致消费者食用后中毒。因此，对于肉制品的生产和加工过程，必须加强对原料的检验和监控，确保加工过程中的卫生条件符合标准，以及采用有效的杀菌和储存措施。

金黄色葡萄球菌是一种常见的食源性病原体，广泛存在于自然界和动物体内。它可以产生多种毒素，如肠毒素、溶血素等，这些毒素可以导致食物中毒。症状包括恶心、呕吐、腹泻、腹痛等，严重时可能引发休克和死亡。金黄色葡萄球菌在肉制品中的污染途径多样，包括通过受污染的原料、加工设备、包装材料或储存条件等。因此，为了降低金黄色葡萄球菌的污染风险，肉制品的生产和加工过程必须严格控制原料质量，加强加工设备的清洁和消毒，以及优化包装和储存条件。

单核细胞增生李斯特氏菌是一种能在低温下生长的细菌，对于肉制品来说是一种特别危险的污染源。它可以引起严重的感染性疾病，如李斯特菌病，症状包括发热、头痛、肌肉疼痛、腹泻等。特别是对于孕妇、新生儿和老年人等免疫力较弱的人群来说，李斯特菌病的风险更高，可能导致严重的并发症甚至死亡。李斯特菌在肉制品中的污染途径主要包括通过受污染的原料、加工设备、包装材料以及储存条件不当等。因此，对于肉制品的生产和加工过程，必须严格控制低温储存和运输条件，加强原料和加工设备的检验和监控，以及采用有效的杀菌和包装措施来降低李斯特菌的污染风险。

除了上述几种主要的有害微生物外，肉制品中还可能存在其他种类的细菌、病毒、真菌和寄生虫等有害微生物。这些微生物的污染途径和危害程度各不相同，但都可能对消费者的健康构成严重威胁。因此，对于肉制品的生产和加工过程，必须采取全面的防控措施来降低有害微生物的污染风险。

二、快速检测方法在肉类中有害微生物检测中的应用

随着食品工业的快速发展和消费者对食品安全要求的日益提高，肉制品中有害微生物的快速检测成为了一个备受关注的热点。传统的微生物检测方法虽然准确性高，但耗时较长且操作复杂，无法满足现代食品生产和监管的快速需求。因此，开发快速、简便、准确的检测方法对于提高食品安全监管效率、保障消费者健康具有重要意义。

（一）免疫学方法在肉制品中的应用

免疫学方法是一种基于抗原—抗体反应来检测微生物存在的技术，由于其具有高度特异性和敏感性，因此被广泛应用于肉制品中有害微生物的检测。

酶联免疫吸附试验（ELISA）是一种经典的免疫学检测方法，通过将待测样品与特异性抗体结合，然后加入酶标记的二抗，最后通过显色反应来定量分析微生物的数量。在肉制品中有害微生物的检测中，ELISA 方法已被广泛采用。例如，通过 ELISA 方法可以快速、准确地检测肉制品中的沙门氏菌、大肠杆菌等有害微生物。该方法具有操作简单、灵敏度高的优点，但需要注意的是，抗体的特异性和稳定性是影响检测结果的关键因素。

胶体金免疫层析法是一种基于免疫层析原理的快速检测技术。通过将待测样品与胶体金标记的抗体结合，然后在硝酸纤维素膜上进行层析分离，根据显色条带的位置来判断结果。该方法具有快速、简便的特点，适用于现场检测。在肉制品中有害微生物的检测中，胶体金免疫层析法已被用于检测沙门氏菌、金黄色葡萄球菌等有害微生物。然而，该方法的灵敏度可能受到样品中其他成分的影响，因此在实际应用中需要谨慎评估。

（二）分子生物学方法在肉制品中的应用

分子生物学方法是通过检测微生物的遗传物质（如 DNA 或 RNA）来判断其是否存在的技术。由于其具有高度特异性和敏感性，因此特别适用于低浓度样本的检测。

环介导等温扩增技术（LAMP）是一种新兴的分子生物学检测技术，通过设计特异性引物和探针，对待测样品中的 DNA 进行等温扩增和定量分析。该

方法具有快速、简便的特点,适用于现场检测。在肉制品中有害微生物的检测中,LAMP 方法已被用于检测沙门氏菌、大肠杆菌等有害微生物。与 PCR 方法相比,LAMP 方法无须复杂的温度循环控制,因此操作更为简便。然而,该方法的引物设计相对复杂,且可能受到样品中其他 DNA 序列的干扰。

数字 PCR(dPCR)是一种基于微流控芯片的数字 PCR 技术,通过将待测样品分割成数千至数百万个独立的反应单元,然后进行 PCR 扩增和定量分析。该方法具有高度特异性和敏感性,特别适用于低浓度样本的检测。在肉制品中有害微生物的检测中,dPCR 方法已被用于检测沙门氏菌、李斯特菌等有害微生物。与常规 PCR 方法相比,dPCR 方法能够提供更准确的定量结果,且不受扩增效率的影响。然而,该方法的成本相对较高,且需要专业的设备和操作技术。

纳米孔测序技术是一种基于单分子实时测序的新型基因组学研究手段,通过将待测样品中的 DNA 或 RNA 直接加载到纳米孔阵列上,然后进行实时测序和数据分析。该方法具有高通量、低成本的优点,适用于大规模筛查和监测。在肉制品中有害微生物的检测中,纳米孔测序技术已被用于鉴定和监测肉制品中的微生物群落结构。通过该技术,可以快速、准确地识别出肉制品中的有害微生物种类和数量,为食品安全监管提供有力支持。然而,该技术的测序速度和准确性可能受到样品质量和测序条件的影响,因此在实际应用中需要谨慎评估。

(三) 生物传感器技术在肉制品中的应用

生物传感器技术是将生物识别元件与物理或化学信号转换器相结合,实现对微生物的实时监测的技术。由于其具有快速、简便的特点,因此特别适用于现场检测。

电化学生物传感器是一种基于电化学反应原理的生物传感器,通过将待测样品与电极表面的生物识别元件(如抗体、酶等)结合,然后测量电流变化来判断结果。在肉制品中有害微生物的检测中,电化学生物传感器已被用于检测大肠杆菌、金黄色葡萄球菌等有害微生物。该方法具有快速、灵敏的特点,且不受样品颜色和浑浊度的影响。然而,该方法的电极稳定性和重复性可能受到环境因素的影响,因此在实际应用中需要注意电极的维护和保养。

光学生物传感器是一种基于光学原理的生物传感器,通过将待测样品与荧光染料或量子点等标志物结合,然后测量荧光强度变化来判断结果。在肉制品中有害微生物的检测中,光学生物传感器已被用于检测沙门氏菌、李斯特菌等有害微生物。该方法具有非侵入性、无须样品制备的优点,且能够实时监测微生物的生长和繁殖情况。然而,该方法的荧光强度和稳定性可能受到样品中其他成分的影响,因此在实际应用中需要谨慎评估。

磁珠—酶联免疫吸附试验(MB-ELISA)是一种结合了磁珠技术和 ELISA 原理的生物传感器技术,通过将待测样品与磁珠表面的特异性抗体结合,然后加入酶标记的二抗,最后通过显色反应来定量分析微生物的数量。在肉制品中有害微生物的检测中,MB-ELISA 方法已被用于检测沙门氏菌、大肠杆菌等有害微生物。该方法具有操作简单、灵敏度高的优点,且能够快速分离和富集目标微生物,提高检测的准确性和效率。然而,该方法的磁珠稳定性和重复性可能受到环境因素的影响,因此在实际应用中需要注意磁珠的保存和使用条件。

(四) 光谱分析法在肉制品中的应用

光谱分析法是利用光谱学原理来分析微生物的组成和结构的技术,具有非破坏性、无须样品制备的优点,因此特别适用于在线监测。

傅里叶变换红外光谱(fourier transform infrared spectroscopy,FTIR)是一种基于红外吸收原理的光谱分析方法,通过测量样品对不同波长红外光的吸收情况来判断其组成和结构。在肉制品中有害微生物的检测中,FTIR 方法已被用于鉴别和分类不同种类的微生物。该方法具有非破坏性、无须样品制备的优点,且能够快速提供微生物的组成和结构信息。然而,该方法的准确性和可靠性可能受到样品中其他成分的影响,因此在实际应用中需要谨慎评估。

拉曼光谱(Raman spectra,RMS)是一种基于散射原理的光谱分析方法,通过测量样品对入射光子的散射情况来判断其组成和结构。在肉制品中有害微生物的检测中,RMS 已被用于快速鉴别和分类不同种类的微生物。该方法具有非破坏性、无须样品制备的优点,且能够提供微生物的化学键和官能团信息。然而,该方法的灵敏度和分辨率可能受到样品中其他成分和背景荧光的影响,因此在实际应用中需要注意样品的预处理和光谱数据的处理。

近红外光谱(near infrared,NIR)是一种基于分子振动原理的光谱分析方法，通过测量样品对近红外光的吸收情况来判断其组成和结构。在肉制品中有害微生物的检测中，NIR 方法已被用于监测肉制品中的微生物污染情况。该方法具有非破坏性、无须样品制备的优点，且能够快速提供微生物的污染程度和种类信息。然而，该方法的准确性和可靠性可能受到样品中其他成分和水分含量的影响，因此在实际应用中需要注意样品的预处理和光谱数据的校正。

随着科学技术的发展，越来越多的新技术和新方法被应用于肉制品中有害微生物的快速检测。免疫学方法、分子生物学方法、生物传感器技术和光谱分析法等方法不仅提高了检测的准确性和效率，还降低了成本和复杂度。然而，目前仍存在一些挑战和问题需要解决。例如，如何进一步提高检测的灵敏度和特异性、如何简化操作流程以适应现场检测的需求、如何降低检测成本以普及应用等。

未来，我们期待更多的创新和突破能够推动这一领域的发展和应用。例如，可以开发更加灵敏和特异的抗体和探针，以提高免疫学方法的检测准确性；可以优化分子生物学方法的引物设计和扩增条件，以提高其检测效率和特异性；可以探索更加智能和便捷的生物传感器技术，以适应现场检测的需求；可以研究更加高效和准确的光谱数据分析方法，以提高光谱分析法的准确性和可靠性。同时，我们也需要加强跨学科合作和技术整合，推动不同检测方法之间的互补和优化，为肉制品中有害微生物的快速检测提供更加全面和有效的解决方案。

第三节　案例分析

一、改良 LAMP 技术快速检测大肠埃希氏菌 O157∶H7

大肠埃希菌 O157∶H7（*Escherichia coli* O157∶H7，*E. coli* O157∶H7）是一类能引起严重食物中毒的致泻性大肠杆菌，是出血性大肠埃希菌的主要血清型，感染剂量极低。它除了引起腹泻、出血性肠炎外，还可发生溶血性尿毒综合征（hemo-lyticuremic syndrome，HUS）、血栓性血小板减少性紫癜（thrombocytopenic purpura，TTP）等严重的并发症，且后者病情发展快，死亡率高，给人们健康和社会造成严重危害，自 1982 年美国首次被报告后，在世界范围内得到普遍关注。国内外检测大肠埃希氏菌 O157：H7 的方法很多，我国进出口食品对大肠埃希氏菌 O157：H7 目前采用的方法是以行业标准 SNT 0973—2000 作为依据，通过对样品增菌处理后，进行平板划线，然后挑取可疑菌落进行形态、染色及血清学试验、生化鉴定等进行判定。检测过程耗时长达 4~7 d，难以适应快速检验的要求。

刘道亮等针对大肠埃希氏菌 O157：H7 的 O157 特异性抗原基因（*rfb*E 基因）、鞭毛 H7 特异性抗原基因（*fliC* 基因）设计 3 对引物（带有一对改良引物—环引物，比普通 LAMP 缩短扩增时间 1/3），单管同时检测，建立了肉类中的大肠埃希氏菌 O157：H7 改良 LAMP 快速检测方法，其灵敏度高、特异性好、简便快速，解决了传统检测方法耗时长、灵敏度低、血清凝集有交叉反应等问题，对于及时有效应对食源性突发公共卫生事件具有重大意义。

二、RTF-SPIA 技术快速检测大肠埃希氏菌 O157

SPIA 是一种新型的基因扩增技术，已成为一种有吸引力的微生物检测方法。SPIA 在恒温下进行，无须昂贵的热循环仪。此外，SPIA 反应可以在 30 min 内完成，比通常需要 2 h 以上的实时 PCR 更快。其扩增反应需要一条 3′端是 DNA 片段、5′端是 RNA 片段的混合引物、链终止序列（blocker）、RNase H 和具有强链置换活性的 DNA 聚合酶来完成，在扩增反应中，首先，混合引物和链终止序列分别与单链模板 DNA 结合，在 DNA 聚合酶作用下，引物延伸合成 DNA，当延伸到链终止序列结合处时，因链终止序列无法被置换出来，延伸反应被终止。混合引物部分的 RNA 与 DNA 单链形成 DNA 和 RNA 的杂合双链，RNase H 可不断降解 DNA/RNA 杂合链中的 RNA 部分，使未结合的混合引物中的 RNA 能够不断得到结合位点，并与模板结合，在具有链置换活性的 DNA 聚合酶的作用下，进行链置换反应，置换出上一个反应循环中合成的 DNA 单链，并使引物延伸合成新的 DNA 单链，在链终止序列结合处终止，如此往复循环，最终扩增出大量的 cDNA 单链。

李瑞等在普通 SPIA 的基础上，大肠埃希氏菌 O157：H7 的 O157 特异性抗原 *rfb*E 基因设计相应的 RNA/DNA 组合引物和链终止序列，优化引物浓度、Mg^{2+} 浓度、温度等反应条件，加入特异性结合单链 DNA 的荧光染料 SYBR

Green Ⅱ，利用荧光仪进行实时监测扩增，建立了大肠埃希氏菌 O157 的实时荧光 SPIA 检测方法（real time fluorescence SPIA，RTF-SPIA），并对该方法的特异性、灵敏度以及人工污染检出限进行检测。确定了实时荧光 SPIA 法的最适反应条件，该方法可以在 55 min 内完成样品处理、DNA 提取、扩增检测工作，RTF-SPIA 检测大肠杆菌 O157 的灵敏度为 2.0 CFU/mL，对猪肉人工污染样品中大肠埃希氏菌 O157 的检出限是 4.0 CFU/g。RTF-SPIA 方法检测大肠埃希氏菌 O157 具有耗时短、灵敏度高、特异性强，方法简便的优越性，为检测大肠埃希氏菌 O157 提供了一种更加新型、敏感的方法，为检测食源性致病菌构建了一个技术平台。

三、FQ-SPIA 快速检测沙门氏菌属

沙门氏菌病是最常见和分布最广泛的食源性疾病之一，由沙门氏菌引起，与食用受污染的生肉、家禽、鸡蛋、乳制品等有关。欧盟每年发生超过 16 万例人类病例，在美国，据报道，每年有超过 140 万例由沙门氏菌引起的病例。在中国，沙门氏菌病占食源性疾病的 40%~60%。沙门氏菌引起的食源性疾病长期以来一直是，并将继续是一个重要的全球公共卫生问题，需要快速准确地检测食品中的沙门氏菌。目前，已经开发了许多检测沙门氏菌的方法。传统的培养方法非常耗时，需要 5~6 d 才能产生阳性结果。酶免疫测定、免疫荧光技术和基因探针已被探索用于检测沙门氏菌，但其敏感性和特异性各不相同。因此，迫切需要建立一种快速灵敏、准确可行的食品中沙门氏菌的检测方法。近年来，分子生物学检测方法凭借其高灵敏度、低成本、分析速度快、操作简单等优势，已成为各沙门氏菌检测的研究热点。

SPIA 是近年来报道的新型线性核酸等温扩增技术，与其他核酸扩增策略相比具有高保真性、低污染性以及高稳定性等优势。

王建昌等开发了一种基于荧光定量 SPIA（fuorescence quantitative SPIA，FQ-SPIA）的沙门氏菌检测方法，以鼠伤寒沙门氏菌基因组 DNA 为模板，以沙门氏菌 $invA$ 基因为 RNA/DNA 组合引物和链终止序列，发现 FQ-SPIA 检测 DNA 的检测限为 20 fg/μL。其成功扩增不同血清型沙门氏菌基因组 DNA，但未扩增非沙门氏菌细菌基因组 DNA，证明了 FQ-SPIA 的种特异性。SPIA 是一种新的核酸扩增技术，与实时 PCR 相比具有几个优点。首先，它在恒温下

进行，不需要昂贵的热循环仪；其次，SPIA 反应在 30 min 内完成，比实时 PCR 快得多；最后，用于 SPIA 的嵌合引物减少了非特异性扩增。与实时 PCR 一样，SPIA 检测对于死细菌和活细菌的 DNA 无法区分，需要结合其他方法，可用于快速检测生食或干货中的沙门氏菌。

四、FQ-SPIA 快速检测志贺氏菌属

志贺氏菌属（Shigella）是人类细菌性痢疾最为常见的病原菌，主要流行于发展中国家，俗称痢疾杆菌，耐寒，能在普通琼脂培养基上经过 24 h 生长，形成直径达 2 mm 大小、半透明的光滑型菌落，是一类兼性厌氧、不产生芽孢的革兰氏阴性杆菌。长 2~3 μm、宽 0.5~0.7 μm、杆状或短杆状，不形成荚膜，无鞭毛，多数有菌毛；营养要求不高，能在普通培养基上生长；最适生长温度为 37 ℃，最适 pH 为 6.4~7.8。志贺氏菌属可分解葡萄糖，产酸不产气。VP 实验阴性，不分解尿素，不形成硫化氢，不能利用柠檬酸盐或丙二酸盐作为唯一碳源。

根据生化反应和 O 抗原结构的不同，志贺氏菌属可以分为痢疾志贺氏菌（Shigella dysenteriae，S. dysenteriae）、福氏志贺氏菌（Shigella flexneri，S. flexneri）、鲍氏志贺氏菌（Shigella boydii，S. boydii）和宋内氏志贺氏菌（Shigella sonnei，S. sonnei）。在发展中国家，由福氏志贺氏菌引起的感染性腹泻疾病高居首位。编码侵袭性质粒相关抗原 H 的片段基因（ipaH），决定志贺氏菌属对大肠黏膜的上皮细胞侵袭能力，同时，多拷贝存在于染色体和侵袭性大质粒上，不随传代而丢失。以志贺氏菌属 ipaH 基因保守序列为靶基因可将其与其他致病菌种属区分开，又可以全部检测出志贺氏菌属 4 个群。

志贺氏菌属引起细菌性痢疾，传染源是病人和带菌者，无动物宿主，主要通过粪—口传播，急性患者排菌量大，每克粪便可有 10^5~10^8 CFU/g，传染性强；慢性病例排菌时间长，可长期储存病原体；恢复期病人带菌可达 2~3 周，有的可达数月。人类对志贺氏菌属较易感，少至 200 CFU/g 就可发病。志贺氏菌属随饮食进入肠道，潜伏期一般为 1~3 d。痢疾志贺氏菌感染患者病情较重，朱内氏志贺氏菌多引起轻型感染，福氏志贺氏菌感染易转变为慢性，病程迁延。

国家标准方法 GB 4789.40—2012 中采用常规生化鉴定方法对志贺氏菌属

进行检测，须经过增殖培养、分离纯化、生化试验、血清学实验等，整个过程需要 4~5 d，检验步骤烦琐、耗时长，不能应对市场需求的快速准确检验方法的要求。但这种方法具有直观、准确、稳定性好且假阳性率低等特点，因此一直被沿用至今。

利用抗原—抗体反应的特异性来进行细菌的鉴别和血清学定型，已有半个多世纪的历史。根据志贺氏菌属菌体或鞭毛抗原的存在，建立的志贺氏菌属免疫学检测方法有许多种，相关研究报道也较多，但由于这些方法存在特异性差、敏感度低等缺点而难以推广。

随着微生物学、生物化学和分子生物化学的飞速发展，在这些先进技术的基础上建立的众多检测技术中，需要进行温度循环的聚合酶链式反应发展最快，已逐步应用于志贺氏菌的检测。

王建昌等以志贺氏菌属 ipaH 基因特异序列为靶序列，设计 RNA-DNA 组合引物和链终止序列，优化反应体系，建立 FQ-SPIA 检测志贺氏菌属的方法，反应时间为 44 min。通过对 4 株不同群志贺氏菌属和 12 株其他食源性致病菌进行 FQ-SPIA 扩增检测，结果表明，除 4 株志贺氏菌属外，其他细菌均未扩增出荧光曲线。进一步研究表明，采用普通热裂解法提取 DNA，实时荧光检测福氏志贺氏菌 DNA 的灵敏度为 1.16 fg/μL，纯培养菌液的灵敏度为 1.3 CFU/mL；对牛奶模拟样品中福氏志贺氏菌的检出限是 1.8 CFU/mL。研究结果表明，FQ-SPIA 检测志贺氏菌属灵敏度高、特异性强、耗时短、方法简便。

五、基质辅助激光解吸电离—飞行时间质谱技术快速检测金黄色葡萄球菌

金黄色葡萄球菌（$S.\ aureus$）为革兰氏阳性球菌，广泛存在于自然界中。金黄色葡萄球菌污染食品后，不仅会导致食品腐败变质，而且部分菌株能够产生金黄色葡萄球菌肠毒素引起食物中毒。研究表明，由金黄色葡萄球菌肠毒素引起的食物中毒位居细菌性食物中毒的首位。目前金黄色葡萄球菌及肠毒素的传统鉴定方法，全程需时 4~8 d，方法烦琐。免疫学检测方法尽管目前运用的较为广泛，但对于一些新近出现的肠毒素，还没有商业化的检测方法，而且要求有专门的技术和工具，并且在有些情况下，会产生非特异性结合而

造成假阳性的结果。分子生物学检测方法在金黄色葡萄球菌检测方面具有快速、特异性强、灵敏度高、检测限低等优点，但金黄色葡萄球菌产生的毒素和酶的种类甚多，往往不能一步鉴定到金黄色葡萄球菌型，而且存在方法的技术性要求强、需要特殊设备、判断结果的国际标准化等问题，使得这些分子水平的分型方法不能得到普及。

基质辅助激光解吸电离—飞行时间质谱（matrix assisted laser desorption/ionization time of flight mass spectrometry，MALDI-TOF MS）是近年来新发展起来的一种微生物鉴定和分型技术，其基本原理为：将微生物与等量的基质分别点在加样板上，溶剂挥发后形成样品和基质的共晶体，基质从激光中吸收能量使样品解吸，基质与样品之间发生电荷转移使得样品分子电离，经过飞行时间检测器，根据到达检测器的飞行时间不同而被检测，即测定离子的质荷比（m/z）与离子的飞行时间成正比来检测离子的分子量，通过专用软件分析比较，确定出特异性的指纹图谱。作为一种新型软电离生物质谱技术，MALDI-TOF-MS能进行蛋白质、脂类、DNA、脂多糖、脂寡糖多肽及其他能被离子化的分子等多种细菌成分的分析。

陈志敏等根据 MALDI-TOF MS 软件支持用户自定义数据库的特点，按统一的建库标准，采集食品中分离鉴定的 26 株金黄色葡萄球菌数据并获得特征指纹图谱，创建质谱图数据库，并进一步开展了实验室分离的金黄色葡萄球菌的快速鉴定和聚类分型的初步研究，实现对本地金黄色葡萄球菌的特异性快速鉴定和可能污染源的追溯。

参考文献

[1] 王静. 发酵肉制品中有害微生物安全风险评估 [D]. 天津：天津科技大学，2016.

[2] 孙淑艳. 肉制品加工中有害物检测及控制技术研究 [J]. 中国食品工业，2024（22）：90-92.

[3] 赵晓蕊，蔡小雨，李雪晗，等. 肉制品中食源性致病菌检测技术的研究综述 [J]. 中国食品添加剂，2022，33（12）：263-270.

[4] 孙新城，李侠颖，许素月，等. 肉与肉制品中食源性致病微生物快速检测技术研究进展 [J]. 食品安全质量检测学报，2023，14（7）：32-38.

[5] 李惠婷，梁洋兰，薛丹蕾，等. 微生物检测技术的相关研究进展 [J]. 食品安全导

刊，2024（25）：174-176.

［6］陈嘉蕙. 基于 CRISPR-Cas 的核酸生物传感技术及其在鸭肉掺假检测中的应用研究［D］. 西安：陕西科技大学，2023.

［7］毛晓婷. 光谱分析技术在食品及医药检测上的应用［D］. 杭州：中国计量学院，2016.

［8］刘道亮，胡连霞，赵占民，等. 改良环介导等温扩增技术快速检测肉类中的大肠杆菌 O157：H7［J］. 微生物学通报，2011，38（3）：430-435.

［9］李瑞，王建昌，李静，等. 实时荧光单引物等温扩增（SPIA）技术检测大肠杆菌 O157 的方法研究［J］. 现代食品科技，2016，32（2）：317-322，316.

［10］Jianchang Wang, Rui Li, Lianxia Hu, et al. Development of a quantitative fluorescence single primer isothermal amplification-based method for the detection of *Salmonella*［J］. International Journal of Food Microbiology，2016，21922-27.

［11］王建昌，胡连霞，段永生，等. 志贺氏菌实时荧光单引物等温扩增方法的建立及应用［J］. 食品科学技术学报，2015，33（6）：40-45.

［12］陈志敏，张亦琴，胡连霞，等. 金黄色葡萄球菌基质辅助激光解析电离—飞行时间质谱的鉴定与聚类分型［J］. 食品安全质量检测学报，2019，10（18）：6055-6061.

第七章 水产类中有害微生物的快速检测

第一节 水产类中常见有害微生物的来源及预防措施

一、水体环境

自然水体如河流、湖泊、海洋等是微生物的天然栖息地,这些微生物在生态系统中发挥着重要作用。然而,其中也包括了对水产品安全构成威胁的有害微生物,这些有害微生物可能通过水流、风浪、生物迁徙等多种方式传播到水产品上。例如,弧菌是一种常见的海洋微生物,其中部分种类如副溶血性弧菌、创伤弧菌等可引起人类食物中毒或感染。沙门氏菌则广泛存在于自然环境中,包括土壤、水源和动物体内,是引起人类沙门氏菌病的主要病原体之一。霍乱弧菌则是霍乱病的病原体,主要通过污染的水源和食物传播。

在自然水体中,有害微生物的数量和种类受到多种因素的影响,如水温、盐度、光照、营养盐含量等。这些因素的变化可能导致有害微生物的生长和繁殖速度加快,从而增加水产品被污染的风险。此外,自然水体中的生物群落结构也会影响有害微生物的传播和扩散。例如,某些水生动物可能携带并传播有害微生物,而水生植物则可能通过吸附、过滤等方式减少有害微生物的数量。

在人工养殖环境中,养殖水体的质量直接决定了水产品的安全性和品质。如果养殖水体受到污染,如工业废水、农业排水或生活污水等未经处理直接排入,就会导致有害微生物数量的增加。这些污染物中可能含有大量有害微生物及其代谢产物,对养殖水体造成严重的污染。

除了外部污染外,养殖水体内部的理化因素也会影响有害微生物的生长和繁殖。例如,水温过高或过低都可能影响有害微生物的活性;盐度过高或过低则可能导致某些有害微生物的繁殖受到抑制或促进;pH的变化也可能影响有害微生物的生长环境。

此外，养殖水体中的生物群落结构也会影响有害微生物的传播和扩散。例如，在密集的养殖环境中，鱼类等水生动物可能因相互接触而传播有害微生物。同时，养殖水体中的底泥、悬浮物等也可能成为有害微生物的栖息地，进一步增加水产品被污染的风险。

二、养殖环境

在水产养殖中，养殖密度是一个关键因素。过高的养殖密度会导致水产品的生存空间受限，同时增加了病原体传播的风险，在密集的养殖条件下，鱼类等水生动物可能因相互接触而传播有害微生物。此外，高养殖密度还可能导致水体富营养化程度的增加，为有害微生物的生长提供有利条件。富营养化是指水体中氮、磷等营养物质含量过多，导致藻类大量繁殖并消耗水中的氧气，造成水质恶化。在这种环境下，有害微生物可能更容易生长和繁殖，从而增加水产品被污染的风险。因此，合理控制养殖密度是保障水产品安全的重要措施之一。

饲料和药物的使用也是影响水产品安全的重要因素。如果饲料中添加了过量的抗生素、激素或其他化学物质，就可能导致耐药菌株的产生和传播。这些药物残留不仅会对水产品的品质产生负面影响，还可能对人类健康造成潜在威胁。

抗生素的滥用是导致耐药菌株产生的主要原因之一。在水产养殖中，为了预防和治疗鱼类等疾病，养殖者可能会大量使用抗生素。然而，长期大量使用抗生素会破坏养殖水体中的微生物群落平衡，导致耐药菌株的产生和传播。这些耐药菌株可能对多种抗生素产生抗性，从而增加治疗难度和成本。

此外，激素和其他化学物质的使用也可能对水产品安全造成威胁。例如，某些激素可以促进鱼类的生长和发育，但过量使用可能导致鱼类体内激素残留超标，对人类健康造成潜在风险。因此，在水产养殖中应严格控制饲料和药物的使用量和使用方法，确保水产品的安全性和品质。

三、加工处理过程

在水产品的加工、运输和储存过程中，交叉污染是一个常见的问题。如果加工设备、容器或运输工具没有得到彻底的清洁和消毒，就可能残留有害微生物。当这些受污染的设备、容器或运输工具与新鲜水产品接触时，就会将有害微生物传播到水产品中。交叉污染的发生可能源于多个环节，例如，在加工过程中，如果工作人员没有遵循严格的卫生操作规范，就可能将有害微生物带入加工环境中。此外，如果加工设备、容器等没有及时清洗和消毒，也可能残留有害微生物并污染后续加工的水产品。在运输和储存过程中，如果温度控制不当或包装材料受到污染，也可能导致有害微生物的传播和扩散。为了防止交叉污染的发生，应采取一系列措施来确保加工环境的卫生和安全。例如，定期对加工设备、容器和运输工具进行清洗和消毒；加强工作人员的卫生培训和健康监测；严格控制加工过程中的温度和时间等参数；使用安全的包装材料等。

加工人员的健康状况和个人卫生习惯也是影响水产品安全的重要因素。如果加工人员患有传染病或携带病原体，就可能通过手部、口部或呼吸道等途径将病原体传播到水产品中。此外，加工人员如果没有经过专业的培训和指导，就可能不了解正确的操作方法和卫生要求，从而增加水产品被污染的风险。为了保障水产品的安全性和品质，应加强对加工人员的健康监测和卫生培训。例如，定期对加工人员进行健康检查，确保他们不患有传染病或携带病原体；对加工人员进行专业的卫生培训，使他们了解正确的操作方法和卫生要求；加强加工过程中的卫生监管和质量控制等。

四、消费者行为

消费者在购买水产品后，如果储存不当或烹饪不充分，也可能导致有害微生物的生长和繁殖。例如，将水产品长时间放置在室温下或潮湿环境中，就容易导致细菌、霉菌等有害微生物的滋生。此外，如果烹饪时没有将水产品彻底煮熟或蒸熟，就可能无法杀死其中的病原体，从而增加食用后感染疾病的风险。

为了防止有害微生物的生长和繁殖，消费者应采取正确的储存和烹饪方法。例如，将水产品尽快放入冰箱或冷藏室中储存，避免长时间放置在室温下或潮湿环境中；在烹饪时确保将水产品彻底煮熟或蒸熟，以杀死其中的病原体和有害微生物；使用安全的烹饪器具和食材等。

消费者的购买渠道也会影响水产品的安全性。如果消费者从非正规渠道购买水产品，如街头小贩或未经检验的市场摊位，就可能购买到受到污染或质量不合格的产品。这些产品可能没有经过严格的检验和检疫程序，从而存在较高的安全风险。

为了确保购买到安全的水产品，消费者应选择正规渠道购买水产品。例如，选择有营业执照、卫生许可证和检验报告的商家购买水产品；避免从街头小贩或未经检验的市场摊位购买水产品；在购买时仔细检查水产品的外观、气味和标签等信息以判断其新鲜度和安全性等。

水产品中常见有害微生物的来源涉及多个方面，包括水体环境、养殖环境、加工处理过程和消费者行为等。为了保障水产品的安全性和品质，应从多个环节入手采取综合措施来减少有害微生物的污染和传播风险。例如，加强养殖水体的管理和监测；合理控制养殖密度和饲料与药物的使用量；加强加工过程中的卫生监管和质量控制；提高消费者的食品安全意识和储存与烹饪技能等。通过这些措施的实施，可以有效地保障水产品的安全性和品质，为消费者提供健康、安全的水产品。

第二节　水产类中常见有害微生物的快速检测方法

一、水产类中常见的有害微生物

水产品中富含优质蛋白质、维生素和矿物质，是消费者日常饮食中的重要组成部分。然而，由于水产品的生长环境、捕捞、加工和储存等过程中可能受到各种微生物的污染，这些微生物对消费者的健康构成了潜在威胁。特别是免疫系统较弱的人群，如老年人、儿童、孕妇以及患有慢性疾病的人，其感染风险更高。下文将详细探讨水产品中常见的有害微生物，包括细菌、病毒和寄生虫，以及它们对人体健康可能造成的危害。

(一) 细菌

水产品中常见的细菌种类繁多，其中一些具有致病性，能够引起人体感染。以下是一些主要的细菌种类及其危害：

沙门氏菌是一种常见的食源性致病菌，广泛存在于各种动物产品中，包括水产品。感染沙门氏菌后，患者可能出现发热、腹泻、呕吐等症状，严重时甚至可能导致脱水、休克和死亡。特别是对于免疫系统较弱的人群，感染风险更高。

副溶血性弧菌（又称嗜盐菌）是引起食源性感染的主要病原之一，特别是在沿海地区，其检出率较高。这种细菌主要通过污染的海产品或海产品加工过程中的交叉污染传播给人类。感染后，患者可能出现腹痛、腹泻、呕吐等症状，严重时可能导致脱水、休克和败血症。值得注意的是，副溶血性弧菌的耐热性较强，普通的烹饪温度和时间可能无法完全杀死它，因此在食用水产品时需要特别注意。

单核细胞增生李斯特氏菌是一种能够引起人类严重感染的细菌。感染后，患者可能出现发热、头痛、肌肉疼痛等症状，严重时可能导致脑膜炎、败血症和死亡。李斯特菌主要通过污染的食品传播给人类，包括水产品，特别是在冷藏条件下仍能生长繁殖的特性使其更具威胁性。

致病性大肠埃希氏菌包括多种血清型，其中一些能够引起严重的肠道感染，如溶血性尿毒综合征和出血性结肠炎。这些血清型主要通过污染的食品传播给人类，包括水产品。感染后，患者可能出现严重的腹痛、腹泻、呕吐等症状，甚至可能导致死亡。

变形杆菌（*Proteus species*，*P. species*）是人和动物的寄生菌和病原菌，肠杆菌科（Enterobacteriaceae）中的一属革兰阴性运动细菌，有明显多边性，有周身鞭毛，运动活泼，无荚膜，有菌毛。变形杆菌广泛分布在自然界中，如土壤、水、垃圾、腐败有机物及人或动物的肠道内。如图 7-1 所示，细胞杆状；（0.4~0.6）×（1~3）μm；营养要求不高。在固体培养基上呈扩张性生长，形成以菌种部位为中心的厚薄交替、同心圆形的层层波状菌苔，称为迁徙生长现象（swarming growth phenomenon），但也产生不规则形状的细胞（包括丝状体），为兼性厌氧菌，但在缺氧环境下发育不良。在基础培养基（和含氰化钾的培养基）上生长，在 20~40 ℃之间繁殖旺盛。发酵葡萄糖，不发酵乳糖，在 SS 平板上的菌落形态和在双糖管中的生化反应模式与沙门菌属十分相似，可用尿素酶试验加以区别。广泛分布在自然界中，如土壤、水、垃圾、腐败有机物及人或动物的肠道内，也是一种常见的食源性致病菌，能够引起人体感染。感染后，患者可能出现腹痛、腹泻、呕吐等症状。虽然变形杆菌的致病性相对较弱，但其在食品中的存在仍然可能对消费者的健康构成威胁。

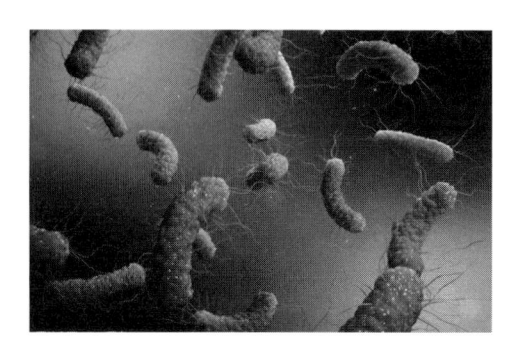

图 7-1　电镜下变形杆菌细胞形态模式图

中毒食品主要以动物性食品为主，其次为豆制品和凉拌菜，发病季节多在夏、秋，中毒原因为被污染食品在食用前未彻底加热，变形杆菌食物中毒是我国常见的食物中毒之一。变形杆菌一般不致病，夏、秋季节温度高，变形杆菌在被污染的食品中大量繁殖，如食用前未彻底加热，其产生的毒素可引起中毒。进食后 2~30 h 患者出现上腹部刀绞样痛和急性腹泻，伴有恶心、呕吐、头痛、发热，病程较短，一般 1~3 d 可恢复，很少有死亡。

志贺氏菌属（*Shigella*）是一类革兰氏阴性、无芽孢、无荚膜、无鞭毛、多数有菌毛的短小杆菌，如图 7-2 所示，是人类细菌性痢疾最为常见的病原菌，主要流行于发展中国家，俗称痢疾杆菌，耐寒，能在普通琼脂培养基上经过 24 h 生长，形成直径达 2 mm 大小、半透明的光滑型菌落。在肠道杆菌选择性培养基上形成无色菌落，大小为（0.5~0.7）×（2~3）μm，是人和灵长类动物的肠道致病菌，引起细菌性痢疾。

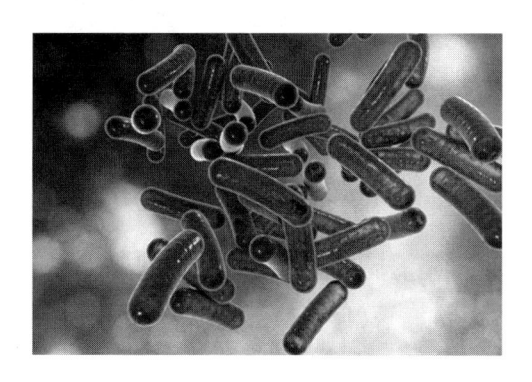

图 7-2　电镜下志贺氏菌属细胞形态模式图

志贺氏菌有 K 和 O 抗原而无 H 抗原。K 抗原是自患者新分离的某些菌株的菌体表面抗原，不耐热，加热 100 ℃ 1 h 被破坏。K 抗原在血清学分型上无意义，但可阻止 O 抗原与相应抗血清的凝集反应。O 抗原分为群特异性抗原和型特异性抗原，前者常在几种近似的菌种间出现；型特异性抗原的特异性高，用物区别菌型。根据志贺氏菌抗原构造的不同，可分为 4 个群 48 个血清型（包括亚型），是引起细菌性痢疾的主要病原之一，主要为粪—口途径传播，痢疾杆菌随患者或带菌者的粪便排出，通过受污染食物、水、手等经口传播。志贺氏菌主要通过污染的食品和水传播给人类，包括水产品。感染后，患者可能出现高热、腹痛、腹泻、里急后重等症状，严重时可能导致脱水、休克和死亡。

霍乱弧菌（*Vibrio cholerae*，*V. cholerae*）是革兰氏阴性菌，如图 7-3 所示，菌体弯曲呈弧状或短小呈逗点状，有单鞭毛、菌毛，部分有荚膜。菌体一端有单根鞭毛和菌毛，无荚膜与芽孢。经人工培养后，易失去弧形而呈杆状。取霍乱病人米泔水样粪便做活菌悬滴观察，可见细菌运动极为活泼，呈流星穿梭运动。在液体培养基内常呈单个、成对成链状，有的相连呈 S 形，甚至螺旋状。共分为 139 个血清群，其中 O1 群和 O139 群可引起霍乱。

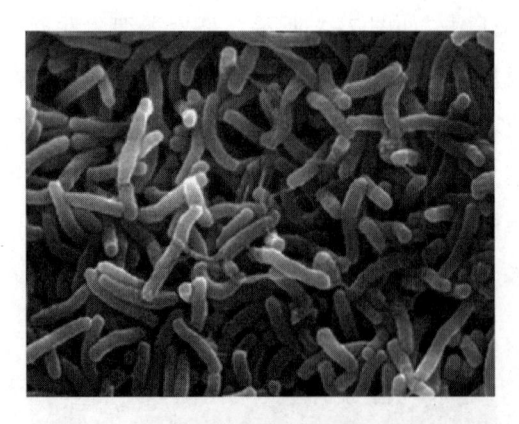

图 7-3　电镜下霍乱弧菌细胞形态模式图

营养要求不高，在 pH 8.8~9.0 的碱性蛋白胨水或平板中生长良好。因其他细菌在这一 pH 不易生长，故碱性蛋白胨水可作为选择性增殖霍乱弧菌的培养基。在碱性平板上菌落直径为 2 mm，圆形，光滑，透明。霍乱弧菌能还原硝酸盐为亚硝酸盐，靛基质反应阳性，当培养在含硝酸盐及色氨酸的培养基中，产生靛基质与亚硝酸盐，在浓硫酸存在时，生成红色，称为霍乱红反应，但其他非致病性弧菌亦有此反应，故不能凭此鉴定霍乱弧菌。EL Tor 型霍乱弧菌与古典型霍乱弧菌生化反应有所不同。前者 VP 阳性而后者为阴性。前者能产生强烈的溶血素，溶解羊红细胞，在血平板上生长的菌落周围出现明显的透明溶血环，古典型霍乱弧菌则不溶解羊红细胞。个别 EL Tor 型霍乱弧菌株亦不溶血。

霍乱弧菌包括两个生物型：古典生物型（classical biotype）和埃尔托生物型（EL-Tor bio-type）。这两种型别除个别生物学性状稍有不同外，形态和免疫学性基本相同，在临床病理及流行病学特征上没有本质的差别。自 1817 年以来，全球共发生了 7 次世界性大流行，前 6 次病原是古典型霍乱弧菌，第 7 次病原是埃尔托型所致。霍乱弧菌可引起一种烈性肠道传染病，发病急、传染性强、病死率高，属于国际检疫传染病。

1992 年 10 月在印度东南部又发现了一个引起霍乱流行的新血清型菌株（O139），它引起的霍乱在临床表现及传播方式上与古典型霍乱完全相同，但不能被 O1 群霍乱弧菌诊断血清所凝集，抗 O1 群的抗血清对 O139 菌株无保护性免疫。在水中的存活时间较 O1 群霍乱弧菌长，因而有可能成为引起世界性霍乱流行的新菌株。

霍乱弧菌是人类霍乱的病原体，霍乱是一种古老且流行广泛的烈性传染病之一，曾在世界上引起多次大流行，主要表现为剧烈的呕吐、腹泻、脱水、死亡率甚高，属于国际检疫传染病。

小肠结肠炎耶尔森菌（*Yersinia enterocolitica*，*Y. enterocolitica*）属于肠杆菌科耶尔森菌属，如图 7-4 所示，为革兰氏阴性小杆菌，有毒菌株多呈球杆状，无毒株以杆状多见，对营养要求不高，能在麦康凯琼脂上生长，但较其他肠道杆菌生长缓慢，培养的最适宜温度为 28 ℃，最适 pH 为 7~8，初次培养菌落为光滑型，通过传代接种后菌落可能呈粗糙型。

该菌具有"嗜冷性"，在水中和低温下（4 ℃）能生长，为肠道中能在 4 ℃生长繁殖的少数细菌之一。因此，食品冷藏保存时，应防止被该菌污染。

野生动物、家畜（猪、狗和猫）、牡蛎和水源中都能分离到该菌，亦可从健康人或患者粪便中分离得到，其传播方式可能与摄入被尿、粪便污染的食物（尤其是肉类）和接触感染动物等有关。

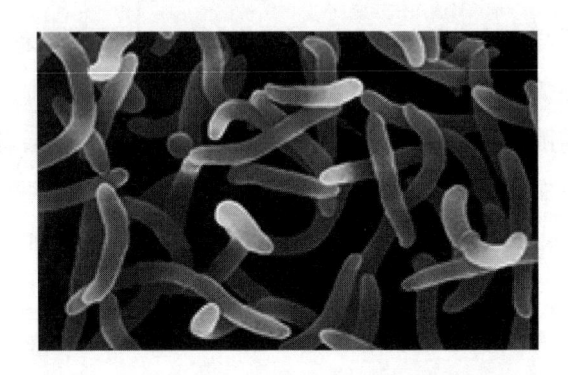

图 7-4　电镜下小肠结肠炎耶尔森菌细胞形态模式图

该菌可产生耐热肠毒素，121 ℃ 30 min 不被破坏，对酸碱稳定，pH 1~11 不失活。肠毒素产生迅速，在 25 ℃下培养 12 h，培养基上清液中即有肠毒素产生，24~48 h 达高峰。肠毒素是引起腹泻的主要因素。毒力型菌株均有 VW 抗原（蛋白脂蛋白复合物），为毒力的重要因子，与侵袭力有关，侵袭力可能是耶尔森菌感染肠道表现的病理基础。该菌是一种能够引起人类肠道感染的细菌，感染后，患者可能出现腹痛、腹泻、发热等症状。

空肠弯曲菌（*Campylobacter jejuni*，*C. jejuni*）是一种常见的食源性致病菌，如图 7-5 所示，菌体轻度弯曲似逗点状，长 1.5~5 μm，宽 0.2~0.8 μm。菌体一端或两端有鞭毛，运动活泼，在暗视野镜下观察似飞蝇，有荚膜，不形成芽孢，微需氧菌，在含 2.5%~5%氧和 10% CO_2 的环境中生长最好，最适温度为 37~42 ℃，在正常大气或无氧环境中均不能生长，能够引起人类肠道感染，感染后，患者可能出现腹痛、腹泻、发热等症状。空肠弯曲菌主要通过污染的食品和水传播给人类，包括水产品。

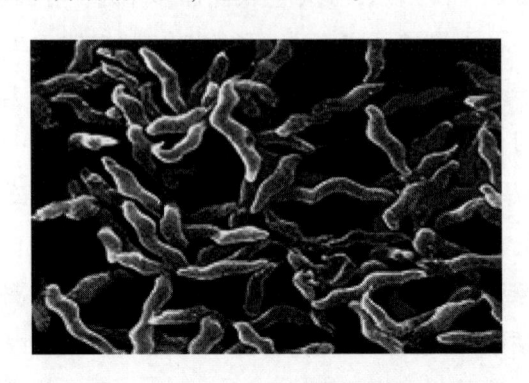

图 7-5　电镜下空肠弯曲菌细胞形态模式图

该菌在普通培养基上难以生长，在凝固血清和血琼脂培养基上培养 36 h 可见无色半透明毛玻璃样小菌落，单个菌落呈中心凸起，周边不规则，无溶血现象。空肠弯曲菌生化反应不活泼，不发酵糖类，不分解尿素，靛基质阴性；可还原硝酸盐，氧化酶和过氧化氢酶为阳性；能产生微量或不产生硫化氢，甲基红和 VP 试验阴性，枸橼酸盐培养基中不生长，在弯曲菌中唯一马尿酸呈阳性反应；约有 40% 的菌株可以水解络蛋白、核糖核酸和脱氧核糖核酸，90%~95% 的菌株具有碱性磷酸酶活性，6% 的菌株芳香基硫酸脂酶阳性；在 0.1% 亚硒酸钠斜面上生长，还原亚硒酸盐；水解吲哚酚；在含有 0.1% 胆汁或 1.5% NaCl 的培养基中可生长。

空肠弯曲菌抵抗力不强，易被干燥、直射日光及弱消毒剂所杀灭，56 ℃ 5 min 可被杀死，对红霉素、新霉素、庆大霉素、四环素、氯霉素、卡那霉素等抗生素敏感。近年发现了不少耐药菌株及多重耐药性菌株。

空肠弯曲菌抗原构造与肠道杆菌一样具有 O、H 和 K 抗原。根据 O 抗原，可把空肠弯曲菌分成 45 个以上血清型，第 11、第 12 和第 18 血清型最为常见。空肠弯曲菌是多种动物如牛、羊、狗及禽类的正常寄居菌，在它们的生殖道或肠道有大量细菌，故可通过分娩或排泄物污染食物和饮水。人群普遍易感，5 岁以下儿童的发病率最高，夏秋季多见。感染的产妇可在分娩时传染给胎儿。

空肠弯曲菌有内毒素能侵袭小肠和大肠黏膜引起急性肠炎，亦可引起腹泻的暴发流行或集体食物中毒。潜伏期一般为 3~5 d，对人的致病部位是空肠、回肠及结肠，主要症状为腹泻和腹痛，有时发热，偶有呕吐和脱水。细菌有时可通过肠黏膜入血流引起败血症和其他脏器感染，如脑膜炎、关节炎、肾盂肾炎等。孕妇感染本菌可导致流产、早产，而且可使新生儿感染。感染后能产生特异性血清抗体，可增强吞噬细胞功能，目前尚未测得肠道局部 slga 抗体。

空肠弯曲菌是一种人畜共患病病原菌，可以引起人和动物发生多种疾病，并且是一种食物源性病原菌，被认为是引起全世界人类细菌性腹泻的主要原因，对空肠弯曲菌的致病机理的研究越来越多。其致病因素包括黏附、侵袭、产生毒素和分子模拟机制 4 个方面，通过分子模拟机制可以引起最严重的并发症——吉兰—巴雷综合征。空肠弯曲菌可以通过产生细胞紧张性肠毒素、细胞毒素和细胞致死性膨胀毒素而致病。

铜绿假单胞菌（Pseudomonas aeruginosa，P. aeruginosa）原称绿脓杆菌，是假单胞菌属的代表菌种。为非发酵革兰氏阴性杆菌，如图7-6所示，菌体（1.5~5.0）μm×（0.5~1）μm，细长且长短不一，有时呈球杆状或线状，成对或短链状排列。菌体的一端有单鞭毛，无芽孢，无荚膜。在自然界分布广泛，为土壤中存在的最常见的细菌之一，各种水、空气、正常人的皮肤、呼吸道和肠道等都有该菌存在。该菌是一种常见的条件致病菌，属于非发酵革兰氏阴性杆菌。在暗视野显微镜或相差显微镜下观察可见细菌运动活泼。

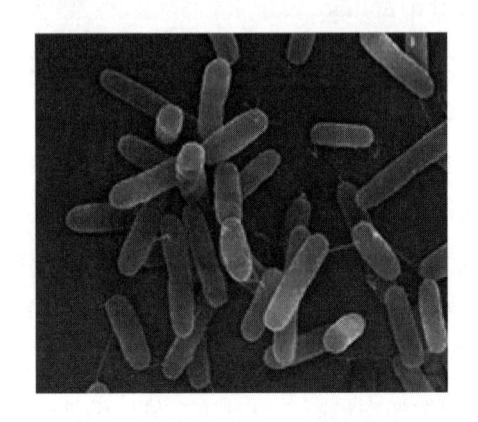

图7-6 电镜下铜绿假单胞菌细胞形态模式图

该菌生长对营养要求不高。对有正常菌群存在的临床标本或来自环境中的标本应接种选择性培养基如麦康凯琼脂培养基（MAC）；对无正常菌群存在的临床标本如血液、脑脊液、穿刺液等可接种普通全营养型培养基（如TSA、PCA、营养琼脂）或血琼脂培养基、P. aeruginosa培养基。普通琼脂培养基上生长18~24 h可以见到扁平、湿润的菌落，该菌所产生的带荧光的水溶性青脓素与绿脓素相结合将使得培养基呈亮绿色；在血琼脂平板上生长时可以见到在菌落的周围有溶血环，菌落呈金属光泽；在P. aeruginosa培养基上呈蓝绿色或者红褐色菌落，365 nm紫外灯下显荧光。如果是在液体培养基中则呈浑浊状生长，在液体表面形成菌落，而在培养基底部的细菌生长不良。

P. aeruginosa为专性需氧菌，最适生长温度为25~30 ℃，特别是该菌在4 ℃不生长而在42 ℃可以生长的特点可用以鉴别。在普通培养基上可以生存并能产生水溶性的色素，如绿脓素（pyocynin）与带荧光的水溶性荧光素

（pyoverdin）等。在血平板上会有透明溶血环。该菌含有 O 抗原（菌体抗原）以及 H 抗原（鞭毛抗原）。O 抗原包含两种成分：一种是其外膜蛋白，为保护性抗原；另一种是脂多糖，有特异性。O 抗原可用以分型。

（二）病毒

除了细菌外，水产品中还可能携带病毒，这些病毒同样可能对人体健康造成危害。以下是一些主要的病毒种类及其危害。

诺如病毒又称诺瓦克病毒（Norwalk Viruses，NV）是人类杯状病毒科（human calicivirus，HuCV）中诺如病毒（norovirus，NV）属的原型代表株。如图 7-7 所示是一组形态相似、抗原性略有不同的病毒颗粒。

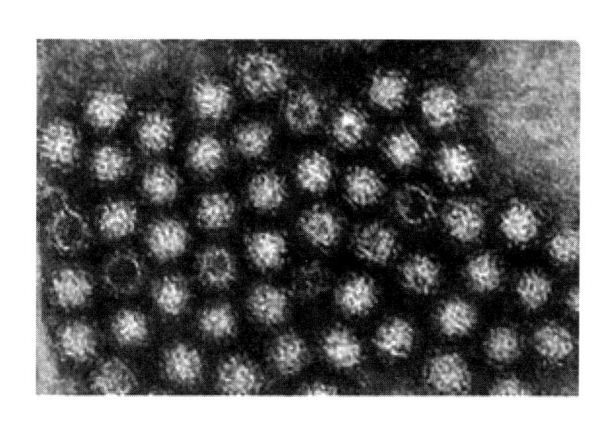

图 7-7　电镜下诺如病毒细胞形态模式图

NV 是一种常见的食源性病毒，能够引起人类急性胃肠炎。感染后，患者可能出现腹泻、呕吐、发热等症状。NV 主要通过污染的食品和水传播给人类，包括水产品。由于其具有高度的传染性和变异性，NV 的防控工作尤为重要。

NV 感染性腹泻属于自限性疾病，没有疫苗和特效药物，搞好个人卫生、食品卫生和饮水卫生是预防本病的关键，要养成勤洗手、不喝生水、生熟食物分开、避免交叉污染等健康生活习惯。

（三）寄生虫

水产品中还可能存在寄生虫，这些寄生虫在人体内寄生可能导致健康问题。以下是一些主要的寄生虫种类及其危害。

海兽胃线虫，又名异尖线虫，是属于线虫的一种寄生虫，通体白色，一端略显暗沉，如图 7-8 所示。其生命的循环通过鱼类和海洋中的哺乳动物来完成，虽然不能利用人类发育成熟而完成生命周期，但是人类误食含有幼虫、未经煮熟的鱼肉，可使用餐者受到感染，出现剧烈的腹痛或过敏等反应。

图 7-8　异尖线虫

中国报道的主要是异尖线虫属的虫种。人不是异尖线虫的适宜宿主，但幼虫可寄生于人体消化道各部位，亦可引起内脏幼虫移行症。人的感染主要是食入了含活异尖线虫幼虫的海鱼和海产软体动物而引起。虫体主要寄生于胃肠壁，患者发病急骤，酷似外科急腹症，常致临床误诊。日本已报道人体病例 14000 余例，主要是日本居民喜吃腌海鱼，或喜吃生拌海鱼片、鱼肝、鱼子或乌贼等佐酒佳肴，由此获得感染，使本病成为一种海洋自然疫源性疾病。

异尖线虫是一种常见的海产品寄生虫，主要寄生于鱼类和头足类动物中。人类食用含有异尖线虫幼虫的水产品后，幼虫可能在人体内寄生并引起消化道症状，如腹痛、腹泻、恶心等。在严重的情况下，异尖线虫幼虫可能穿透肠壁进入腹腔或腹膜后腔，引起更严重的健康问题。

二、水产类中常见有害微生物的快速检测方法

水产品中常见有害微生物的快速检测对于保障食品安全和消费者健康至关重要。随着科技的进步，一系列高效、准确、快速的检测方法应运而生，为水产品的安全监管提供了有力的技术支持。以下是对几种常用的快速检测方法的详细探讨。

（一）聚合酶链式反应（PCR）技术

聚合酶链式反应（PCR）技术是一种在体外快速扩增特定基因或 DNA 序列的方法，其基本原理是，利用 DNA 双链复制的特性，在体外控制适宜的温度、酸碱度和有 4 种脱氧核苷酸（dATP、dTTP、dCTP 和 dGTP）及 Mg^{2+}、

DNA 聚合酶等的环境下，使 DNA 模板链解离成单链并以此为模板，借 DNA 聚合酶的作用，使引物链沿模板延伸，形成新的 DNA 链，这一过程反复进行，使目的基因或某一特定的 DNA 片段得以迅速扩增。

在水产品有害微生物的检测中，PCR 技术通过针对特定有害微生物的基因设计引物，如沙门氏菌、金黄色葡萄球菌、副溶血性弧菌和志贺氏菌等，可以实现对这些微生物的快速、准确检测。由于 PCR 技术具有高度的特异性和敏感性，能够在复杂的样品中准确识别目标微生物，且检测速度快，通常能在数小时内完成检测，因此被广泛应用于水产品的安全监管中。

然而，PCR 技术也存在一些局限性，如操作过程烦琐、易污染、对实验人员的技术要求较高等。此外，由于 PCR 技术只能检测特定的 DNA 序列，因此无法对微生物的活性、数量以及种类进行全面评估。

（二）实时荧光定量 PCR（qPCR）技术

实时荧光定量 PCR（qPCR）技术是在 PCR 基础上发展起来的一种新型检测技术，其基本原理是在 PCR 反应体系中加入荧光基团，利用荧光信号的变化实时监测整个 PCR 扩增反应中每一个循环扩增产物的变化。当 PCR 反应进行时，荧光基团与 DNA 链结合，随着 DNA 链的扩增，荧光信号逐渐增强。通过实时监测荧光信号的变化，可以实现对 PCR 反应进程的实时监控，从而准确判断目标微生物的存在与否。

与常规 PCR 技术相比，qPCR 技术不仅能够实现对有害微生物的定性检测，还能够进行定量分析，即确定样品中微生物的数量。这一特点使得 qPCR 技术在水产品有害微生物的检测中更加具有优势。此外，qPCR 技术结合了 PCR 技术的高灵敏度和光谱技术的高准确性，使得检测结果更加可靠。

然而，qPCR 技术也存在一些挑战，如荧光探针的设计、引物的选择以及实验条件的优化等。此外，由于 qPCR 技术需要昂贵的荧光检测设备和专业的技术人员进行操作，因此在实际应用中受到一定的限制。

（三）环介导等温扩增（LAMP）技术

环介导等温扩增（LAMP）技术是一种新型的恒温核酸扩增方法，其基本原理是针对靶基因的 6 个区域设计 4 种特异引物，在链置换型 DNA 聚合酶的作用下，使 DNA 在恒温条件下高效扩增。由于 LAMP 技术具有操作简便、反应速度快、特异性强和灵敏度高等优点，因此在水产品有害微生物的检测中得到了广泛应用。

LAMP 技术特别适用于资源有限或现场快速检测的场合。例如，在偏远地区或海上作业中，由于条件限制无法进行复杂的实验室检测，此时 LAMP 技术可以作为一种快速、准确的检测方法。此外，LAMP 技术还可以与其他技术相结合，如生物传感器、荧光检测等，进一步提高检测效率和准确性。

然而，LAMP 技术也存在一些局限性，如引物设计复杂、易产生非特异性扩增以及结果判读需要一定的经验等。因此，在实际应用中需要综合考虑各种因素，选择合适的检测方法和条件。

（四）免疫学检测方法

免疫学检测方法基于抗原与抗体之间的特异性反应，通过检测样品中的特定抗原或抗体来判断有害微生物的存在。常见的免疫学检测方法包括酶联免疫吸附试验（ELISA）、免疫层析法等。这些方法具有操作简便、快速、灵敏等特点，适用于大规模筛查和现场快速检测。

在水产品有害微生物的检测中，免疫学检测方法被广泛应用于沙门氏菌、副溶血性弧菌、金黄色葡萄球菌等有害微生物的检测。例如，ELISA 方法可以通过检测样品中的特定抗体或抗原来判断微生物的存在与否；免疫层析法则可以通过层析分离技术将目标微生物与其他成分分离出来，并进行定性或定量分析。

然而，免疫学检测方法也存在一些局限性，如抗体特异性不高、易受干扰因素影响以及检测结果易受样品处理条件影响等。因此，在实际应用中需要严格控制实验条件，确保检测结果的准确性和可靠性。

（五）生物传感器技术

生物传感器是将生物活性物质与物理化学换能器相结合的一种装置，用于检测样品中的特定化学物质或生物分子。在水产品有害微生物的检测中，生物传感器可以结合特异性抗体、适配体或其他生物识别元件来识别目标微生物，并通过电信号、光信号等方式输出检测结果。

生物传感器具有高灵敏度、高特异性、可重复使用等优点，适用于实时在线监测和现场快速检测。例如，基于抗体的生物传感器可以通过与样品中的目标微生物结合，产生电信号或光信号等输出信号，从而实现对微生物的快速检测。此外，生物传感器还可以与其他技术相结合，如 PCR 技术、

LAMP 技术等，进一步提高检测效率和准确性。然而，生物传感器技术也存在一些挑战，如生物识别元件的稳定性、传感器的灵敏度以及信号转换的可靠性等。此外，由于生物传感器技术的研发和应用相对较晚，因此在实际应用中还需要进一步完善和优化。

在实际应用中，以上几种快速检测方法各有优缺点，具体选择哪种方法需要根据实际需求和条件进行综合考虑。例如，在实验室条件下，可以选择 PCR 技术或 qPCR 技术进行精确检测；在现场快速检测中，可以选择 LAMP 技术或免疫学检测方法进行简便快捷的检测；在需要实时监测的场合中，可以选择生物传感器技术进行实时在线监测。

随着科技的进步和研究的深入，未来可能会有更多新的快速检测方法被开发出来。例如，基于纳米技术的检测方法、基于基因芯片的检测方法以及基于人工智能的检测方法等。这些新技术可能会进一步提高检测的准确性和效率，为水产品的安全监管提供更加有力的技术支持。

此外，未来的检测方法还可能会更加注重综合应用和多学科交叉。例如，将生物学、化学、物理学等多个学科的知识和技术相结合，开发出更加高效、准确、简便的检测方法。同时，还需要加强国际合作和交流，共同推动水产品有害微生物检测技术的创新和发展。

综上所述，水产品中常见有害微生物的快速检测方法多种多样，各有优缺点。在实际应用中需要根据实际需求和条件进行综合考虑和选择。随着科技的进步和研究的深入，未来可能会有更多新的快速检测方法被开发出来，为水产品的安全监管提供更加有力的技术支持。

第三节　案例分析

一、RTF-SPIA 技术快速检测单核细胞增生李斯特氏菌

单核细胞增生李斯特氏菌（*L. monocytogenes*）是一种重要的食源性致病菌，能引起易感人群如新生儿、孕妇、老年人等以脑膜炎、败血症、单核细胞增多、流产等为主要特征的疾病。单核细胞增生李斯特氏菌主要污染原料奶、肉、鱼、蔬菜、奶酪、冰激凌、高盐类即食食品。在我国，单核细胞增

生李斯特氏菌的传播呈逐年升高的趋势，在美国和欧洲，单核细胞增生李斯特氏菌在食源性致病菌致死因素中高居第二位。食品中单核细胞增生李斯特氏菌污染量一般较低，而且即使细胞受损，也具有潜在的感染能力。因此，快速、特异、灵敏的检测方法至关重要。目前传统的分离培养方法检测周期长，费力且结果易受到同属其他李斯特氏菌的影响。分子生物学技术的发展，在单核细胞增生李斯特氏菌检测的快速性和灵敏性方面具有极大优势，但容易受到食品复杂基质的影响，出现"假阴性"结果。

王建昌等建立实时荧光单引物等温扩增（real-time fluorescence SPIA，RTF-SPIA）方法，进行特异性、检出限实验，并对不同 DNA 提取方法进行比较。本研究建立的单核细胞增生李斯特氏菌 RTF-SPIA 方法，只需采用低成本、操作简便、省时省力的水煮法提取单核细胞增生李斯特氏菌 DNA，就能满足 RTF-SPIA 对单核细胞增生李斯特氏菌 DNA 模板的要求。反应 30 min，引物特异性良好，只有 4 株不同来源的单核细胞增生李斯特氏菌 DNA 产生典型的 S 型荧光扩增曲线。对单核细胞增生李斯特氏菌纯培养 DNA 的检出限为 36 fg/μL，相应菌液浓度为 12 CFU/mL。此研究方法扩增检测一管一步完成，具有特异性强、灵敏度高、操作简单、用时少、有效防止污染的特点，更适合大通量和现场检测，具有较大的推广及应用价值。

二、RTF-SPIA 技术快速检测副溶血性弧菌

致病性弧菌是一类重要的食源性病原菌，广泛地存在于自然水环境，特别是海水中，对海产品有较大程度的污染。在弧菌属中，危害较大或出现频率较高的是 O1 型霍乱弧菌、副溶血性弧菌和创伤弧菌（*vibrio vulnificus*，*V. vulnificus*）。最早是 1953 年从日本一个食物中毒患者初次分离得到的，是一种革兰氏阴性盐菌，常呈多态性，有鞭毛，无荚膜和芽孢。在含 3%~5% 的食盐培养基中，pH 7.5~8.5，37 ℃条件下生长最为良好并且对酸敏感。人食用污染有该菌的海产品后可引起急性胃肠炎，严重时还可引起败血症。目前，在中国沿海地区的食物中毒病例中，副溶血性弧菌已成为微生物性食物中毒的首要病原菌。快速准确地从海产食品中鉴定副溶血性弧菌，具有重要的医学意义。目前，食品中副溶血性弧菌检验主要依据 GB 4789.7—2013，SN/T 0173—2010 对食品中的副溶血性弧菌进行检测，需要 3~7 d 的时间，且容易

出现交叉污染和假阳性。

王建昌在普通 SPIA 的基础上，以副溶血性弧菌 gyrB 为靶基因，设计 RNA-DNA 组合引物和链终止序列，在 SPIA 基础上加入荧光染料 SyberGreen Ⅱ，建立了 RTF-SPIA 检测副溶血性弧菌的方法。通过实时荧光分析仪对荧光信号进行实时检测，40 min 反应时间内，对 3 株副溶血性弧菌和 16 株其他食源性致病菌进行 RTF-SPIA 检测，结果表明除 3 株副溶血性弧菌外，其他细菌均未扩增出荧光曲线。进一步研究表明，RTF-SPIA 检测副溶血性弧菌纯培养 DNA 的灵敏度为 8.2 fg/μL，对副溶血性弧菌菌悬液的检测灵敏度为 13.5 CFU/mL；对鳕鱼、海蟹、牡蛎和咸鸭蛋等 4 种模拟样品中副溶血性弧菌的检出限均为 14.7 CFU/g。研究结果表明，RTF-SPIA 检测副溶血性弧菌具有操作简单、灵敏度高、特异性强、耗时短、能实时监控等优点。目前国内外关于 SPIA 方法的报道比较少，实时荧光单引物等温扩增方法更未见到报道。

三、基质辅助激光解析电离飞行时间质谱技术快速检测绿脓杆菌

绿脓杆菌（$P.\ aeruginosa$），是一种致病力较低，但抗药性强的非发酵革兰氏阴性杆菌，广泛存在于自然界中。作为一种重要的食源性和水源性条件致病菌，近年来关于绿脓杆菌污染桶装饮用水的报告明显增加，经水果、蔬菜等植物传染的情况也日益严重。食用、饮用或使用绿脓杆菌污染的食物、包装饮用水或化妆品，可在老弱病幼孕等抵抗力较差的人群引起食物中毒和皮肤化脓感染乃至败血症等疾病。目前我国对食品、瓶装饮用水和化妆品中的绿脓杆菌传统检测方法，需经过增菌、选择性分离培养、鉴定等步骤，检测时间长，程序烦琐，费时费力。聚合酶链反应（polymerase chain reaction，PCR）等分子生物学方法，相对于传统方法不仅提高了灵敏度、特异性，还大大缩短了检测时间，使操作简单，但其易污染，容易出现"假阳性"，并且对实验室环境条件和技术人员水平要求较高。

近年来，基质辅助激光解析电离飞行时间质谱技术（matrix-assisted laser desorption/ionization-time of flight mass spectroscope，MALDI-TOF MS）作为一种新型软电离生物质谱，可将蛋白质、脂类、脂多糖和脂寡糖、DNA、多肽及其他能被离子化的分子作为生物标志分子进行鉴定。MALDI-TOF MS 方法具有操作简单、快速、高通量、准确度高等优点，目前已广泛应用于食品安

全、临床诊断、环境监测等领域的微生物检测、鉴定或溯源分析。作为近年来发展的一种新型的微生物鉴定技术，MALDI-TOF MS 通过分析待测菌株蛋白质组成获得特征性的指纹图谱，与数据库中标准菌株指纹图谱进行比较，从而鉴定细菌至属、种乃至亚种的水平。但应用于铜绿假单胞菌的鉴定与聚类分析的研究相对较少。

孙晓霞等应用 MALDI-TOF MS 对 21 株绿脓杆菌进行了快速鉴定，采集并获得其特征指纹图谱，创建质谱图数据库，并进一步对自建数据库进行了验证和聚类分析，实现对本地绿脓杆菌的特异性快速鉴定和可能污染源的追溯。通过分析 MALDI-TOF MS 采集到的菌株蛋白质谱数据，与标准数据库或自建数据库比对后，可以快速获得细菌鉴定结果，同时可以进行细菌聚类分析。本研究进一步说明，MALDI-TOF MS 将在致病菌快速鉴定、分型和溯源中，发挥着越来越大的作用。

孙晓霞等建立 MALDI-TOF MS 快速鉴定和聚类分析绿脓杆菌的方法，将全自动微生物分析仪鉴定为绿脓杆菌的 20 株分离株和 1 株标准菌株绿脓杆菌 CICC21636 进行 MALDI-TOF MS 检测。经离线微生物鉴定软件分析，所有菌株均报告为绿脓杆菌，获取 21 株绿脓杆菌的特征蛋白质指纹图谱，建立命名为 *Pseudomonas aeruginosa* 的自建数据库，并采用绿脓杆菌标准菌株 CICC21636 进行验证。结果 *Pseudomonas aeruginosa* 自建数据库对绿脓杆菌的鉴定结果较设备自带数据库明显提高。而且自建数据库信息基础上，进一步对 21 株绿脓杆菌进行聚类分型，实现了对不同来源绿脓杆菌可能污染源的追溯。总之，作为一种快速、准确、高通量的全新技术手段，MALDI-TOF MS 能够实现对绿脓杆菌的特异性快速鉴定，能满足在公共安全卫生、突发食品安全事件和口岸快速通关方面对绿脓杆菌的快速鉴定需求。

参考文献

[1] 何雯雯. 致仔猪腹泻奇异变形杆菌的分离鉴定与耐药性分析 [J]. 中国动物保健，2024，26（8）：14-15.

[2] 李静雯，陈尔凝，康福英，等. 食品中志贺氏菌快速检测免疫磁分离样品前处理技术研究 [J]. 计量学报，2023，44（3）：326-333.

[3] 彭李，杨琳，袁春节，等. 一起非产毒霍乱弧菌感染疫情调查处置与思考 [J]. 应用

预防医学，2024，30（6）：468-471.

[4] 王伟杰，刘海霞，冯怡博，等．辽宁省市售生肉及冷冻鱼糜制品中小肠结肠炎耶尔森菌检测及病原特征分析［J］．生物加工过程，2025（1）．

[5] 臧筱琦．不同源空肠弯曲菌分离株遗传演化、宿主适应性与致病性研究［D］．扬州：扬州大学，2024.

[6] 任志芳，朱岩坤，梁会娟．铜绿假单胞菌的耐药性及毒力基因研究［J］．中国病原生物学杂志，2024，19（12）：1447-1451.

[7] 普春敏，陈丽丽，索玉娟，等．食品中诺如病毒的分离、富集与分子检测技术研究进展［J］．上海农业学报，2024，40（5）：131-141.

[8] 陈瑶，王用斌，王龙江，等．2023年渤海海峡、渤海湾市售海鱼异尖线虫感染情况及形态学分析［J］．热带病与寄生虫学，2024，22（3）：183-187.

[9] 张雯．水产品中的微生物检验方法研究进展［J］．食品安全导刊，2022（21）：178-180.

[10] 熊志勇，王磊，魏永春，等．水产品中常见致病微生物快速检测体系的建立［J］．农产品加工，2023（1）：63-68.

[11] 王建昌，胡连霞，孙晓霞，等．单核细胞增生李斯特氏菌实时荧光SPIA方法的建立［J］．食品工业科技，2017，38（16）：275-279，308.

[12] 王建昌，胡连霞，段永生，等．副溶血性弧菌实时荧光单引物等温扩增方法的建立［J］．食品与生物技术学报，2016，35（11）：1212-1218.

[13] 孙晓霞，张亦琴，王旭旭，等．基质辅助激光解析电离—飞行时间质谱法对铜绿假单胞菌的鉴定与聚类分析［J］．食品安全质量检测学报，2019，10（18）：6047-6054.

第八章　果蔬类中有害微生物的快速检测

第一节　果蔬类中常见有害微生物的来源及预防措施

果蔬及其制品在人们的日常生活中占据着重要地位，它们不仅为人们提供了丰富的营养，还满足了人们的口味需求。然而，果蔬及其制品在生产、加工、储存和运输过程中，都可能受到有害微生物的污染，这些微生物可能导致食品变质、引发疾病，甚至影响人们的生命安全。

一、土壤

土壤是微生物最适宜的生长环境之一，其中包含了大量的细菌、真菌、病毒等微生物，这些微生物在果蔬生长过程中，可能通过多种途径附着在果实表面或通过根部进入果实内部。

首先，土壤中的微生物可能通过根系吸收和转运过程进入果蔬体内。果蔬的根系在生长过程中，会不断从土壤中吸收水分和养分，而土壤中的微生物也可能随着这些水分和养分进入果蔬体内。虽然大多数微生物对果蔬是无害的，但一些病原体，如细菌、真菌等，可能对果蔬造成污染，甚至引发食品安全问题。

其次，土壤中的微生物还可能通过风、雨、昆虫等媒介传播到果蔬表面。在果蔬生长过程中，风、雨等自然因素可能将土壤中的微生物吹散或冲刷到果蔬表面，而昆虫等生物媒介也可能在觅食过程中将微生物带到果蔬上。这些微生物在果蔬表面附着后，可能随着果蔬的生长和成熟而逐渐增多，最终导致果蔬受到污染。

最后，使用未经处理的污水或粪肥灌溉也是土壤微生物污染果蔬的重要途径。未经处理的污水和粪肥中可能含有大量的病原体和有害物质，这些物质在灌溉过程中可能通过水流和渗透作用进入土壤，进而污染果蔬。因此，在果蔬种植过程中，应严格控制灌溉水源的质量，避免使用未经处理的污水和粪肥。

二、水源

水是微生物广泛存在的第二个理想天然环境。水中含有的微生物种类繁多，包括细菌、真菌、病毒等。果蔬在种植、清洗和加工过程中都可能接触到受污染的水，从而导致微生物污染。

在种植过程中，果蔬的根系需要从土壤中吸收水分，而土壤中的水分可能含有微生物。如果土壤受到污染，那么果蔬在吸收水分的过程中就可能受到微生物的污染。此外，在灌溉过程中，如果灌溉水源受到污染，那么微生物就可能随着水流进入土壤和果蔬体内。

在清洗过程中，果蔬表面附着的微生物可能通过水流被冲刷掉，但如果清洗水源受到污染，那么微生物就可能随着水流重新附着在果蔬表面，甚至进入果蔬内部。因此，在清洗果蔬时，应使用清洁、安全的水源，并严格控制清洗过程的水质。

在加工过程中，果蔬可能需要经过漂洗、切割、榨汁等处理，这些处理过程中都可能接触到水。如果加工用水受到污染，那么微生物就可能随着水流进入果蔬制品中，导致食品变质或引发食品安全问题。因此，在果蔬加工过程中，应严格控制加工用水的质量，确保水质符合相关标准和要求。

三、空气

虽然空气中的微生物含量相对较低，但通过尘埃、水滴、人和动物体表干燥脱落物以及呼吸道排泄物等方式，空气中仍含有一定量的微生物。这些微生物可能在果蔬采摘、包装、运输等过程中附着在果蔬表面。

在采摘过程中，果蔬的叶片、果实等部分可能受到损伤，这些损伤部位容易成为微生物的入侵点。如果采摘过程中空气中含有大量的微生物，那么这些微生物就可能通过伤口进入果蔬内部，导致果蔬受到污染。

在包装和运输过程中，果蔬可能接触到空气中的尘埃、水滴等污染物，这些污染物中可能含有微生物。如果包装材料和容器受到污染，那么微生物就可能随着包装和运输过程进入果蔬制品中。因此，在包装和运输过程中，应严格控制环境的卫生条件，避免微生物的污染。

四、人类和动物

人类和动物是果蔬及其制品中微生物污染的重要来源之一。感染病原体的农民、中间商和消费者在触摸果蔬时，可能将病原体传播给果蔬。此外，畜禽粪便也是重要的病原体来源，如果果蔬与畜禽粪便接触，很容易受到污染。

在种植和采摘过程中，农民和中间商可能直接接触果蔬。如果他们的手或工具受到污染，那么微生物就可能通过触摸或切割等方式传播给果蔬。因此，在种植和采摘过程中，应保持良好的个人卫生习惯，勤洗手、戴口罩等防护措施。

在加工和储存过程中，果蔬可能接触到加工设备和用具。如果这些设备和用具受到污染，那么微生物就可能随着加工过程进入果蔬制品中。此外，畜禽粪便在施肥过程中也可能与果蔬接触，导致果蔬受到污染。因此，在加工和储存过程中，应严格控制设备和用具的清洁和消毒工作，避免使用受到污染的畜禽粪便作为肥料。

五、设备和用具

在果蔬加工和储存过程中，使用不洁的设备和用具也可能导致有害微生物的传播。例如，刀具、砧板、容器等如果未彻底清洁消毒，就可能成为微生物污染的媒介。

刀具和砧板是果蔬加工过程中常用的工具。如果刀具和砧板在使用前未进行清洁和消毒，那么它们就可能带有微生物。在切割果蔬时，这些微生物就可能随着刀痕进入果蔬内部。因此，在使用刀具和砧板前，应先用清洁剂和热水清洗，再用消毒剂进行消毒处理。

容器是储存果蔬及其制品的重要工具。如果容器受到污染，那么微生物就可能随着储存过程进入果蔬制品中。因此，在使用容器前，应先用清洁剂和热水清洗，并检查容器是否有破损或污渍。如果容器有破损或污渍，应及时更换或清洗。

六、包装材料和容器

包装材料和容器在生产和运输过程中可能受到污染，进而污染果蔬。特别是一次性使用的塑料包装袋，如果质量不达标或重复使用，更容易成为微生物污染的温床。

包装材料和容器的生产过程可能受到污染。如果生产环境不卫生或生产设备未进行清洁和消毒处理，那么微生物就可能附着在包装材料和容器上。因此，在选择包装材料和容器时，应选择信誉好、质量可靠的供应商，并严格检查其生产环境和生产设备是否符合卫生要求。

包装材料和容器在运输过程中也可能受到污染。如果运输环境不卫生或运输工具未进行清洁和消毒处理，那么微生物就可能附着在包装材料和容器上。因此，在运输过程中，应保持良好的环境卫生条件，并对运输工具进行定期清洁和消毒处理。

一次性使用的塑料包装袋在使用过程中也可能受到污染。如果包装袋质量不达标或重复使用，那么微生物就可能附着在包装袋上并进入果蔬制品中。因此，在使用一次性塑料包装袋时，应选择质量可靠的产品，并避免重复使用。

第二节　果蔬类中常见有害微生物的快速检测方法

一、果蔬类中常见有害微生物的种类

果蔬及其制品作为人们日常饮食的重要组成部分，其卫生与安全直接关系到消费者的健康。然而，在果蔬的种植、采摘、加工、储存和销售过程中，可能会受到各种有害微生物的污染。这些微生物不仅会降低果蔬的品质和营养价值，还可能对人体健康造成潜在威胁。

（一）细菌

细菌是果蔬及其制品中最常见的有害微生物之一。它们可能通过土壤、水源、空气等多种途径污染果蔬，进而在加工和储存过程中继续繁殖和传播。以下是一些常见的有害细菌。

沙门氏菌是一种常见的食源性致病菌，广泛存在于自然界中，包括土壤、水源、动物粪便等，它可以通过多种途径污染果蔬，如通过灌溉水、肥料或动物接触等。摄入被沙门氏菌污染的果蔬后，人们可能会出现发热、腹泻、呕吐等症状，严重时甚至可能导致脱水、休克和死亡。特别是对于免疫系统

较弱的人群，如老年人、婴幼儿和慢性病患者，感染沙门氏菌的风险更高。

大肠杆菌是一种常见的肠道细菌，其中一些菌株（如 O157：H7）具有致病性。它们可以通过水源、土壤、动物粪便等途径污染果蔬。致病性大肠杆菌感染可能导致严重的胃肠道疾病，如出血性结肠炎、溶血性尿毒综合征等。这些疾病的症状包括腹痛、腹泻、呕吐、发热等，严重时可能危及生命。

单核细胞增生李斯特氏菌是一种广泛存在于自然环境中的细菌，它可以在低温下生长和繁殖，因此特别容易在冷藏食品中污染果蔬。李斯特菌感染可能导致脑膜炎、败血症等严重疾病。孕妇、老年人、新生儿和免疫系统较弱的人群是易感人群。感染李斯特菌后，可能出现发热、头痛、肌肉疼痛等症状，严重时可能导致死亡。

金黄色葡萄球菌是一种常见的存在于皮肤、鼻腔和肠道细菌，它可以通过人员接触、食品加工设备等途径污染果蔬。金黄色葡萄球菌可以产生肠毒素，导致食物中毒。摄入被肠毒素污染的果蔬后，人们可能会出现恶心、呕吐、腹痛、腹泻等症状。这种食物中毒通常发生在食物储存不当或加工过程中卫生条件不佳的情况下。

(二) 病毒

除了细菌外，果蔬及其制品中还可能携带病毒。这些病毒同样可能对人体健康造成危害。

诺如病毒是一种常见的食源性病毒，它可以通过水源、食物、人员接触等途径传播。诺如病毒在环境中的存活能力强，且对消毒剂有一定的抵抗力。摄入被诺如病毒污染的果蔬后，人们可能会出现急性胃肠炎的症状，如恶心、呕吐、腹泻、腹痛等。诺如病毒感染通常具有自限性，但也可能导致严重的脱水和其他并发症。

除了上述常见的细菌、病毒外，果蔬及其制品中还可能存在其他有害微生物，如霉菌和酵母菌等。这些微生物在适宜的条件下可以在果蔬上生长和繁殖，导致食品变质和腐败。虽然霉菌和酵母菌通常不会对人体健康造成直接危害，但它们产生的毒素（如黄曲霉毒素）可能对人体健康造成潜在威胁。

二、果蔬类中有害微生物的快速检测方法

在食品安全领域，果蔬及其制品的卫生质量直接关系到消费者的健康。

为了确保这些产品的安全性和品质，需要采用快速、准确、高效的检测方法来检测其中的有害微生物。随着科技的进步，多种先进的检测技术被应用于这一领域，为食品安全提供了有力保障。以下将详细探讨几种常见的有害微生物快速检测方法，包括聚合酶链式反应（PCR）技术、环介导等温扩增（LAMP）技术、免疫学检测方法和生物传感器技术等。

（一）聚合酶链式反应（PCR）技术

聚合酶链式反应（PCR）技术是一种基于DNA复制的分子生物学技术，能够在体外快速扩增特定的DNA序列。这一技术以其高度的特异性和敏感性，在微生物检测领域得到了广泛应用。

PCR技术通过模拟DNA的自然复制过程，利用高温变性、低温退火和中温延伸3个步骤，在体外实现DNA的指数级扩增。通过设计针对有害微生物特定基因的引物和探针，可以特异性地扩增这些微生物的DNA片段，从而实现对它们的快速检测。

在果蔬及其制品的有害微生物检测中，PCR技术已被成功应用于多种微生物的检测，如沙门氏菌、大肠杆菌、金黄色葡萄球菌等。例如，通过设计针对沙门氏菌特定基因的引物和探针，可以在短时间内扩增出该菌的DNA片段，并通过荧光信号或电泳等方法进行可视化检测。PCR技术具有高度的特异性和敏感性，能够准确快速地检测出目标微生物。然而，该技术对实验条件要求较高，且需要专业的操作技能和设备。此外，由于PCR扩增过程中可能受到污染或抑制因素的影响，因此在实际应用中需要注意避免这些问题。

（二）环介导等温扩增（LAMP）技术

环介导等温扩增（LAMP）技术是一种新型的恒温核酸扩增方法，具有操作简便、快速、灵敏度高、特异性好等优点。这一技术特别适用于资源有限或现场快速检测的场合。

LAMP技术利用一种特殊的DNA聚合酶和四种碱基原料，在恒温条件下（通常为60~65 ℃）进行DNA扩增。该技术通过设计针对目标微生物特定基因的6组引物（包括正向内引物FIP、反向内引物BIP、正向外引物F3、反向外引物B3、环引物LF和LB），在恒温条件下实现DNA的指数级扩增。扩增产物可以通过肉眼观察（如加入荧光染料后观察颜色变化）或电泳等方法进行检测。

LAMP技术已被成功应用于多种果蔬及其制品中有害微生物的检测，如沙门氏菌、大肠杆菌 O157∶H7、单增李斯特菌等。例如，通过设计针对沙门氏菌特定基因的 6 组引物，可以在短时间内扩增出该菌的 DNA 片段，并通过肉眼观察颜色变化或电泳等方法进行可视化检测。LAMP 技术具有操作简便、快速、灵敏度高、特异性好等优点，特别适用于现场快速检测和资源有限的场合。然而，该技术对引物的设计要求较高，且需要特定的恒温设备和试剂。此外，由于 LAMP 扩增产物为大量短片段 DNA 的混合物，因此在实际应用中需要注意避免污染和误判。

（三）免疫学检测方法

免疫学检测方法基于抗原与抗体之间的特异性反应，通过检测样品中的特定抗原或抗体来判断有害微生物的存在。这一方法具有操作简便、快速、灵敏等特点，适用于大规模筛查和现场快速检测。

免疫学检测方法利用抗原与抗体之间的特异性结合原理，通过制备针对有害微生物特定抗原或抗体的特异性抗体（如单克隆抗体或多克隆抗体），与样品中的目标微生物进行结合反应。结合反应可以通过肉眼观察（如沉淀反应、凝集反应等）或仪器检测（如酶联免疫吸附试验 ELISA、免疫层析法等）进行可视化或量化分析。

在果蔬及其制品的有害微生物检测中，免疫学检测方法已被成功应用于多种微生物的检测，如沙门氏菌、大肠杆菌、金黄色葡萄球菌等。例如，通过制备针对沙门氏菌特定抗原的特异性抗体，并利用 ELISA 方法进行检测，可以在短时间内准确地检测出样品中是否含有沙门氏菌。免疫学检测方法具有操作简便、快速、灵敏等特点，适用于大规模筛查和现场快速检测。然而，该方法对抗体的制备和保存要求较高，且可能受到样品中其他成分的干扰。此外，由于不同微生物之间的抗原可能存在交叉反应，因此在实际应用中需要注意避免误判。

（四）生物传感器技术

生物传感器是将生物活性物质与物理化学换能器相结合的一种装置，用于检测样品中的特定化学物质或生物分子。这一技术具有高灵敏度、高特异性、可重复使用等优点，适用于实时在线监测和现场快速检测。

生物传感器利用生物识别元件（如酶、抗体、适配体等）与目标微生物之间的特异性结合反应，将结合信号转化为可测量的物理化学信号（如电信号、光信号等)。通过测量这些信号的变化,可以实现对目标微生物的快速检测。

在果蔬及其制品的有害微生物检测中,生物传感器技术已被成功应用于多种微生物的检测,如大肠杆菌、沙门氏菌、金黄色葡萄球菌等。例如,通过制备针对大肠杆菌特定抗原的特异性抗体,并将其固定在电极表面,利用电化学方法检测样品中大肠杆菌与抗体的结合反应产生的电流变化,可以实现对大肠杆菌的快速检测。生物传感器技术具有高灵敏度、高特异性、可重复使用等优点,适用于实时在线监测和现场快速检测。然而,该技术对生物识别元件的制备和保存要求较高,且可能受到样品中其他成分的干扰。此外,由于不同微生物之间的抗原可能存在交叉反应,因此在实际应用中需要注意避免误判。此外,生物传感器的稳定性和耐用性也是影响其广泛应用的关键因素之一。

综上所述,果蔬及其制品中有害微生物的快速检测方法多种多样,包括PCR技术、LAMP技术、免疫学检测方法和生物传感器技术等。这些方法各有优缺点,适用于不同的检测需求和场合。为了保障果蔬及其制品的质量和安全,需要从种植、加工、储存运输到消费者行为等多个环节进行严格控制和管理。同时,采用快速、准确的检测方法来检测果蔬及其制品中的有害微生物也是非常重要的。

未来,随着科技的进步和检测技术的不断发展,将有更多更高效的有害微生物检测方法被应用于果蔬及其制品的检测领域。例如,基于纳米技术和人工智能的新型检测技术将有望进一步提高检测的准确性和速度。此外,多组分检测技术也将成为未来的发展趋势之一,通过同时检测多种有害微生物或毒素,可以更加全面地评估果蔬及其制品的安全性。

总之,果蔬及其制品中有害微生物的快速检测是保障食品安全的重要环节之一。通过采用先进的检测技术和管理措施,我们可以有效地降低有害微生物的污染风险,确保消费者能够享受到安全、健康、美味的果蔬及其制品。

第三节 案例分析

一、RTFQ-LAMP 快速检测马铃薯黑胫果胶杆菌

由马铃薯黑胫果胶杆菌(*Pectobacterium atrosepticum*,*P. atrosepticum*)引

起的马铃薯黑胫病是各马铃薯产区普遍发生、危害严重的细菌性种传病害，马铃薯黑胫病已经成为限制马铃薯产量和影响其品质的一个主要因素。

马铃薯黑胫果胶杆菌是以果胶杆菌属（*Pectobacterium*）的黑胫种（*atrosepticum*）命名。在显微镜 100 倍油镜下观察，马铃薯黑胫果胶杆菌菌体细胞为单细胞，周生鞭毛，有荚膜，有动力，该细胞呈革兰氏阴性短杆状，两端钝圆，长为 0.5~0.7 μm，宽为 1.0~2.0 μm。将马铃薯黑胫果胶杆菌在营养琼脂培养基上于 25 ℃ 培养 24 h，菌落微凸呈灰白色，边缘整齐圆形，半透明反光，质地黏稠。其生化特性为氧化酶阴性，触酶阳性，丙二酸盐阴性，VP 试验阳性，明胶液化阳性，能够发酵葡萄糖、麦芽糖、蔗糖、半乳糖和甘露醇产酸，分解色氨酸产生吲哚等。生长最适温度为 23~27 ℃，最高温度为 36~42 ℃，最低温度为 0 ℃，高于 45 ℃ 会失去活力。

虽然从其他植物上可以分离到黑胫果胶杆菌病原，但马铃薯黑胫果胶杆菌只对马铃薯致病，主要危害马铃薯植株茎基部和块茎，通过种薯传播马铃薯黑胫果胶杆菌会导致马铃薯产量下降，并导致块茎在储存期间腐烂，如图 8-1 所示，生长期间导致植株茎部变黑、变软，甚至腐烂，如图 8-2 所示。在中国，传统的切片马铃薯仍然主要用于田间种植。在切割过程中，马铃薯黑胫果胶杆菌很容易从受感染的马铃薯传播到其他健康的马铃薯。因此，切片的马铃薯中病原体的感染率非常高。然而，由于切片马铃薯中病原体的含量很低，很难及时诊断马铃薯黑胫病，每年造成巨大损失。因此，在播种前建立一种灵敏、特异、快速的方法检测马铃薯中的马铃薯黑胫果胶杆菌至关

图 8-1 典型黑胫病的病薯块茎

图 8-2　患黑胫病的马铃薯植株

重要，这将大大减少马铃薯黑胫病的初始感染源。

报道的检测马铃薯黑胫果胶杆菌的方法主要包括一系列复杂的步骤，包括分离、纯化、生化鉴定和血清凝集，它不仅耗时且成本高昂，而且无法满足物种水平的识别。常规 PCR 方法检测马铃薯黑胫果胶杆菌的灵敏度为 720 CFU/mL。然而，这种 PCR 方法无法检测到 40~600 CFU/mL 范围的低浓度马铃薯的潜在感染。实时荧光定量 PCR 方法检测马铃薯黑胫果胶杆菌的灵敏度很高，为 3.6~3.9 CFU/mL。然而，由于实时荧光定量聚合酶链式反应法需要很长时间来纯化 DNA，因此，无法实现大规模的快速检测。由于这种传统 LAMP 方法的灵敏度较低，无法检测到马铃薯中低浓度的潜在感染。因此，需要一种具有良好特异性的检测方法来准确检测马铃薯块茎中的马铃薯黑胫果胶杆菌。

胡连霞等基于马铃薯黑胫果胶杆菌的 gyrB 基因，设计了马铃薯黑胫果胶杆菌种特异性引物，建立了一种 RTFQ-LAMP 方法用于检测马铃薯黑胫果胶杆菌。RTFQ-LAMP 检测纯培养的马铃薯黑胫果胶杆菌 DNA 的灵敏度为 58.9 fg/反应，其标准曲线显示相关系数为 0.9991，相应菌液浓度为 3.1 CFU/反应；人工添加马铃薯样品中马铃薯黑胫果胶杆菌的 RTFQ-LAMP 检出限是 220 CFU/g。从田间无症状植株、发病株及病株周围取马铃薯块茎 1260 块进行 RTFQ-LAMP 和普通 PCR 检测，RTFQ-LAMP 马铃薯黑胫果胶杆菌阳性检出率为 47.9%，比普通 PCR 阳性检出率的 32.9% 高出 15%，且 RTFQ-LAMP 和普通 PCR 检测到此批每克马铃薯块茎中马铃薯黑胫果胶杆菌 DNA 最低含量分别为 0.08 ng 和 0.2 ng，表明 RTFQ-LAMP 方法比普通 PCR 方法灵敏度高。

RTFQ-LAMP 特异、快速、灵敏的检测马铃薯黑胫果胶杆菌的方法，能实现种植和储存的马铃薯中的马铃薯黑胫病的早期诊断，减少病害的发生，为病情预报提供技术支持。目前国内外应用实时荧光定量 PCR 方法对病原菌进行定量检测已有很多，但还未见利用 RTFQ-LAMP 方法定量检测马铃薯黑胫病菌的报道。

二、FCM 快速检测果汁中的霉菌、酵母菌

霉菌和酵母由于生长缓慢和竞争能力不强，故常常在不适于细菌生长的低 pH、低湿度、高盐、高糖、低温环境及含有抗菌素的食品中出现。霉菌和酵母菌是导致果汁变质的主要菌类，可以使液体发生混浊、产生气泡、形成薄膜，改变颜色及散发不正常的气味等。因此将霉菌和酵母菌作为评价食品卫生质量的指示菌，并以霉菌和酵母的计数来测定食品被污染的程度，是重要的常规检测项目，但其检测方法还停留在传统的检测方法上，检测的周期长达 5 d。其较长的检测周期，始终是出具样品检测结果的瓶颈。

国内目前对霉菌、酵母菌的快速检测方法的研究，主要有纸片法、疏水栅格滤膜法及 ATP 生物发光技术快速检测等方法，但这些方法操作复杂、检测灵敏度差、耗时、费力。FCM 是用流式细胞仪测量液相中悬浮细胞或微粒的一种自动化检测技术，是随着细胞生物学、分子生物学、激光技术、电子计算机技术等学科的高度发展而形成的一种对细胞或生物粒子的结构、功能以及相互间作用进行多参数分析的仪器检测技术。该技术有如下优点：无须增菌，直接对食品中的活菌数进行检测；可检测出 1 个活的微生物或活细胞；在 90~100 min 内出具检测结果；因此已广泛应用于水、液态加工食品、饮料等行业。因为果汁中常含有大量的纤维物质和大颗粒果肉，果汁样品中果粒果肉如不进行处理，会阻塞在进样孔通道口，将无法确保标记后的微生物细胞能通过进样孔通道口，进入激光激发柱，被检测器收集并检测到。所以果汁样品在进行 FCM 检测前必须进行样品前处理，以消除基质颗粒对检测结果的影响。

刘道亮等研究应用 FCM 快速检测果汁饮料中霉菌、酵母菌的方法。通过设计正交实验和方差分析，优化出膜过滤、离心对样品进行前处理的技术条件，成功地进行了果汁饮料中霉菌、酵母菌的 FCM 实时、自动化检测。对样

品前处理技术条件进行优化，去除了影响 FCM 检测的基质颗粒，使 FCM 检测限达到 10 CFU/mL 数量级，检测时间从 5 d 缩短到 100 min。从绘制的标准曲线可以看出，FCM 与平板法线性相关，符合性好。FCM 将以更加灵敏、准确、快速、操作简便的优点成为一种可替代平板法来检测果汁中霉菌、酵母菌的自动化仪器检测新技术。

三、FCM 快速检测液态商品中的细菌总数

细菌菌落总数是食品卫生质量的重要指标，检测食品中的细菌菌落总数可以作为食品被污染程度的标志并可以用来预测食品存放的期限程度即货架期。常规检测项目中细菌总数的检测方法主要是国家标准推荐的平板法，检测周期长达 48 h，它是在严格规定的条件下（样品处理、培养基及其 pH 值、培养温度与时间、计数方法等），使适应这些条件的每一个活菌细胞必须而且只能生成一个肉眼可见的菌落，经过计数所获得的结果为该食品的菌落总数。国内对细菌总数快速检测的方法主要有纸片法、疏水栅格滤膜法及 ATP 生物发光技术快速检测等方法，国际上还有通过测定微生物培养体系中电导率、CO_2 浓度、颜色变化等间接反应微生物数量的间接法等等。这些方法存在操作复杂、检测灵敏度差、耗时、费力等缺点。

FCM 是采用流式细胞仪测量液相中悬浮细胞或微粒的一种现代分析技术，其检测原理是样品经试剂处理时，只对样品中存在的活菌进行荧光标记。这些试剂基于一种非荧光底物，这种底物在酶的作用下可与活细胞结合，生成荧光标记细胞，并进行富集。标记后的微生物细胞被注射进 ALS 仪器内的一条石英流氏细胞柱，形成一条狭窄的分析流，确保微生物单个接连通过激光激发柱，激活激发荧光标记细胞发出荧光，每个细胞形成的荧光信号由灵敏的检测器收集并由数字处理器分析，得出样品中的菌数。对食品中的活菌数直接进行检测，速度快，无须增菌，可在 90~100 min 出具检测结果；灵敏度高，可检测出 1 个活的微生物或活细胞；因此广泛适用于水，液态加工食品、饮料、化妆品及药品等行业。

刘道亮进行 FCM 直接检测液态商品中细菌总数方面的应用研究。此研究以市售牛奶和果汁作为材料，添加不同类型的代表菌株，模拟产品在生产、流通环节中受到微生物污染的情况下，采用 FCM 进行检测限和验证实验，并

与传统平板计数法进行比较分析。结果表明：FCM 能够实现对液态商品中的细菌总数进行实时、自动化检测，检测限达到 10 CFU/mL 数量级，检测时间缩短到 100 min 完成。一定浓度范围内，FCM 方法可替代平板计数方法，成为灵敏、准确、快速、操作简便、高通量的现代检测新技术。通过探索 FCM 快速检测液态商品中细菌总数的方法，可以缩小我国在食品安全领域与国际水平的差异，对促进食品出口贸易的顺利进行有着重要的意义。

但是，目前流式细胞仪价格昂贵，所需试剂费及有关耗材成本高。因此应进一步加强有关试剂和设备的研究与开发，降低检测成本，使 FCM 快速检测液态商品细菌总数的方法能够得到推广和普及。FCM 是 20 世纪 70 年代新兴的重要技术，被迅速地应用于细胞生物学、分子生物学及免疫学等领域，进入 20 世纪 90 年代，根据各种不同检测物质和不同要求所设计的新型 FCM 纷纷出现，仪器的精度不断发展和改进，适用的范围也越来越广，FCM 在微生物学尤其在食品安全领域中的应用将越来越广泛。

参考文献

[1] Bain R A, Pérombelon M C M, Tsror L, et al. Blackleg development and tuber yield in relation to numbers of *Erwinia carotovora* subsp. *atroseptica* on seed potatoes [J]. Plant Pathology, 1990 (1)：125-133.

[2] Lianxia Hu, Zhihui Yang, Dai Zhang, et al. Sensitive and rapid detection of *Pectobacterium atrosepticum* by targeting the *gyr*B gene using a real-time loop-mediated isothermal amplification assay. [J]. Letters in applied microbiology, 2016, 63 (4)：289-96.

[3] 胡连霞，张岱，赵冬梅，等. 实时荧光定量环介导等温扩增方法检测马铃薯黑胫病菌 [J]. 植物保护学报，2017, 44 (5)：863-864.

[4] 刘道亮，胡连霞，赵占民，等. 流式细胞技术快速检测果汁中的霉菌、酵母菌 [J]. 食品工业科技，2011, 32 (8)：387-391.

[5] 刘道亮，赵占民，胡连霞，等. 应用流式细胞技术快速检测液态商品中的细菌总数 [J]. 食品科学，2011, 32 (2)：157-163.